U0209345

数据分析与决策
技术丛书

增强型分析

AI驱动的数据分析、业务决策与案例实践

彭鸿涛 张宗耀 聂磊 ◎著

机械工业出版社
China Machine Press

图书在版编目（CIP）数据

增强型分析：AI 驱动的数据分析、业务决策与案例实践 / 彭鸿涛，张宗耀，聂磊著．—北京：机械工业出版社，2019.8（2020.10 重印）
（数据分析与决策技术丛书）

ISBN 978-7-111-63416-4

I. 增… II. ①彭… ②张… ③聂… III. 数据处理 IV. TP274

中国版本图书馆 CIP 数据核字（2019）第 172986 号

增强型分析
AI 驱动的数据分析、业务决策与案例实践

出版发行：机械工业出版社（北京市西城区百万庄大街 22 号 邮政编码：100037）
责任编辑：张锡鹏　　责任校对：李秋荣
印　　刷：北京市荣盛彩色印刷有限公司　　版　　次：2020 年 10 月第 1 版第 2 次印刷
开　　本：186mm × 240mm 1/16　　印　　张：17.25
书　　号：ISBN 978-7-111-63416-4　　定　　价：89.00 元

客服电话：（010）88361066 88379833 68326294　　投稿热线：（010）88379604
华章网站：www.hzbook.com　　读者信箱：hzit@hzbook.com

Foreword 推荐序一

近年来，人工智能技术在应用领域已经有了比较大的发展，它正在逐步改变我们的生活，同时也在促进和推动企业的变革。以我熟悉的金融行业为例，人工智能预计会改变过去金融企业成功的基本要素，对于金融企业运营架构重塑、产品定制化、预测和决策，以及金融行业格局都有深远的影响。金融企业的高管们已经慢慢领略到了数据的威力和价值，很多银行家已开始将企业数字化转型提升到了企业战略的高度。

运用人工智能技术，可以使人类社会变得更美好。人们总是期待产品更适合、服务更贴心、生活更便利。在实践中，技术给企业赋能，企业通过优质的产品和服务满足社会，提升人类福祉。很多金融企业已经开始尝试向潜在客户推送更加精准的产品信息，通过智能投顾及产品交叉销售挖掘来满足客户多样化的潜在需求，开发各种人工智能助手协助客户获得更便利的服务体验。高德纳（Gartner）公司提出了客户体验的金字塔模型，如图1所示，根据客户是否需要、客户是否知道、产品服务触达情况细分了六个层次。我相信，在满足客户体验方面，还存在广泛的技术应用空间。

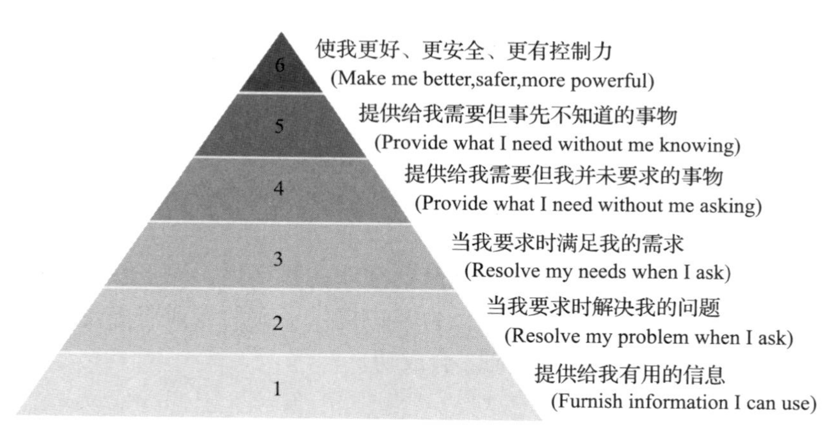

图1 Gartner 客户体验金字塔模型[㊀]

最近一两年，中国人工智能技术应用市场逐渐走向成熟，企业已经认识到大数据平

㊀ https://www.gartner.com/en/newsroom/press-releases/2018-07-30-gartner-says-customer-experience-pyramid-drives-loyalty-satisfaction-and-advocacy。

台、人工智能平台等IT投入不能直接解决业务问题，还需要咨询及业务管理的广泛投入才能取得优化的管理和业务成果。作为一家具有百年历史的会计师事务所，德勤自身的变革从未中断。德勤紧盯市场需求，在人工智能领域投入非常大，而且取得了很大的成效。在各个业务条线，提供"业务咨询+大数据及人工智能技术的应用"已经逐渐成为德勤咨询新业务模式的常态。业务咨询与大数据及人工智能技术的结合，既解决了客户业务发展方向及策略问题，又通过具体的数据分析及智能应用让客户看到了实际的业务成果。

鸿涛凭借在数据分析领域十多年的工作经历，以及多年的咨询项目经验，坚持技术应聚焦于解决实际问题的理念，在实践中综合考虑技术、业务模式、方法路径和策略等核心要素，追求产生最佳的应用效果。他和其他两位作者在书中围绕业务分析的三个层次，即描述性分析、预测性分析及规范性分析，对数据科学家的成长路径、大数据探索和预测、预测模型信息技术、序列分析、决策分析以及三种人工智能技术等方面进行了深入阐述，相对全面地介绍了所涉及的典型算法、工具、业务问题的解决案例等。

金融行业的数字化转型浪潮衍生出了大量的技术应用场景。技术赋能的方法和经验是在实践中不断积累下来的宝贵财富。纯粹的技术型书籍往往侧重于原理及工具的介绍，较少包含"如何应用这些技术解决实际问题"的内容，而本书则围绕"技术介绍"与"业务应用"两条主线展开，还融合了作者在过往金融业服务项目中的各类"业务咨询+大数据及人工智能技术的应用"方案的心得与总结。相信这对于有志于开发应用大数据及人工智能技术并解决实际问题的读者会有非常大的参考价值。

我和彭鸿涛都在德勤中国工作，并且都专注于为金融行业客户提供专业服务。鸿涛是德勤风险管理咨询部门一位比较年轻的总监，虽然我们在具体工作中的交集并不多，认识的时间也不长，但他对技术的专注、学以致用的研究态度给我留下了深刻的印象。当他拿着书稿来请我作序的时候，虽然我自己不是数据分析领域的专家，但我想鸿涛和其他两位作者在工作之余还有这么高的积极性从事研究和写作，是值得肯定和鼓励的。同时，我也非常期待这本书在专业和实务方面的参考价值能够得到读者的认可并在时间的长河中历久弥新。

我期待鸿涛在后续的工作中，能够将德勤全球在数字化、人工智能领域的领先成果实际运用到为中国客户的专业服务中去，为客户提供更大的专业服务价值。德勤本身没有成功的概念，只有客户成功了，德勤才会成功。

是为序。

吴卫军

德勤中国副主席

2019年于北京

Foreword 推荐序二

从研究生毕业到现在超过十年的时间中，彭鸿涛和我联系并不多。但是我知道他一直在不断努力上进。研究生刚毕业时他在西安的富士通工作，主要做对日的外包开发工作。一年多后他去了知名的数据分析软件公司 SPSS，从事数据分析的软件开发以及应用数据挖掘技术解决实际问题等工作。IBM 收购了 SPSS 后，他一直在 IBM 工作，直到两年前又去了德勤。

彭鸿涛 2005 年在交大软件学院上学，当时学院刚刚成立。那时对他印象较深的事情有两个。一个是在上学期间如果要找他，去机房肯定能找到；还有一个就是他总能较快地完成复杂程序，譬如他可以很快完成实现视频目标自动跟踪的小软件。

在 2014 年他出版了第一本书《发现数据之美》。图书出版后，他专门来学校与我面谈。他当时强调，写书既是总结归纳的学习过程，也是期望能够借此突破工作内容，做一些更能解决实际问题的事情。我欣喜于他能不断前行，也对他在工作之余能够完成图书写作而感到高兴。

学校只是学生人生旅程中的一站。如同这美丽的校园中的植物，百花在四季中绽放，然后又是下一个轮回。一批批朝气蓬勃的菁华学生，在这里相聚、学习、成长，然后又奔赴下一个人生里程碑。作为校园里的常住居民，能够陪伴他们成长，本身就是一件非常快乐的事情。几乎所有的老师都期待看到桃李芳菲，这是老师们的成就感所在，也是老师们的人生乐事。

前几天，彭鸿涛又告诉我，他和张宗耀师弟一起完成了第二本书的写作，很快将由机械工业出版社出版。张宗耀是我的另一位很认真的学生，做事情比较细致。当年他一毕业就加入了 SPSS 公司，与彭鸿涛成了同事。经过这么多年在专业数据分析公司的淬炼，他已经成长为一位资深的机器学习算法专家。

他们二人请我给新书写序。我建议他们找更为知名的行业专家，对书的推广可能更有帮助，但是他们更看重老师的推荐，我期望读者通过这篇推荐能够对他们的背景多一点了解。

人工智能将深刻地改变我们的生活

象牙塔内教授和研究的内容偏向基础，象牙塔外的应用更看重实际价值。人工智能从 20 世纪到现在已经经历了几轮研究、投资的起伏，最近几年人们的热情又空前高涨。这是因为从数据、计算能力、算法及研究、软件、人才等各个方面，都可以极大地促进人工智能的大发展、大应用，这当然也会极大地改变我们的生活。

移动互联网的出现已经深刻地影响了我们生活的方方面面，在 5G 和人工智能时代，会出现什么样的变化，让我们拭目以待。从技术应用的趋势来看，人工智能的应用场景势必会深刻切入到人们生活的方方面面。以智能家居为例，人工智能技术可以根据喜好、行为以及环境变化在我们无感的情况下调节好温度、湿度、灯光、音乐等环境氛围要素。

我们期待人工智能技术应用的涌现，也期望技术能够提升人们的生活品质。在 5G 时代，能够互联的信息会爆炸式地增长，新技术更多地应该帮助人们利用这些数据解决问题，避免沉迷于特定内容。

积极投身于这次人工智能的浪潮

人工智能已经是一个国家战略，其实施需要配套的人、财、物的不断投入。作为教书匠，我很高兴地看到，不论是国家层面，还是具体的细分行业，都已经形成了人工智能应用的浪潮。

不论是在校的学生还是从业者，在做人生规划或实践自身的人生道路时，都可以考虑下是否愿意在这次技术应用的大爆炸中发挥一些作用，做一点贡献。

国家的发展、社会的进步，教育是核心的基础工作，接受教育成为有用之人也是学生需要努力去做的事情。如果你是一位学生，在学习成长过程中，除了学习课程外，还需要“抬头看、向远处看”，问一下自己的内心，想成为一个什么样的人，然后努力去实践。

期望作者们能走得更远

我深信本书的三位作者付出了巨大的努力才使得本书能够出版。引用交通大学的校训，“精勤求学、敦笃励志、果毅力行、忠恕任事”，可以认为他们在成长中是不断践行着这些原则。

“路漫漫其修远兮”，我期望他们能够在工作中继续前行，努力创造出新的天地，到达新的高度！

朱利

西安交通大学软件学院副院长、教授

Preface 前 言

人工智能技术由于数据、算法、硬件支撑的计算能力等核心要素的共同发展，进入了广泛的、实质性的应用阶段。在不远的将来，我们肯定能看到人工智能及其相关技术在不同行业发挥巨大的价值。

增强型分析将会长足发展

多年以来，人们在构建模型时总是要花费大量的时间和精力在准备数据、数据预处理、多次尝试构建模型、模型验证等过程上。在工业发展的历程中，纯手工打造的时代势必要被标准化流水线的工厂取代，因为工序分解后可以按照统一的模式来处理。构造模型的过程也可以从纯手工打造时代发展为一个更加智能化的时代。笔者十年前在 SPSS 任职时，就深度参与了自动化建模相关组件的开发，即同一个模型可以按照不同的算法来实现并通过同一个评价指标筛选出最优模型。这样的功能在现在的开源算法库（如 sklearn）中已经非常常见。最近 AutoML、H2O 等知名开源平台使得自动化建模又有了长足的发展。然而建模自动化并不是终点。

增强型分析（Augmented Analytics）于 Gartner 在 2017 年 7 月发表的《增强型分析是数据及分析的未来》[1]报告中首次进入人们的视野。其核心的概念包括[2]：

- 智慧数据洞察（Smart Data Discovery）。应用相关的工具能够比较智能和自动化地实现数据收集、准备、集成、分析、建模，能够输出各种洞察，可以为人们在战略方向、对应具体范围的战术活动（如针对某市场机会发起营销）、执行（具体执行营销策略）等不同层面的活动提供指导，包括相关关系的发现、模式识别、趋势判断与预测、决策建议等。
- 增强型数据准备（Augmented Data Preparation）。提供智能化的工具使得业务人员能够快速、轻松地访问数据，并连接各种数据源通过统一的、标准化的、可交互的视图展现内容、数据间的关系等。同时提供丰富的工具进行自动数据归约、清

[1] https://www.gartner.com/doc/3773164/augmented-analytics-future-data-analytics。

[2] https://www.dataversity.net/augmented-analytics-matter/。

洗、智能化分箱、降噪等功能。增强型数据要能够在原数据和经过数据治理后的数据间灵活处理，尽量避免因为数据治理而丢失信息，同时也避免在大量原数据间进行无序的探索。

从上述的定义中可以看出，增强型分析的特点是其可以智能和自动地完成数据准备和数据分析的工作。对于增强型分析的一个美好的预期就是“交给机器大量的原数据，机器直接针对特定场景给出决策建议”。要实现这个愿景需要人们至少完成如下的几个要点。

（1）大数据存储与访问

基于大数据平台的存储、计算的相关技术发展很快，目前已经比较成熟，能够高效地处理大量数据。

（2）数据分析流程的组件化、标准化改造

数据分析过程中关键步骤如数据收集、准备、集成、分析、建模等过程，需要细分为不同的子任务，并通过子任务间的灵活搭配构成数据分析的流程。流程的自动化运行以及对应的有价值的结果输出已经有了较好的组件，如 H2O 等。

（3）提供大量的算法支持数据处理、模型构建

算法既可以用来构建业务模型，也可以用来分析数据间的关系、进行变量聚类等工作。

（4）将“模型洞见到业务决策”纳入分析范围

模型输出洞见，如模型输出每一个客户的购买可能性，还需要配套如“当购买可能性大于 90% 时再根据时机因素进行推荐”的业务决策，才能在实际营销活动中实施。这是一个“洞见—决策—行动”的过程。

实现增强型分析所需的技术势必是庞杂的，本书的重点涵盖范围是数据处理、算法及模型、“模型洞见到业务决策”的分析等内容。这些内容既是我们日常建模时要用到的技术，也是增强型分析中必不可少的内容。虽然增强型分析的表现形式是追求智能化、自动化等功能，但是增强型分析的终极目标还是通过数据分析发挥数据价值。目前增强型分析还处于概念在逐步清晰但需要不断发展的阶段，所以本书的重点是聚焦在其本质内容，即数据处理、算法及模型、“模型洞见到业务决策”的分析等内容。

本书特点

应用机器学习、人工智能技术不仅需要理解算法原理，还需要对算法参数调优、算法使用时的数据要求、算法输出结果，以及如何在具体业务场景使用数据挖掘模型等方面都有所了解，这样才能真正发挥数据价值，产生实际的业务效果。

本书作者结合多年来给不同的大型机构“构建数据挖掘模型、解决实际业务问题”的实践，总结归纳技术、应用等方面的经验，以“介绍较新机器学习及人工智能技术”和“如何应用这些技术解决实际问题”两个方面作为本书的整体选题思路。总体来讲，本书具有如下两个主要特点。

（1）介绍较新的技术

有监督学习的建模技术早已不是只懂得算法就可以了。目前基于集成学习、Grid Search、交叉验证等自动化建模技术方兴未艾，这些技术在专门的章节作了重点介绍；基于序列模式挖掘、序列规则、序列预测等进入公众视野还较新的技术在实际业务中有巨大的价值，这些也是本书介绍的重点；对于目前比较火热的深度学习、对抗学习等内容，本书也有专门的章节进行介绍。从这些技术的特点来看，已经具备了增强型分析的部分特点，如集成学习的技术就是旨在将多个模型结合起来，达到相对于单独采用一个模型而明显改善的效果。

（2）兼顾原理与大量实例

按照深入浅出的方式介绍算法原理、参数调优及使用方法等信息，并结合实际例子展示如何使用以及使用时的思路。笔者采用“深入浅出的原理介绍 + 实际使用的案例”的内容安排，期望能够让读者真正了解机器学习及人工智能的技术原理、特点与使用方法，并能直接在实践中起到指导作用。

除此之外，在本书中涉及汉语直译不能达意的词汇时都是采用英语原词，方便读者能够与科技类的英文材料对应，尽量避免生硬翻译带来的疑惑。在本书的大量实例中，代码注释基本上都是英文的，这与笔者多年的编码习惯有关。

读者范围

本书的目标读者是实际解决业务问题的数据分析建模人员。目前各个企业在应用机器学习及人工智能方面，不断在人才、技术、平台方面进行投入，特别是不断招聘了大量的数理统计、机器学习方面的人才。但是能够实际解决业务问题的数据分析建模人员，除了对算法原理要了解外，还需要对业务有一定了解，同时需要打开眼界快速了解不同的建模方法能够解决什么问题；除此之外，还要具备较高的实践能力，能够灵活应用不同的技术工具来快速完成任务。

本书“深入浅出的原理介绍 + 实际使用的案例”的内容安排能够使得数据分析建模人员从算法原理、数据挖掘知识结构、业务应用方法等方面得到提升，帮助数据分析建模人员开阔眼界、优化知识结构、提升实践技能。

从整体来说，本书适用于中、高级的数据分析建模人员，但是初学者也能从实例中得到重要的参考。

章节概要说明

在本书的内容安排中，保持业务和技术两个主线：业务主线是数字化转型背景下的智慧营销、智慧风险管控如何通过数据分析完成具体工作，实现由初级的“主动营销”到“被动营销”，再到“全渠道协同营销”等营销手段的升级应用；技术主线是从常见算法的较新发展到深度学习及对抗学习的“复杂度由低向高”“分析技术由预测性分析到Prescriptive 分析”进行介绍。具体对应于大纲的内容如表 1 所示。

表 1　本书章节大纲概览

章节	技术		业务	
	内容概要	技术分类	内容概要	业务分类
第 1 章	鼓励数据科学家加入数字化变革的进程，与业务深度结合			
第 2 章	数据处理技巧、数据可视化等	描述性分析		
第 3 章	介绍预测类模型构建时的新方法、新思路、新工具	预测性分析（输出洞见）	通过一个具体案例，利用看重客户需求而从众多产品中寻找最可能的推荐。较之前单个产品响应预测，是从“以客户为中心的视角”来产生推荐，以解决多产品排序的问题，实际效果有较大提升	主动营销
第 4 章	介绍序列分析的相关技术，应用较新的算法以实例的方式说明算法原理、特点、注意事项等		客户行为是不是存在一些共有模式？客户下一个行为会是什么？这些都是具体营销和分享管控领域的实际问题，对营销和风险的具体决策具有非常大的影响。仔细挖掘，善于应用，往往能取得非常好的效果	事件式营销（被动营销）
第 5 章	介绍 Prescriptive Analytics 的相关技术，这方面的技术注定会成为数据分析不断深入应用时要用到的重点技术	Prescriptive 分析（输出决策）	因为传统模型大多只输出名单，而 Prescriptive Analytics 模型要输出的是“名单 + 决策”，实现真正的智能决策	全渠道协同营销（考虑成本、收益等诸多限制因素）
第 6 章	通过与传统模型的对比，介绍 CNN 算法的原理，通过大量实例说明其特点、用法、实际效果等			

（续）

章节	技　术		业　务	
	内容概要	技术分类	内容概要	业务分类
第 7 章	通过介绍 RNN 算法的原理、特点，以大量实例的方式说明其用法		通过 LSTM 算法研究客户行为预测，掌握精准的营销时机	基于客户行为事件式营销
第 8 章	通过介绍 Generative Adversarial Network 算法的原理、特点，以实例的方式说明其用法			

总体来讲，本书是一本既能扩展读者视野又具有实际参考价值，能够紧贴实际业务的关于大数据与人工智能的书籍。

在上述章节中，笔者完成了大部分工作，另外两位作者协助笔者做了一些内容补充，这些内容包括：张宗耀完成了 2.1 节、2.2 节、3.6 节、5.4 节、7.3 节；聂磊完成了第 2 章的大幅修改、5.5 节、5.7 节、6.2 节。在整个写作过程中，大家经常一起讨论、相互学习，这个过程很愉悦！

为什么写这本书

笔者自 2008 年加入 IBM SPSS，从一个单纯的软件开发者变身为数据分析行业的参与者至今已经快 11 年了。在这段时间，数据分析行业发生了巨大变化，作为行业的参与者，笔者自身从业经历也在不停地发生变化。总结下来，笔者遵从“数据分析驱动业务”的主线，按照“软件开发人员——数据挖掘工具开发者和团队管理者——资深数据科学家——深入理解业务的资深数据科学家——深刻理解数字化变革的高级咨询顾问和管理者”的职业路径，在数据分析行业的浩瀚波澜中前行。这些年的从业经历，笔者有如下几点感触。

（1）从事数据分析行业的人是需要不断充电的

用“日新月异”来形容数据分析的发展是最为确切的了，新技术、新论文不断涌现。大量书籍上描述的是一些基本的算法，对于新技术、新算法，我们应该永远保持不断学习的态度，才能在日常数据分析实践中不断发挥作用。书中并没有讲大家在很多书籍上能看到的传统算法，而是重点讲一些大多数书籍还未涉及的内容。

（2）真正发挥数据价值需要融会贯通数据与业务

在很多情况下，当数据科学家花费大量时间和精力构建出模型后，兴高采烈地试图交给业务人员使用时，往往会遇到一个有趣的情况：业务人员听不懂你对高深算法的解释，甚至不在乎你对数据的各种费心处理，他们只关心实际的问题，如模型到底效果如何。所以在本书中穿插了大量与业务相关的例子。

（3）数字化变革的浪潮与数据分析的广泛应用密不可分

数字化变革是目前几乎所有企业都无法回避的任务。企业由于所处行业、自身特点等原因，需要量身定制数字化转型的战略。大型企业需要选择发展重点作为突破方向，在转型过程中既要做好技术基础，也需要大力推行敏捷的方法，同时要对人们的观念、组织内的流程等方面做出更新。数据分析的广泛应用在数字化变革中势必要发挥巨大作用。笔者认为数据分析者要“抬头看”，深刻地参与到数字化变革的浪潮中。

本书的写作历时近一年，笔者在做好本职工作的同时花费了巨大的精力总结归纳过往项目经验、学习研究新技术。这个过程既是一个自我充电的过程，也是一个不断总结归纳的过程。笔者试图尽力做到将自己走过的路按照深入浅出的方式讲出来，期望提供一定的参考价值。这也是笔者写这本书的目的。

笔者相信书中难免有一些疏漏，非常希望能够得到阅读反馈。读者可以通过 yfc@hzbook.com 联系到笔者。

感谢

笔者年近不惑，能够有大量时间花费在写书上，是因为笔者的父母、爱人、孩子给笔者铸就了一个坚强的后方。“风暖春日雪，化作涓涓流”，这是爱人、孩子和笔者在一次春游时看到终南山中的雪即兴而作的。其实这也能对应到现实中，家人的爱和关心让笔者在前行时如沐春风，遇到困难时他们就是笔者的动力！同时也感谢笔者的三个姐姐对笔者的关心和鼓励。

感谢另外两位作者张宗耀和聂磊，一位是我的师弟，另一位是与我完成过第一本书《发现数据之美——数据分析原理与实践》的合著者。兄弟之情已经在聚会、讨论、相互学习、写作中镌刻在我们各自的人生轨迹中！

感谢德勤中国副主席、金融服务业领导合伙人吴卫军能够在百忙之中给本书作序并给出非常积极的评价。吴总在写序过程中，严谨的工作态度给我留下深刻印象，这使我觉得他的序言非常重要。感谢笔者的研究生导师——西安交通大学朱利教授的鼓励与肯定，并欣然接受给本书作序的请求。青春挥洒的校园生活是笔者不能忘记的，特别感谢老师在笔者上学期间的关心与培养。

感谢笔者的老板吴颖兰（德勤全球主管合伙人）在笔者写作过程中的鼓励；感谢上海依图网络科技有限公司 COO 张小平在笔者写作过程中给予的鼓励；感谢美丽聪慧的同事崔璨、罗瑞丽能够在笔者写作过程中不断给予鼓励，并提出非常有价值的意见；感谢同事李敬军、曹文俊、刘田林、刘婷婷、仇敏讷、李宸豪、马克、母丹、张宇姮，在一起做项目的过程中，我们相互学习、相互成长。

感谢我们的客户，在项目中我们能够相互学习、相互提高。可以非常肯定地说，客户的很多痛点是笔者不断学习的动力所在。

感谢机械工业出版社杨福川编辑对本书的肯定，他的专业性和工作效率让笔者惊叹。感谢机械工业出版社常晓敏老师在“鲜读”渠道对本书的大力推广，也万分感谢“鲜读”渠道上热心读者给本书内容提出的各种意见和建议。

彭鸿涛

目　录 *Contents*

第1章 Chapter 1

数据科学家的成长之路

一次偶然的机会，有一位正在深造机器学习方面学位的朋友问了笔者一个问题：如何成为一名合格的数据科学家？这个问题回答起来亦简亦难。简单回答的话可以拿出标准答案，坐而论道地说需要编程能力、数据操作能力、数学基础、算法库应用能力、算法调优能力与业务对接的能力等。但是这样的答案笔者其实是不满意的，因为有太多的技术意味。做数据分析、将数据的价值发挥出来，是一个"工程 + 科学"的过程，只要在这个过程中的任意一处找到自己的位置，就无谓数据科学家这种称号了。

大数据时代方兴未艾，人工智能时代又呼啸而至。人们在很多场合下能看到诸多新应用，加之整个社会都在热切地拥抱人工智能技术，使得大家都相信人工智能时代势必会改变社会的方方面面，笔者对此也深信不疑。在人工智能时代，将数据的价值发挥出来的要素有资金、数据、平台、技术、人员等。数据科学家是人员要素中最为重要的部分，是需要企业非常重视的。在数据科学家自身发展的方向、组织结构，以及如何体现出价值等方面，相信大家肯定会有很多想法。笔者从十几年前加入 IBM SPSS 进入数据分析领域开始，至今担任过分析软件工具的开发者、解决实际业务问题的数据挖掘者、数据驱动业务以及数字化转型的咨询者等多种角色。反观这些年的成长路径，将一些较为重要的经验做一个粗浅的总结，抛砖引玉，以供读者参考。

1.1 算法与数据科学家

我们随便打开一些教科书，会发现机器学习、人工智能、数据挖掘等经典领域所谈论的很多知识点是共通的，比如从历史数据中学习到事物模式并用于对未来做出判断，是机器学习中的重要内容，也是人工智能的重要方面，更是数据挖掘的重点内容。

现在有一个很时髦的说法，认为机器学习是比数据挖掘更为高深的学科，实现人机对话那肯定是人工智能的范畴。其实，从一个更为宏观的视角来看的话，这几个学科都是在将数据的价值通过算法和算法的组合（数据分析的流程）发挥出来，没有一个清晰的标准说某类算法必须属于人工智能范畴、某类算法必须属于机器学习的范畴。

1.1.1 数据科学、人工智能、机器学习等

有国外的学者试图给出一个机器学习、数据科学、人工智能等时髦名词之间关系的示意图，如图 1-1 所示，我们发现，这些学科间的关系可以说是交缠不清。

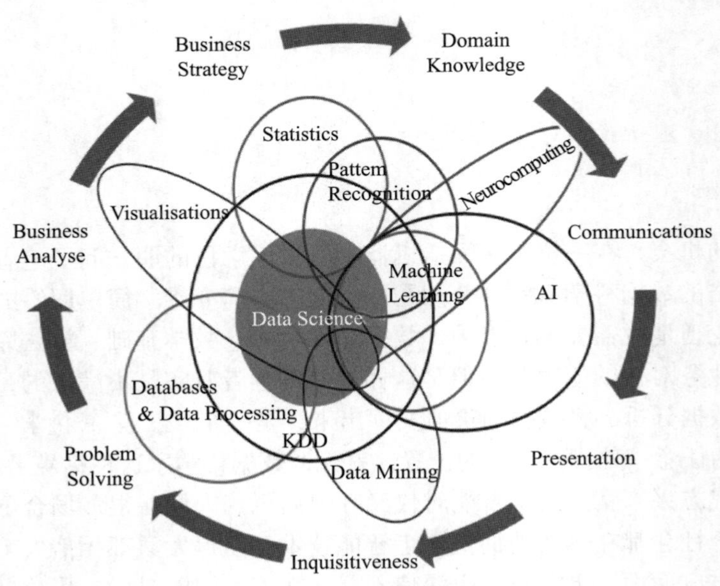

图 1-1 数据科学相关的学科之间的关系[㊀]

笔者也就这些学科之间的关系进行了深入探索，查询了很多的资料，发现图 1-1 的中间部分，其实是来自 SAS 在 1998 年提供的数据分析的课程[㊁]。除此之外，很少有人能将它们的关系说清楚，因为这本来就说不清楚。所以，对上图，读者只当其是一个参考即可。

重点是图 1-1 所表达的含义：这些技术都是围绕"问题解决"→"分析"→"策略"→"领域知识"→"沟通"→"表达"→"探索"等问题来展开的，而这些问题都是人们在认识世界、解决问题时所涉及的方面。所以，本节采用图 1-1 想表达的含义也是如此：计算机的技术在迅猛发展，现在很多的技术都可以融合使用来解决复杂问题了；对于数

㊀ http://www.oralytics.com/2012/06/data-science-is-multidisciplinary.html。

㊁ http://blogs.sas.com/content/subconsciousmusings/2014/08/22/looking-backwards-looking-forwards-sas-data-mining-and-machine-learning/。

据科学相关的这些技术，很多方面都是通用的。

1.1.2　室内活动还是室外活动

数据科学家是个含义较广的名词，人们往往也不会太多在意他们所从事的具体工作有什么不同，习惯将从事算法设计开发、在客户现场直接应用数据分析工具解决问题的人都称为数据科学家。这样的划分其实无可厚非。但是若将算法看作成品，则可以将数据科学家分为室外（out-house）和室内（in-house）两种角色㊀。所谓室内数据科学家关注具体算法的设计、实现。比如，在 MapReduce 的计算方式下如何实现分层聚类算法。而室外数据科学家，也就是数据挖掘者，他们一般不需要关注具体算法和工具的实现，他们的职责是将客户的需求翻译为具体工具能解决的工作流程，并应用合适算法能得出有意义的结论。图 1-2 比较形象地对比了两种科学家的不同。

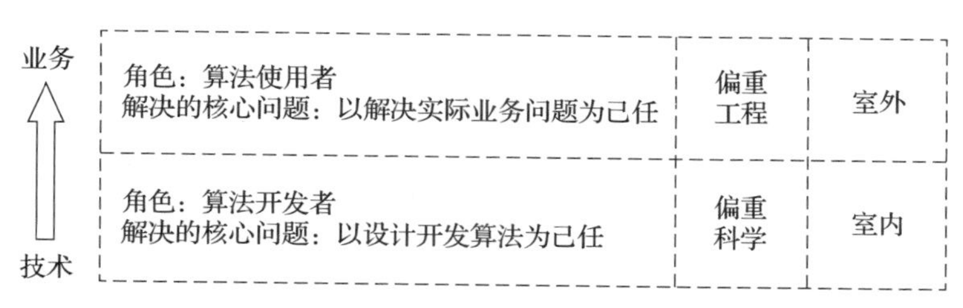

图 1-2　室内室外两种数据分析人员职责对比

现在还有一种习惯就是将室内数据科学家称为算法工程师，而对于室外数据科学家则称之为数据科学家。我们大可不必纠结于这些名称的不同，只要对他们的职责有不同的认识即可。室外数据科学家，在长期的项目过程中，需要与业务人员有非常深入的沟通才能得出有意义的数据分析结果。所以，相对于数据模型而更加看重业务的需求和特点，这是室外数据科学家的基本素养。本书所谓的数据科学家是指所谓从事室外活动的数据分析者。

1.2　数据科学家不断成长的几个阶段

现在移动端各种 App 百花齐放，这已经使得信息的传播没有任何的限制，人们在不自觉的过程其实已经阅读了大量的自己感兴趣的文章。若对机器学习比较感兴趣，相信人们已经看到了很多非常炫酷的机器学习的应用，如人脸识别的精度已经提高到一个非常高的水平、大量智能问答机器人的部署已经替代了不知多少呼叫中心的员工等。

显而易见，这些应用绝不是单靠一个算法就能解决的，注定是平台、算法、业务等

㊀ 笔者在数年前就职业发展路线询问 SPSS 资深工程师 John Thonson 时，他的说法让我醍醐灌顶，从此便义无反顾地走上了“解决实际问题”的道路。

要素的综合应用才能产生这样的效果。在应用数据分析时已经基本形成一个共识，就是数据分析者要对业务有一定的了解，才能保证产生较好的结果。

Gartner 很早就将数据分析能力分成了 4 种（如图 1-3 所示），描述性分析（Descriptive Analysis）是在回答“过去发生了什么”，是了解现状的有力手段；诊断分析（Diagnostic Analysis）是寻找“为什么会是这样”的方法；预测分析（Predictive Analysis）是在回答“将来会是怎样”；Prescriptive Analysis 则是说“基于现状、预测等结果，我如何选择一个较优的决策得到期望的结果”。Business Intelligence 的核心能力是解决描述分析和诊断分析。人们常说的预测模型（包括传统的随机森林、GBT 等，还包括深度学习的常见算法如 CNN 等）、聚类模型、关联分析等都属于预测分析范畴。利用凸优化、马尔可夫等方法从众多的决策选项中寻求最优决策，则属于 Prescriptive Analysis 的范畴，重点解决最优决策的问题。

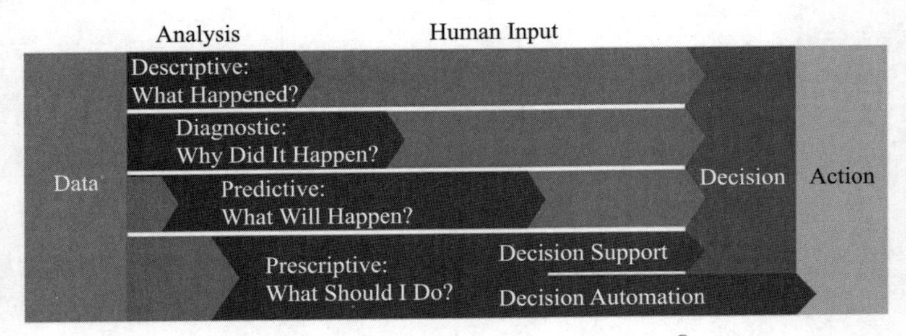

图 1-3　四种分析能力划分（Gartner）⊖

在图 1-3 中，分析之后，人们经验、业务的输入（Human Input）随着分析手段的提高而减少，这是因为 Prescriptive Analysis 在分析过程中已经将这些因素充分地引入。比如，预测客户流失的模型能够输出“哪些客户将要流失”的名单，但是并不会输出“OK，企业应该采用何种决策来挽留”，是应该给个折扣，还是办一张会员卡？这些还是需要人们进行业务决策的输入。而 Prescriptive Analysis 则会分析折扣和会员卡哪种方式既能挽留客户又能使得企业的收益较高，但是这些决策（会员卡和折扣）也是需要人们输入后才能进行分析。所以“通过数据分析的手段发挥数据价值”的过程，没有业务输入是绝对行不通的。所以，笔者也认为数据科学家绝不是仅仅精通算法即可，还需要对业务一直保持热情，不断思考如何发挥数据分析的业务价值。我们需要从技能、效果、工作内容、工作方法等多个层面来扩展相关的能力，这才能发挥较大的价值。总之，如果数据科学家仅仅只是被动地考虑用何种算法满足业务部门所提出的要求的话，是远远不够的。

⊖ https://www.gartner.com/binaries/content/assets/events/keywords/catalyst/catus8/2017_planning_guide_for_data_analytics.pdf。

如果读者有志于成为一个数据科学家，或者已经是一个数据科学家，类似于职场的职业路径规划，数据科学家的成长路径可以是什么？如何不断成长？相信大家按照自己的兴趣都有不同的理解。若数据科学家一直致力于“发挥数据的价值”这条主线，那么笔者认为从价值的大小上可以分为算法、用法、业务、战略 4 个层面（如图 1-4 所示），数据科学家也可以沿着这条路径来成长。

从图 1-4 中可以看到不同层面的数据科学家的职责和作用是不同的，4 个层次也是数据科学家成长的不同阶段。

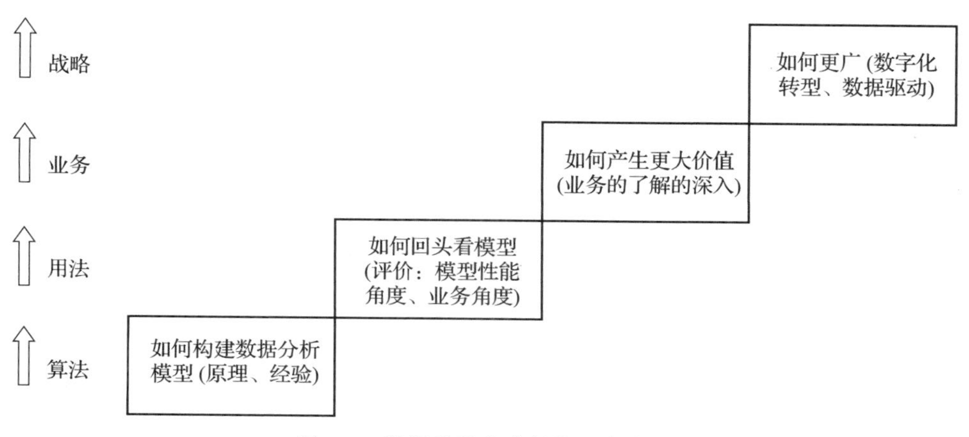

图 1-4　数据科学家成长的 4 个阶段

1.2.1　算法——如何构建数据分析模型

人们总是津津乐道各种时髦的算法，感叹算法的发展使得人工智能有了长足的进展。比如，人们看到机器可以精准地识别人脸、机器可以作诗、机器可以识别图片内容并“说出”符合其内容的文字描述，也热衷于紧跟最新的技术发展来做一些新颖的应用。这是一个非常好的趋势，可以促进人工智能的相关产业发展。然而，人类已经发明的算法远不仅仅如此。若读者一直在从事数据分析的相关工作，会发现其实能够解决实际业务问题的算法非常多，有很多也是简单直接的。比如，找到潜在的价值客户，既可以通过响应预测的模型，也可以通过聚类分析的模型，还可以通过社交网络分析的模型来找到。构建这些模型所需要的相关知识也需要体系化地学习、不断积累才能真正满足实际的业务需求。

在很多数据挖掘的资料中都会把算法分为有监督的学习、无监督的学习等类别，每个类别下各自的算法又有不同。比如聚类算法属于无监督的学习范畴，而能够做类别判断或回归的算法都属于有监督的学习范畴。在实际使用时，需要针对需求灵活应用，如可以先用决策树算法生成预测模型，然后分析决策树的分支来细分客群。只有对这些算法有一个体系化的学习，才能达到灵活应用的目的。

超参数（Hyperparameter）是在给定数据集的情况下，确定一组参数组合能使得模型性能、泛化能力达到较优。每个算法在调试超参数的过程中，都有一些与算法特征相关的普遍规律，如随机森林算法中决策树的个数、决策树的深度等，一般是需要预先被设定和关注的。基于随机森林中每棵树应当是一个弱分类器的原理，决策树的深度应该很小才能避免过拟合。目前有 Grid Search 等工具能够在不同参数组合下尝试找出一个合适的超参数，替代人们不断进行手工尝试的过程。但是不论如何，设置算法参数时总有一些经验总结可以在后来的应用中被复用。

在深刻了解算法原理、算法体系的基础上，掌握参数调优的技能是一个数据科学家的基本能力。不论是对初学者还是有一定经验的从业者来说，这都是一个需要不断学习和积累的基本任务。

1.2.2 用法——如何回头看模型

在很多情况下，当数据科学家花费大量时间和精力构建出模型后，兴高采烈地试图交给业务人员进行使用时，往往会遇到一个有趣的情况：业务人员听不懂你对高深算法的解释，甚至不在乎你对数据的各种费心处理，他们只关心实际的问题，如模型到底效果如何？

在很多情况下，模型构建完成后需要对模型进行验证。比如训练时采用截止到 3 月的数据，而模型部署是在 7 月，所以需要数据科学家验证截止到 6 月的情况下，模型的实际效果能达到什么程度。这时，我们除了需要通过新数据计算模型性能指标（如提升度、准确性、稳定性等）外，还需要计算模型实际业务结果会是怎么样，能带来多少收益或能避免多少损失（如图 1-5 所示）。

数据科学家除了要对模型性能指标熟稔于心外，还需要能够表达清楚模型真正的实际价值。所以，在第一步模型构建完成后，应用两套指标来衡量是比较可取的做法——模型性能指标是从数学角度说明模型优劣；业务指标是从模型应用的业务结果来评价其价值。

在现实中，人们往往不好准确把握模型的真实业务价值，在实际应用后通过数据统计才能有结论。但是这一点都不妨碍模型部署前的估算：按照目前模型的性能指标，估计在第一次给定客户数的情况能有多少人购买，大致的营业额会是多少。采用估算还是采用事后统计，都是用以说明模型业务价值的手段，可以灵活应用。数据科学家要像重视模型性能指标的计

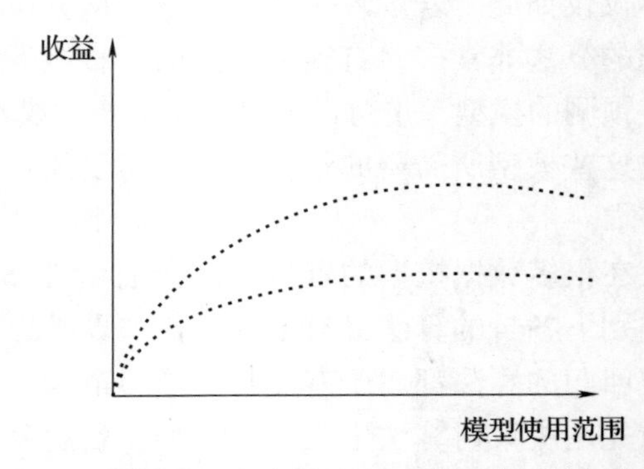

图 1-5　以简单明了的方式来讨论模型使用的预期价值

算一样重视模型所带来的业务指标的计算。

总体来讲，数据科学家不能将自己的工作范围只框定在纯粹建模，需要“抬头看”和“睁眼看”业务价值。

1.2.3　业务——如何产生更大价值

业务问题的解决，可以从一处痛点开始突破，也可以按照体系化的方法整体解决。比如，银行对理财产品的营销，若只关注具体产品的销售，则简单的产品响应预测模型即可解决；若只关注一批产品的销售，则也可以通过构建多输出预测模型（我们在后面的章节中重点介绍）预测每一个产品的购买概率来生成推荐列表；若关注客户旅程地图（Customer Journey Map）而确定营销时机，则需要一批模型；若关注客户体验的提升，需要的就不是一批模型，而是一个体系化的平台加大量模型才能达到预期效果。

大多数情况下，数据科学家应当在具体的业务背景下展开工作。比如，若业务部门按照客户旅程地图的方法来分析客户特征、了解客户需求、并适时推荐产品（如图 1-6 所示），则数据挖掘的模型是服务于一个个业务场景，在整体客户关系管理的框架下发挥价值的。

数学科学家的工作需要深度融入业务，甚至引领数据驱动的业务发展。此时，数据科学家的定位不应该仅仅是构建模型者，还应该是数据驱动业务这种新模式的搭建者。这种角色变化就要求数据科学家深刻理解具体的业务、新的数据驱动模式的运作方式，围绕数据驱动模式而展开各种活动的意义。

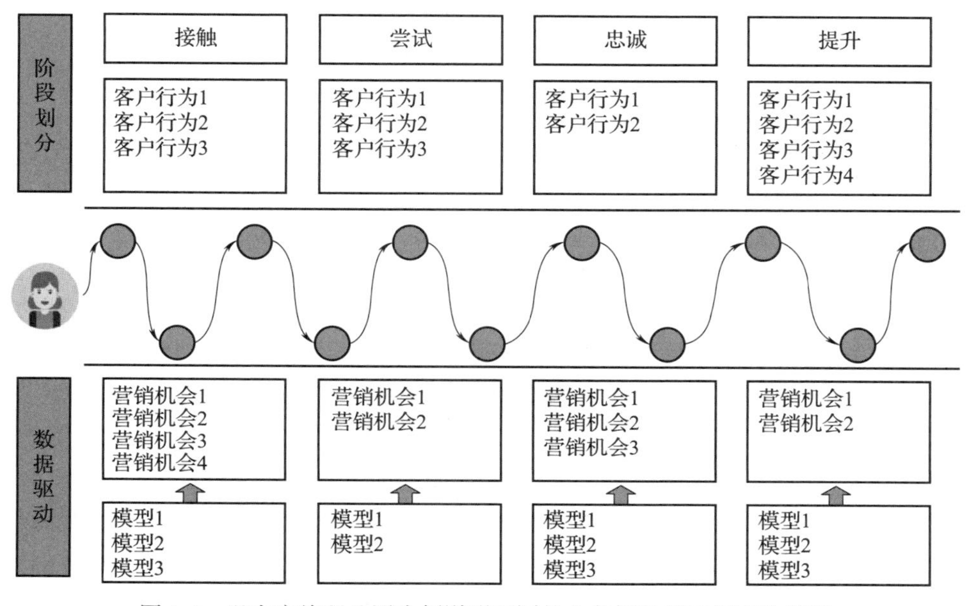

图 1-6　以客户旅程地图为例说明不同的业务场景需要相应的模型

在这种情况下，数据科学家在构建模型时需要明确：该模型在数据驱动业务的新模式中在哪个阶段发挥什么作用？如何构建一个模型组来协同工作？有了这些模型后数据驱动业务模式能够做到什么程度？

1.2.4 战略——如何更广

数字化变革是目前几乎所有企业都无法回避的任务。企业由于所处行业、自身特点等原因，需要量身定制数字化转型的战略。大型企业需要选择发展重点作为突破方向，在转型过程中既要做好技术基础，也需要大力推行敏捷的方法，同时要对人们的观念、组织内的流程等方面做出更新（如图 1-7 所示）。

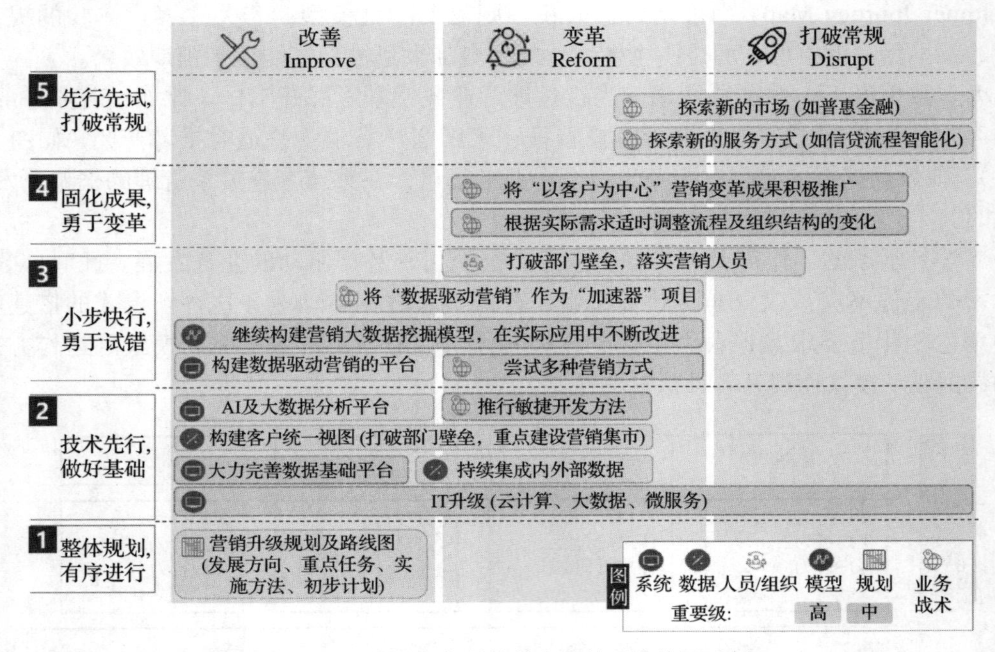

图 1-7 一个量身定制的数字化转型路线图示例

资深数据科学家或首席数据科学家所担负的职责不应该仅仅是完成目前安排的任务，或者去做一些博人眼球的所谓智能应用。其还应该深度参与企业数字化转型的战略制定、计划安排、引领加速器项目等工作，因为资深数据科学家最应该懂得数据的价值如何发挥、能够发挥到什么程度。

对于大型企业而言，数字化转型的任务是艰巨的，不过众多行业已经或多或少地开始了相关的行动。笔者由于工作关系也深入参与到了大型金融机构数字化转型的咨询工作，深刻感触到了企业在进行数字化转型时的困难。这使得笔者更加认为让真正懂得如何发挥数据价值的人员按照加速器的方式来推动数字化转型进程是至关重要的。

1.3 数据科学家的工作模式与组织结构

数据科学家需要与业务专家一起工作才能发挥最大价值。实际工作中两种角色如何配合，取决于是采用业务驱动的模式还是数据驱动的模式。

1.3.1 数据驱动还是业务驱动

业务驱动的特点是业务人员主导数据分析需求的提出、结果的应用，在业务中应用数据洞察；而数据驱动的特点是更看重主动应用数据分析手段，从数据洞察发起业务、改善业务，当然在业务执行时也需要广泛应用数据洞察。在较新的业务领域采用数据驱动比较适合，已有复杂业务则采用业务驱动较好。

然而从自身能力的发展、数据驱动逐渐成为主要的工作模式的情况来看，数据科学家需要思考如何将数据驱动的模式做得更好，并且愿意承担更多责任。所以，除了算法、用法等基本技能，还需要考虑如何改善业务。

图 1-8 所示的职责占比只是示意，其实最核心的是由哪种角色来主导，在工作中也未见得业务专家不能主导数据驱动的模式。从业务结果的角度来看，所谓业务驱动和数据驱动只是到达一个既定目标时不同的工作方式而已。在实际的业务中也不会分工非常明确，即不会限定业务人员只能做什么或数据科学家只能做什么，只有相互无缝协作才是最佳的工作模式。

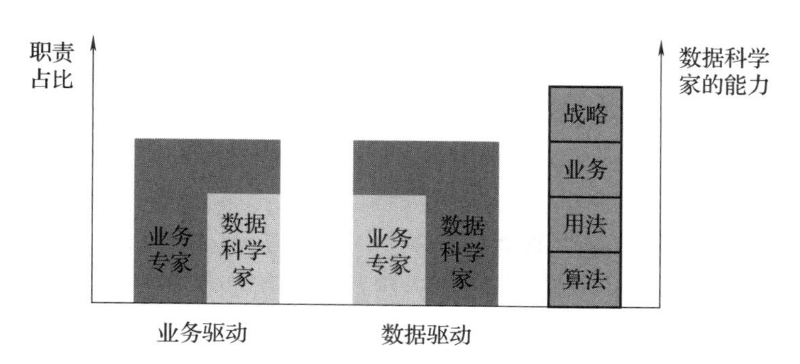

图 1-8 业务专家与数据科学家的两种配合方式

1.3.2 数据科学家团队的组织结构

数据科学家团队的组织结构关系到数据应用的效率、管理的效率、个人的发展等诸多方面，企业在设置这个组织结构时需要认真考虑。每个企业的实际情况不同，可以采用不同的方法。数据科学家的组织结构一般分两种，即分散式结构和集中式结构。分散式结构是数据科学家属于确定的业务部门，这样的组织结构的好处是其可以紧密地与业务人员合作，将业务问题转换为高效的数据分析任务。但是其也有不足，一方面数据分析的知识积累是在个人身上，而不是在团队，另外一方面就是因为角色的限制使得业务部门内的数据科学家没有上升空间。业务部门内的数据科学家若要在职业道路上继续前进，要么离开，要么担任其他角色。一旦发生数据科学家的人事变化，这对团队稳定、知识积累等都是不利的。

集中式的数据科学家组织结构就是跨业务条线而成立独立的专门做数据分析的结构。这样的组织结构的好处就是团队相对稳定，给成员提供了不断成长的空间，也避免了知识积累的流失。但是其也有不足，由于数据科学家脱离业务部门而独立存在，导致团队成员对业务的理解不够深入，模型的产出可能效率低下。业务部门也可能只将其看作支持部门，而不会在实际业务中有太多引入。

企业在构架数据科学家组织架构时，也可采用混合的结构。即使是集中式的组织结构，其汇报的层级也可能不同。没有所谓明确的业界标准的说法，因地制宜的做法才是最实际的。

1.4 数据科学家的工作方法要点

数据科学家的核心任务之一是通过数据分析手段将数据洞察应用在实际业务中，并能产生有效的结果。数据科学家在实际工作中需要注意以下要点，以确保上述目标的达成。

1. 开始工作以前确保具备成功要件

在开始一件工作前，最好先明确一下业务场景、数据可获得性、数据质量等重要信息。在很多情况下，会出现因数据不支持无法进行细致分析、模型结果很好但是落地应用时没有对应的资源支持、数据分析只是探索没有对应的使用场景等问题。这些因素会严重影响数据分析的价值。

笔者作为顾问给多个客户实施数据分析项目时，就遇到过上述的问题。从客户的角度来讲，其关心的是业务问题的解决，并不会过多细致地考虑实施过程的细节。只有努力地尝试去做，才能发现有些问题会严重阻碍数据分析的进行，这也会影响数据分析的最终效果。

2. 同时输出两种价值

假设要通过数据分析手段改善某业务问题，如构建预测模型筛选高价值、高响应率的客户，即使是在目标非常明确的情况下，数据科学家也要在做的过程中保证两种输出结果。

（1）重要发现

数据分析过程中势必要进行数据提取、数据处理、数据探查等一系列基础工作。在这些基础工作的过程中，往往会隐藏着有巨大业务价值的信息。比如，笔者的团队在给某金融机构构建高端客户的相关模型时发现一些信息，如“大部分客户只持有一类理财产品且在半年内没有交易活动”，这些信息对于后期的营销策略制定至关重要。所以，数据科学家在实际工作中需保持“业务敏感性”，对于数据背后的业务故事保持好奇心，同时将一些重要的数据发现协同模型结果一并输出，这可以大大提高分析主题的价值。

（2）模型结果

给定分析主题，目标模型结果就可以基本确定，如寻找高价值客户就是模型输出一个名单，风险预警就是给出风险评分以及原因。这是模型输出的最基本形式。

在实际的模型实施应用中，业务人员会经常以挑剔的眼光来看待模型，并且基于模型结果总是有不同的疑惑需要数据科学家来解答。典型的疑惑如“聚类分析模型确实将客户分了几个类别，但是我还是不知道该如何营销这些客户”“社交网络分析模型给出了潜在的高价值客户名单，但这些信息不足以让营销人员开展营销”。出现这种情况时，一种简单的做法就是和业务人员深入讨论，梳理出他们的关注点，然后将对应的指标从数据库中提取出来，作为模型输入的补充一并交给业务人员。

从本质上来讲，出现业务人员疑惑的原因是“业务人员期待模型输出决策而不是名单”以及团队缺乏将模型输出转换为营销决策的能力。数据科学家也需要具备将模型结果转换为业务决策的能力。模型直接输出决策的内容将在第 5 章详细讨论。

3. 充满想象力地开展工作

算法能做到什么是数学范畴的知识，数据科学家的核心工作就是将业务需求转换为一系列的数据分析实践过程。若将各个算法看作一个个组件，那么用一个算法来解决问题还是用多个算法的组合来解决问题，需要数据科学家的想象力和不断尝试。

笔者的团队曾给某客户构建模型时，其需求是“根据客户持有产品的现状推荐产品，达到交叉销售的目的”。这是一个非常不具体的需求，能做的范围很大，能用的算法工具也很多。最后我们采用的是构建“客户聚类与产品聚类的交叉分布以及迁移矩阵，并据此来展开不同目的营销”，若向上销售则可推荐同类产品，交叉销售则可推荐不同类的产品。这种做法之前没有实施过，但是结果证明其非常有效，仅在一次营销应用中就带来数十亿的营业额。

4. 按照敏捷的方式来构建模型

数据挖掘过程也可以看作一个项目过程，从项目管理的角度当然可以按照敏捷的方式来进行。数据科学家需要积极主动地汇报分析思路、预期结果、进度等重要信息。时刻与业务人员以及管理人员保持沟通，对需求变化保持开放，将对模型的实际应用会有巨大的帮助。一般情况下，让一个对数据和业务都不了解的人来构建模型，往往需要数月的时间；但让一个熟悉数据、业务、算法工具的人来建模，则可能只需几天就可以完成。不论哪种程度的人员来建模，都可以按照敏捷的方式来管理建模过程。

笔者与建模方法论 CRISP-DM 的提出者之一 Julian Clinton 一起工作过 4 年时间，在长期的项目实践中我们一直坚持该方法论所倡导的核心要点：紧贴业务、不断探索、以结果为导向、模型在应用后仍需不断调优等。事实证明，这些原则非常有效。CRISP-

DM 方法论的实施与实施过程中按照敏捷的方式来管理是相辅相成、相得益彰的。

5. 以业务的成果来衡量自己的工作

模型的效果到底如何？数据科学家不应该基于测试集上优异的模型性能指标而洋洋自得，这没有任何意义，顶多代表建模的技巧高超。模型最终带来的收益是由模型输出、匹配模型输出的业务决策、业务决策实施过程中的资源配置、应用场景的价值大小等综合因素共同决定的。缺少任何一环都会使得模型的价值直线下降。

数据科学家需要积极主动地推进这些环节的相关工作，积极收集模型部署后的监测数据，在“建模—业务决策匹配—业务决策实施—效果监控—模型或决策改进—再部署—再监测”的闭环中积极发挥作用。最终得出的业务结果数据，才是数据科学家真正成就感的源泉。

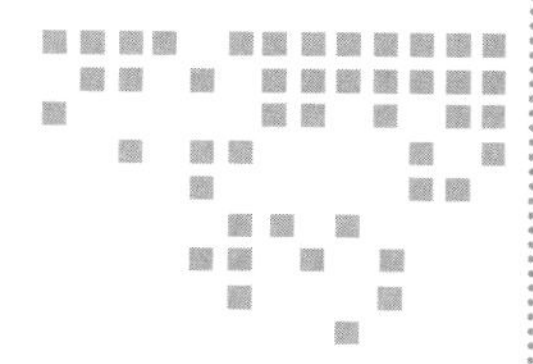

第 2 章 Chapter 2

大数据探索及预处理

现在几乎人人都在谈论大数据和人工智能，然而应用大数据和人工智能技术的基本前提是数据。不论数据的拥有方还是数据分析解决方案及工具的提供方，其终极目标都是“通过数据分析，从数据中找出洞见并应用于实际场景中带来价值”。

数据探索、数据预处理等工作是进行数据分析的首要工作。不论是采用大数据的工具还是采用相对较小的数据集上的数据挖掘的工具，模型的构建都需要经过对数据不断地探索、选择和加工合适的字段、采用合适的算法并训练模型等过程。

数据探索的目的是了解数据的状态，数据预处理则是为了将数据加工为更有价值的形态。数据分析者应当具有很好的意识，能够感知数据的价值，具备数据加工能力。

2.1 大数据探索

大多数情况下，数据分析的过程必须包括数据探索的过程。数据探索可以有两个层面的理解：一是仅利用一些工具，对数据的特征进行查看；二是根据数据特征，感知数据价值，以决定是否需要对别的字段进行探索，或者决定如何加工这些字段以发挥数据分析的价值。字段的选取既需要技术手段的支撑，也需要数据分析者的经验和对解决问题的深入理解。

2.1.1 数值类型

在进行数据分析时，往往需要明确每个字段的数据类型。数据类型代表了数据的业务含义，分为 3 个类型：

（1）区间型数据（Interval）

数值型数据的取值都是数值类型，其大小代表了对象的状态。比如，年收入的取值，其大小代表了其收入状态。

（2）分类型数据（Categorical）

分类型数据的每一个取值都代表了一个类别，如性别，两个取值代表了两个群体。

（3）序数型数据（Ordinal）

和分类型数据非常相似，每个取值代表了不同的类别。但是，序数型的数据还有另外一层含义就是每个取值是有大小之分的。比如，如果将年收入划分为3个档次：高、中、低，则不同的取值既有类别之分，也有大小之分。

如果不了解字段的实际业务含义，数据分析人员可能会出现数据类型判断失误。比如字段的取值为“1”“2”“3”等，并不意味着是一个数值类型，它的业务含义还可以是一个分类型的字段，“1”“2”“3”分别代表了一个类别，其大小没有任何含义。所以，充分了解字段的含义是很重要的。

很多的数据分析工具会根据数据中的字段的实际取值，做出类型的自动判断：如字符型的数据，一般都认定为分类型数据；如某个字段的所有取值只有“1”“2”“3”，则判断其为分类型变量，然后经过用户的再次判断，其很可能是序数型变量。

不同的数据类型，在算法进行模型训练时，处理和对待的方式是不同的。区间型数据是直接进行计算的；分类型数据是先将其转换为稀疏矩阵：每一个类别是一个新的字段，然后根据其取值“1”“0”进行计算。

在很多场景下，人们习惯将分类型数据和序数型数据统称为分类型数据，即数据类型可以是两个：数值型数据（区间型数据）和分类型数据（分类型数据和序数型数据）。

2.1.2 连续型数据的探索

连续型数据的探索，其关注点主要是通过统计指标来反映其分布和特点。典型的统计指标有以下几个：

（1）缺失值

取值为空的值即为缺失值。缺失值比例是确定该字段是否可用的重要指标。一般情况下，如果缺失率超过50%，则该字段就完全不可用。

在很多情况下，我们需要区别对待null和0的关系。Null为缺失值，0是有效值。这个区别很重要，要小心区别对待。例如，某客户在银行内的某账户余额为null，意味着该客户可能没有该账户。但是如果将null改为0，则是说用户有该账户，且账户余额为零。

（2）均值（Mean）

顾名思义，均值即平均值。其大小反映了整体的水平。一个数学平均成绩是95分的班级，肯定比平均成绩是 80 分的班级的数学能力要好。

（3）最大值和最小值

最大值和最小值即每个数据集中的最大数和最小数。

（4）方差

方差反映各个取值距平均值的离散程度。虽然有时两组数据的平均值大小可能是相同的，但是各个观察量的离散程度却很少能相同。方差取值越大，说明离散程度越大。比如，平均成绩是 80 分的班级，其方差很小，说明这个班级的数学能力比较平均：没有多少过高的成绩，也没有多少过低的成绩。

（5）标准差

标准差是方差的开方，其含义与方差类似。

（6）中位数（Median）

中位数是将排序后的数据集分为两个数据集，这两个数据集分别是取值高的数据集和取值低的数据集。比如，数据集 {3,4,5,7,8} 的中位数是 5，在 5 之下和 5 之上分别是取值低和取值高的数据集。数据集 {2,4,5,7} 的中位数应当是 $(4+5)/2=4.5$。

（7）众数（Mode）

众数是数据集中出现频率最高的数据。众数最常用的场景是分类型数据的统计，但是其也反映了数值型数据的“明显集中趋势点的数值”。

均值、中位数、众数的计算方式各有不同，如表 2-1 所示。

表 2-1　均值、中位数、众数的例子

统　计　量	例　　子	结　　果
均值	1,2,2,3,4,7,9	(1 + 2 + 2 + 3 + 4 + 7 + 9)/7 = 4
中位数	1,2,2,3,4,7,9	3
众数	1,2,2,3,4,7,9	2

（8）四分位数（Quartile）

四分位数，即用三个序号将已经排序过的数据等分为四份，如表 2-2 所示。

表 2-2　四分位的例子

序　　号	0	1	2	3	4	5	6	7	8	9	10
值	23	26	34	35	37	39	56	57	61	64	70
四分位数			Q1			Q2			Q3		

第二四分位数（Q2）的取值和中位数的取值是相同的。

（9）四分位距（Interquartile Range，IQR）

四分位距通过第三四分位数和第一四分位数的差值来计算，即 IQR = Q3 − Q1。针对上表，其 IQR = 61 − 34 = 27。四分位距是进行离群值判别的一个重要统计指标。一般情况下，极端值都在 Q1 − 1.5 × IQR 之下，或者 Q3 + 1.5 × IQR 之上。著名的箱形图就是借助四分位数和四分位距的概念来画的，如图 2-1 所示。

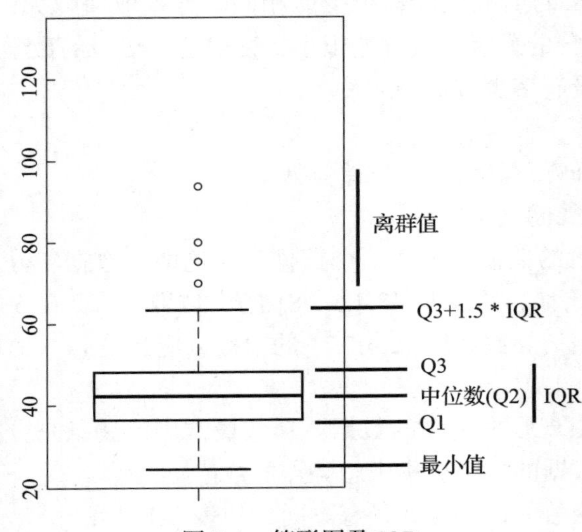

图 2-1　箱形图及 IQR

箱形图中的上下两条横线，有可能是离群值分界点（Q3 + 1.5 × IQR 或 Q1 − 1.5 × IQR），也有可能是最大值或最小值。这完全取决于最大值和最小值是否在分界点之内。

（10）偏斜度（Skewness）

偏斜度是关于表现数据分布的对称性的指标。如果其值是 0，则代表一个对称性的分布；若其值是正值，代表分布的峰值偏左；若其值是负值，代表分布的峰值偏右。在图 2-2 中给出了偏斜度的示例。

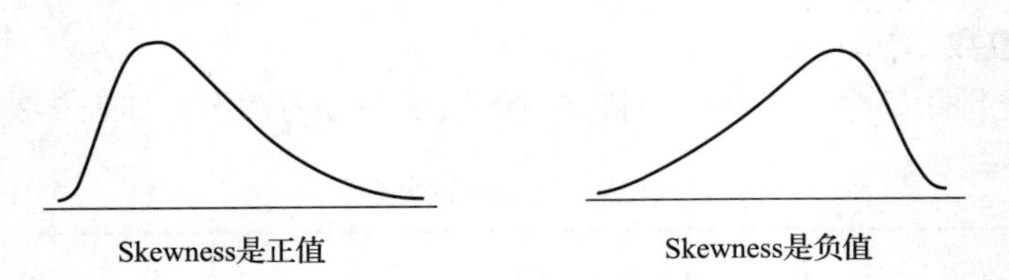

图 2-2　Skewness 的含义

Skewness 的绝对值（不论是正值还是负值）如果大于 1 是个很明显的信号，你的数据分布有明显的不对称性。很多数据分析的算法都是基于数据的分布是类似于正态分布的钟型分布，并且数据都是在均值的周围分布。如果 Skewness 的绝对值过大，则是另一个信号：你要小心地使用那些算法！

不同的偏斜度下，均值、中位数、众数的取值是有很大不同的：

由图 2-3 可见，在数据取值范围相同的情况下，中位数是相同的。但是均值和众数却有很大的不同。所以，除了偏斜度指标可以直接反映分布特征外，还可以用表 2-3 中的方法来判断。

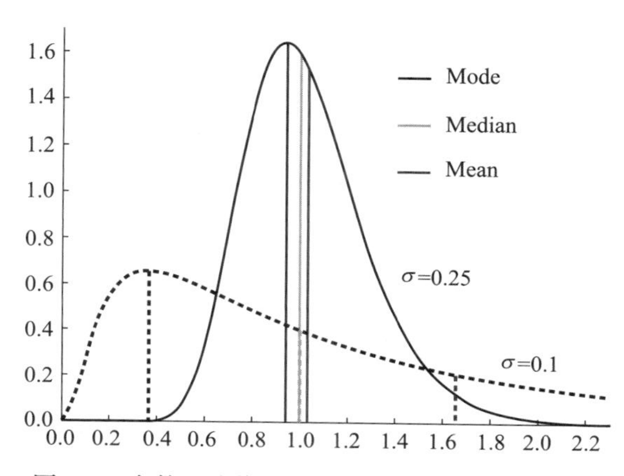

图 2-3 众数、均值及中位数在不同分布下的比较

表 2-3 通过中位数和均值的差异来判断分布的偏斜情况

判断条件	结论
中位数＜均值	偏左分布
中位数、均值相差无几	对称分布
中位数＞均值	偏右分布

（11）峰态（Kurtosis）

标准正态分布的峰态的值是 3，但是在很多数据分析工具中对峰态值减去 3，使得：0 代表是正态分布；正值代表数据分布有个尖尖的峰值，高于正态分布的峰值；负值代表数据有个平缓的峰值，且低于正态分布的峰值。

峰态指标的主要作用是体现数值分布的尾巴厚度，尖峰对应着厚尾，即 Kurtosis 大于 0 时，意味着有一个厚尾巴。尖峰厚尾也就是说，在峰值附近取值较集中，但在非峰值附近取值较分散。图 2-4 所示为一个峰态的例子。

在连续型数据的探索中，需要重点关注的指标首先是缺失率，然后是均值、中位数等指标，这些指标能帮助数据分析者对数据的特征有很好的了解。偏斜度是另外一个非常重要的指标，但其绝对值接近 1 或大于 1 时，必须对其进行 log 转换才能使用，否则该指标的价值将大打折扣。

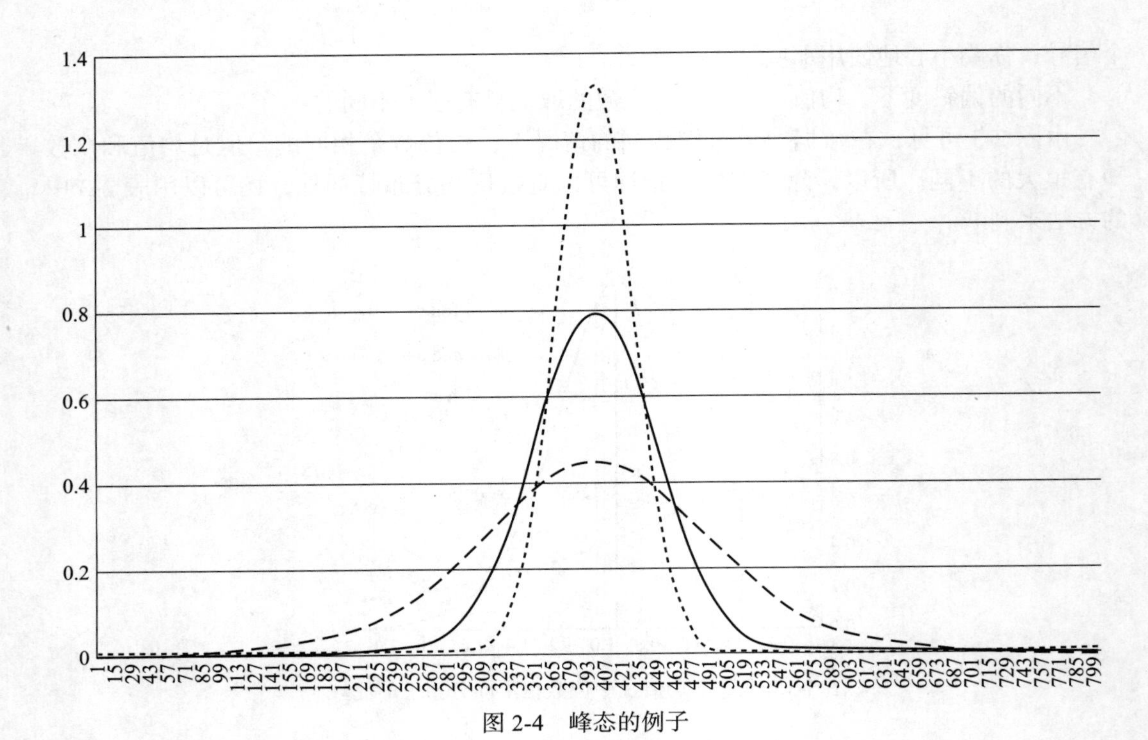

图 2-4 峰态的例子

Python Pandas 中 DataFrame 的 describe 方法默认只统计连续性字段的最大值、最小值、均值、标准差、四分位数，如果想获取其他的特征值，需要调用相应的函数来获得。下面是一段示例代码，其运行结果通过表 2-4 来展示。

```
list_of_series = [bank.var().rename('方差'),
                  bank.median().rename('中位数'),
                  bank.skew().rename('偏斜度'),
                  bank.kurt().rename('峰态')]
df = pd.DataFrame(list_of_series)
mode = bank.mode(numeric_only=True).rename({0: '众数'})
pd.concat([df, mode])
```

表 2-4 连续型变量数据探索示例代码的运行结果

	年龄	年收入	已联系日期	已联系时长	本次营销联系次数	联系间隔	之前营销联系次数
方差	112.758 107	9.270 599e + 06	69.263 609	66 320.574 090	9.597 733	10 025.765 774	5.305 841
中位数	39.000 000	4.480 000e + 02	16.000 000	180.000 000	2.000 000	−1.000 000	0.000 000
偏斜度	0.684 818	8.360 308e + 00	0.093 079	3.144 318	4.898 650	2.615 715	41.846 454
峰态	0.319 570	1.407 515e + 02	−1.059 897	18.153 915	39.249 651	6.935 195	4 506.860 660
众数	32.000 000	0.000 000e + 00	20.000 000	124.000 000	1.000 000	−1.000 000	0.000 000

2.1.3　分类型数据的探索

分类型数据的探索主要是从分类的分布等方面进行考察。常见的统计指标有以下几个：

（1）缺失值

缺失值永远是需要关心的指标，不论是连续型数据，还是分类型数据。过多的缺失值，会使得指标失去意义。

（2）类别个数

依据分类型数据中类别的个数，可以对指标是否可用有一个大致的判断。例如，从业务角度来看，某指标应当有 6 个类别，但实际样本中只出现了 5 个类别，则需要重新考虑样本的质量。再如，某个分类型变量只有一个类别时，对数据分析是完全不可用的。

（3）类别中个体数量

在大多数情况下，如果某些类别中个体数量太少，如只有 1% 的比例，可以认为该类别是个离群值。关于分类型变量离群值的研究比较多，但是如果脱离业务来谈分类型变量的离群值，是不妥当的。不平衡数据就是一个典型的与业务有关的例子。比如，从业务角度来看，购买黄金的客户只占银行全量客户的很小的一个部分，如果采取简单随机抽样的方式，“是否购买”列的值将只有极少的“是”的取值。但是，不能将“是”直接判断为离群值，反而“是”有极其重要的业务含义。所以，数据分析者需要灵活地认识和对待类别中个体数量的问题。

（4）众数

和连续型数据的含义一样，众数是数据集中出现频率最高的数据。比如，针对某个分类型取值 A、B、C、D 中 C 的出现次数最多，则 C 就是众数。

以下是一段分类型变量数据探索示例代码，其运行结果通过表 2-5 来展示。

```
bank.describe(include=[np.object])
```

表 2-5　分类型变量数据探索示例代码的运行结果

	职业	婚姻状况	教育水平	已授信	房贷	个人货款	联系方式	已联系月份	之前营销结果	本次营销结果
count	45 211	45 211	45 211	45 211	45 211	45 211	45 211	45 211	45 211	45 211
unique	12	3	4	2	2	2	3	12	4	2
top	blue-collar	married	secondary	no	yes	no	cellular	may	unknown	no
freq	9 732	27 214	23 202	44 396	25 130	37 967	29 285	13 766	36 959	39 922

应用 Python Pandas 的相关函数能够非常容易得到分类型变量的探索结果，表 2-5 所示就是数据探索示例代码的运行结果。

2.1.4 示例：数据探索

我们采用加州大学欧文学院创建的 Machine Learning Repository 网站上的一个数据集，Bank Marketing Data Set[㊀]。Machine Learning Repository 是一个非常著名的网站，里面的数据集最早被分享于 1987 年。很多著名的计算机类的论文都引用这个网站上的数据。Bank Marketing Data Set 来自葡萄牙某银行的市场营销数据，表 2-6 展示了部分字段的类型及取值范围。

表 2-6 Bank Marketing Data Set 的字段说明

字段名	字段类型	说明
年龄	numeric	
职业	categorical	type of job: 'admin.','blue-collar','entrepreneur','housemaid','management','retired','self-employed','services','student','technician','unemployed','unknown'
婚姻状况	categorical	marital status: 'divorced', 'married', 'single', 'unknown'; note: 'divorced' means divorced or widowed
教育水平	categorical	'basic.4y','basic.6y','basic.9y','high.school','illiterate','professional.course','university.degree','unknown'
已授信	categorical	has credit in default?: 'no','yes','unknown'
房贷	categorical	has housing loan? 'no','yes','unknown'
个人贷款	categorical	has personal loan? 'no','yes','unknown'
…	…	…

该案例所描述的场景是葡萄牙某银行机构的电话营销活动，通过调查客户的基本信息来预测客户是否会认购定期存款，所调查的客户信息包括年龄、工作类型、婚姻状况、教育、是否有个人贷款等。在本节中，我们使用 bank-full 数据集完成一个数据探索示例，包括单个变量的分布情况、双变量之间的关系，这些探索可以为缺失值处理、异常值和离群值处理、特征变换做一个很好的铺垫。

通过可视化工具可以展现单变量的分布特征。对于连续型变量 age、balance、duration，通过折线图和箱形图展现数据的情况。对于分类型变量 job、marital、education、y，通过柱状图展现数据的情况。

```
from pandas import read_csv
import matplotlib.pyplot as plt

dataset = read_csv('bank-full.csv', header=0, delimiter=';')
```

㊀ S. Moro, P. Cortez and P. Rita. A Data-Driven Approach to Predict the Success of Bank Telemarketing. Decision Support Systems, Elsevier, 62:22-31, June 2014。

```
fig = plt.figure(figsize=(20, 10))
ax1 = fig.add_subplot(2, 2, 1)
ax2 = fig.add_subplot(2, 2, 2)
ax3 = fig.add_subplot(2, 2, 3)

ax1.plot(dataset['age'])
ax1.set_title('age', fontsize='20')
ax2.plot(dataset['balance'])
ax2.set_title('balance', fontsize='20')
ax3.plot(dataset['duration'])
ax3.set_title('duration', fontsize='20')

plt.show()
```

上述代码是绘制 age、balance、duration 变量的折线图，并将其在一个图中集中展现。通过观察折线图可以初步掌握数据的缺失情况、异常情况和离群值情况等。比如 balance 变量存在一些极大值情况，但大多数值都落在小区间范围内。图 2-5 所示是三个变量 age、balance、duration 的折线图结果。

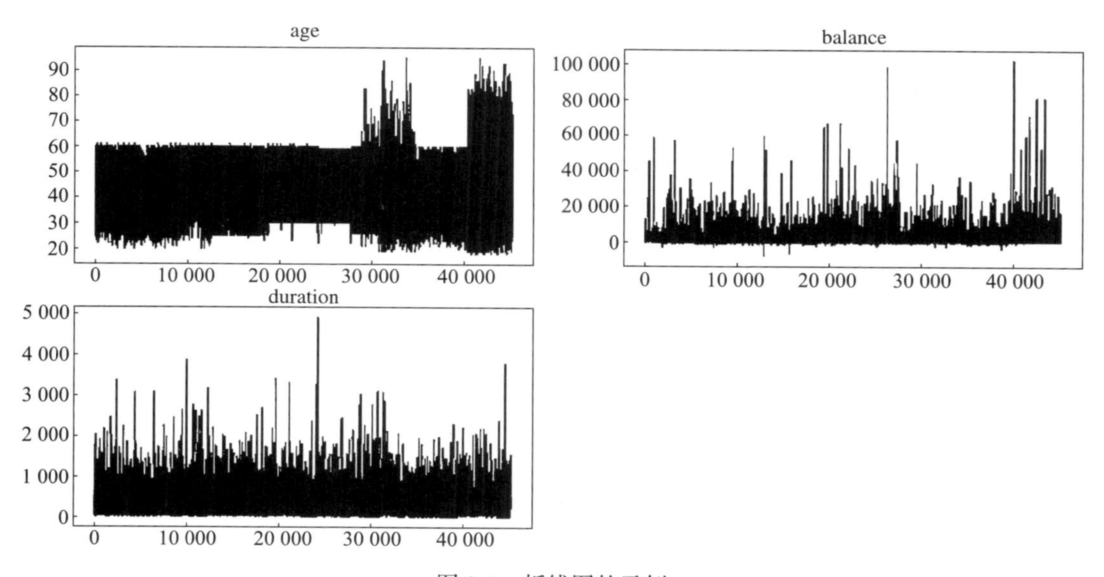

图 2-5　折线图的示例

箱形图从分位数的角度来展现变量的分布特征，人们往往会根据箱形图做出离群值的过滤条件等数据清洗规则。

```
fig = plt.figure(figsize=(20, 10))
ax1 = fig.add_subplot(2, 2, 1)
ax2 = fig.add_subplot(2, 2, 2)
ax3 = fig.add_subplot(2, 2, 3)

ax1.boxplot(dataset['age'])
ax1.set_title('age', fontsize='20')
```

```
ax2.boxplot(dataset['balance'])
ax2.set_title('balance', fontsize='20')
ax3.boxplot(dataset['duration'])
ax3.set_title('duration', fontsize='20')

plt.show()
```

从图 2-6 中可以看出，age 变量取值范围比较大，离群点较少；balance 变量和 duration 变量的取值范围比较小，都分布在小值范围内，离群点分布范围比较广。

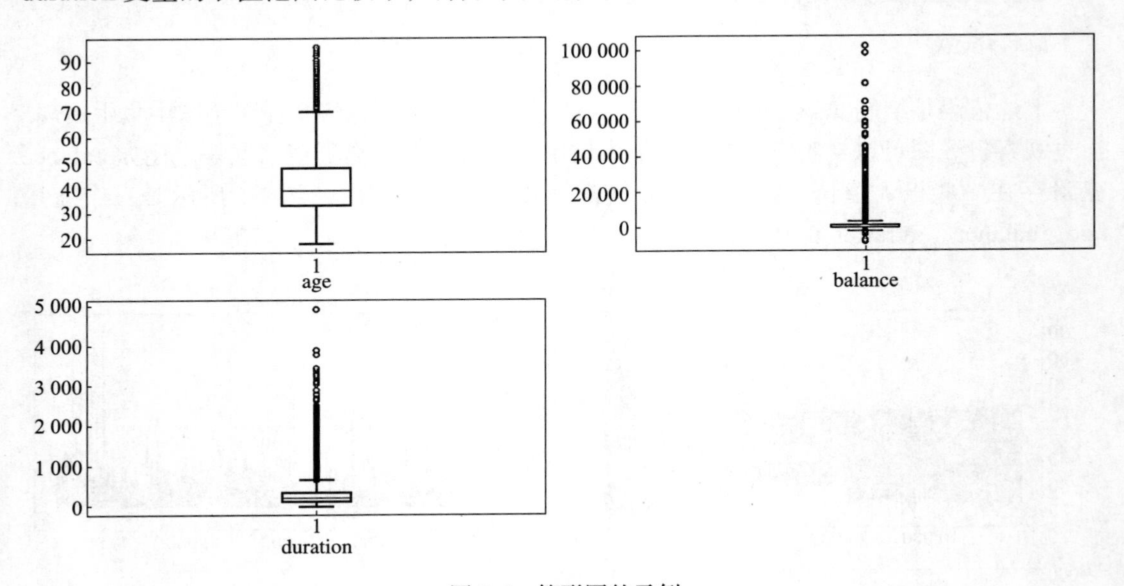

图 2-6　箱形图的示例

分类型变量一般首先通过柱状图来展现分布特征。下面的代码是分别绘制数据集中变量 job、marital、education、y 的柱状图。为了展现更为详尽的柱状图的绘制原理，我们采用“统计各分类值取值个数，然后再绘制柱状图”的方法。

```
def count(items):
    result = {}
    for i in items:
        result[i] = result.get(i, 0) + 1
    return result


job_count = count(dataset['job'])
marital_count = count(dataset['marital'])
edu_count = count(dataset['education'])
y_count = count(dataset['y'])


fig = plt.figure(figsize=(20, 18))
ax1 = fig.add_subplot(2, 2, 1)
ax2 = fig.add_subplot(2, 2, 2)
```

```
ax3 = fig.add_subplot(2, 2, 3)
ax4 = fig.add_subplot(2, 2, 4)

ax1.bar(range(len(job_count.values())), job_count.values(),
       tick_label=list(job_count.keys()))
ax1.set_xticklabels(list(job_count.keys()), rotation='45')
ax1.set_title('job', fontsize='20')

ax2.bar(range(len(marital_count.values())), marital_count.values(),
        tick_label=list(marital_count.keys()))
ax2.set_title('marital', fontsize='20')

ax3.bar(range(len(edu_count.values())), edu_count.values(),
        tick_label=list(edu_count.keys()))
ax3.set_title('education', fontsize='20')

ax4.bar(range(len(y_count.values())), y_count.values(),
        tick_label=list(y_count.keys()))
ax4.set_title('y', fontsize='20')


plt.show()
```

从图 2-7 的 4 个柱状图中可以看出每个变量的取值分布，比如 job 变量类别比较多，其中一个类别取值比较少；education 变量中 unknown 的值个数比较少；y 变量的数据分布不均衡。数据集出现预测变量类不均衡的情况，在构建分类型预测模型时一般需要将数据处理为均衡数据集才可使用。读者可以参考 5.5.2 节中的介绍以了解处理的方法和过程。

双变量的关系探查往往能发现非常有价值的数据洞见。双变量探查包括连续型 - 连续型、连续型 - 分类型、分类型 - 分类型这些关系，连续型 - 连续型使用散点图来探查它们的线性关系，分类型 - 分类型使用堆叠柱状图或卡方检验，连续型 - 分类型使用 ANOVA 方差进行分析。本案例通过连续型 - 连续型进行举例说明，选择使用 age 变量和 balance 变量。

```
x = dataset['age']
y = dataset['balance']

fig = plt.figure(figsize=(6, 6))
fig.suptitle('age&balance relation')
grid = plt.GridSpec(4, 4, hspace=0.2, wspace=0.2)
main_ax = fig.add_subplot(grid[:-1, 1:])
y_hist = fig.add_subplot(grid[:-1, 0], xticklabels=[], sharey=main_ax)
x_hist = fig.add_subplot(grid[-1, 1:], yticklabels=[], sharex=main_ax)

# scatter points on the main axes
main_ax.plot(x, y, 'ok', markersize=3, alpha=0.2)

# histogram on the attached axes
x_hist.hist(x, 40, histtype='stepfilled',
            orientation='vertical', color='gray')
x_hist.invert_yaxis()
```

```
y_hist.hist(y, 40, histtype='stepfilled',
            orientation='horizontal', color='gray')
y_hist.invert_xaxis()
```

上述代码通过散点图和两个直方图（如图 2-8 所示）可以从变量分布以及变量间的关系的角度发现有价值的结论。例如，对于 age 的不同取值，balance 的取值都集中在 20 000 的范围内，20 000 之外的取值比较少；财富在 20 000 以上的人群年龄基本在 40 岁以上；60 岁是一个明显的财富分割点，即 60 岁以上仍然拥有 20 000 以上财富的人数陡降。

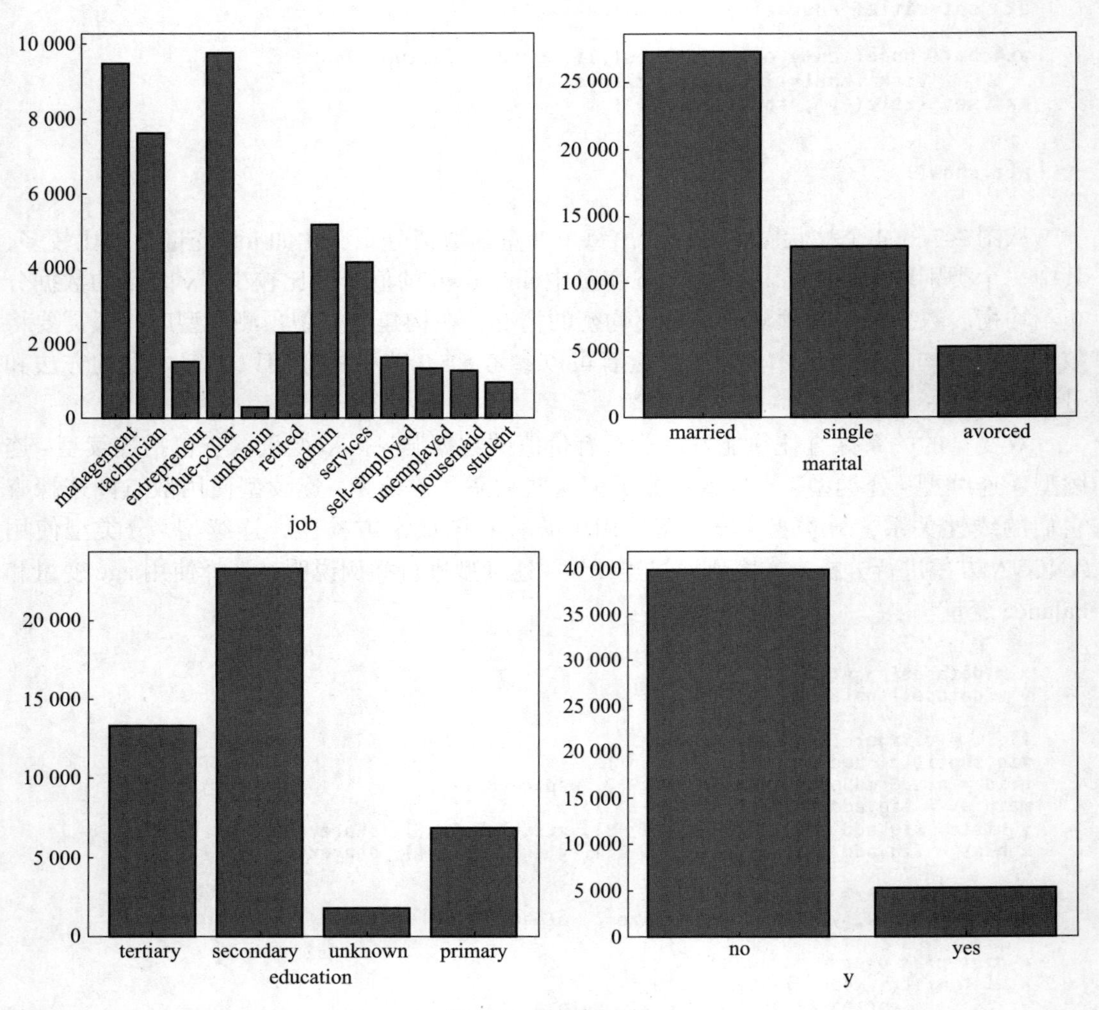

图 2-7 柱状图示例

图 2-8 只是从分布的角度来看是否能发现有意义的业务洞察。若单纯计算两个变量间的相关性并进行展示，则可以参考下面的例子。

```
import pandas as pd
import seaborn as sns

d = {'age': list(dataset['age']), 'balance': list(dataset['balance'])}
df = pd.DataFrame(data=d)
dfData = df.corr()
plt.subplots(figsize=(9, 9))
plt.title('age&balance heatmap')
sns.heatmap(dfData, annot=True, vmax=1, square=True, cmap="Blues")
plt.show()
```

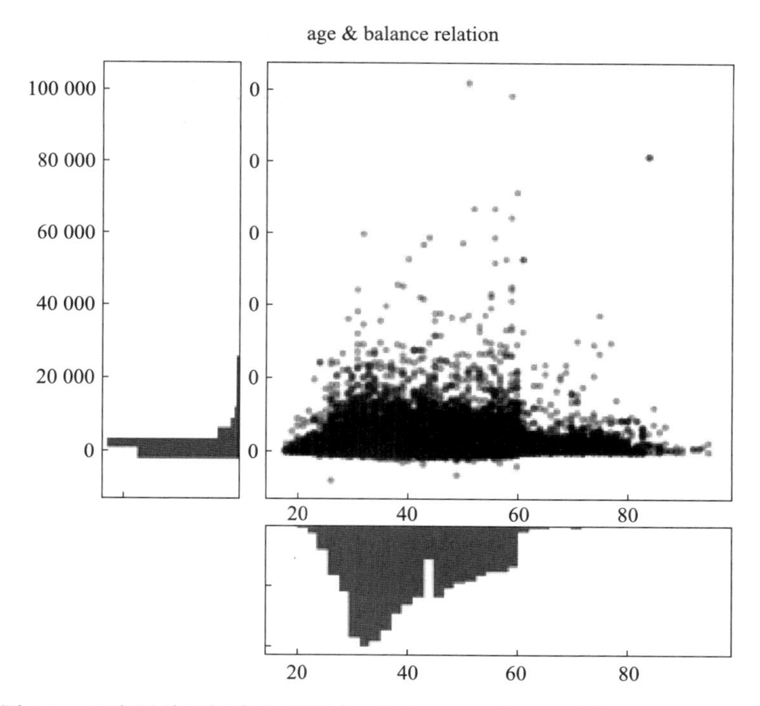

图 2-8　双变量关系探索的示例（X 轴是 age 变量，Y 轴是 balance 变量）

从图 2-9 中可以看出，age 和 balance 之间的相关性只有 0.098，说明它们之间的相关性比较弱。计算变量间的相关系数，可以为后期进行模型构建、变量选择、衍生指标加工提供依据。在 1.4 节中，我们鼓励数据分析者能够输出两种价值，其实图 2-8 及其对应的解读就是一个很好的示例。

在数据分析实践中，笔者强烈建议数据分析者能够花费大量的时间在数据探索的工作上。这样既能保证数据分析者对业务的深刻理解，也能为后续的数据预处理奠定非常好的基础。

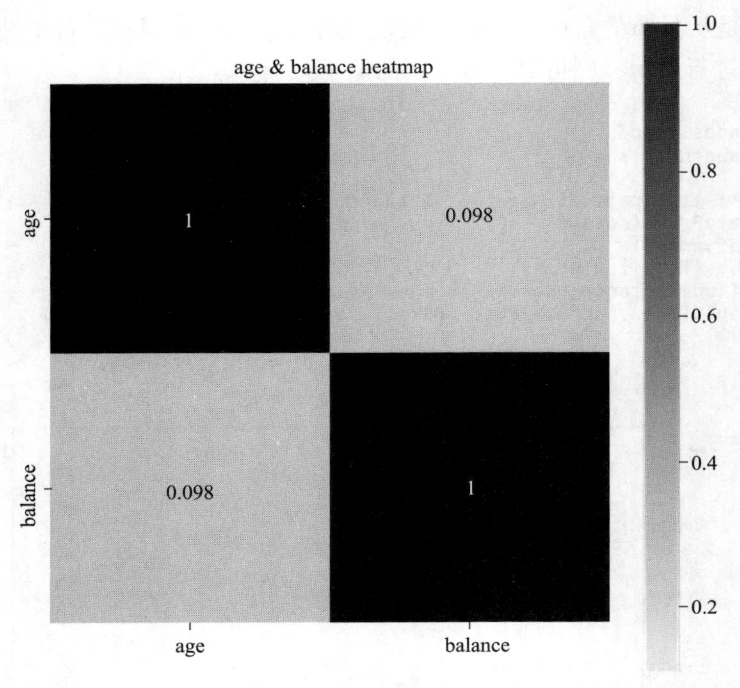

图 2-9　双变量相关矩阵的示例

2.2　数据预处理

数据的重要性在大多数情况下都超过了算法的重要性。数据预处理是数据分析过程中的一个重要步骤。多年以来，人们在数据质量上的持续投入大幅减少了越界、缺失、不一致等问题。但是，数据质量问题仍然存在。数据分析者应当对数据质量时刻保持警惕，因为质量很差的数据是很难得到有用的分析结果的。既然数据质量问题不可避免，那么处理它们是数据预处理的工作之一。数据预处理的完整工作应当包括数据清洗、数据集成、数据变换和数据归约处理。

2.2.1　数据清洗

数据清洗就是发现和改正（或移除）不准确或不精确的数据。数据仓库的数据治理模块重点关注数据质量问题，并拥有完善的数据清洗功能。本书讨论的数据清洗的工作，在数据仓库的管理者看来，是属于他们的工作范畴。但是，我们并不认为，从数据仓库中出来的数据都是没有问题，况且数据分析的数据源并不只有数据库或者数据仓库。在数据分析领域，常用的数据清洗包括以下几种：

1. 缺失值的处理

处理缺失值是最为常见的数据清洗工作。在数据分析中会遵从一些规则来填补缺失值。比如：

- 对于连续型变量，采用均值来代替缺失值；
- 对于序数型分类型变量，采用中位数来代替缺失值；
- 对于分类型变量，采用众数来代替缺失值。

2. 越界值的处理

少数的越界值会被当作离群值来处理；大量的越界值需要通过业务知识来判断。比如，对于银行客户的资产负债比，如果有较多人是负数，就需要高度怀疑数据的加工方式出现了问题。因为从业务角度来看，这种情况不可能是普遍现象。

Python 提供了很多方法来处理缺失值。最简单的方法是调用 replace 函数或者直接调用 DataFrame 中的 fillna 函数进行缺失值的替换。

```
import pandas as pd
import numpy as np

X=[[np.nan, 2],[6,np.nan],[7,6]]
X_df = pd.DataFrame(X)

# Metchod one
X_df.replace(np.NaN, X_df.mean())

# Method two
X_df.fillna(X_df.mean())
```

上述代码用来填充空白值，其运行结果如图 2-10 所示。

图 2-10　数据空白值填充的示例

对于越界值的处理会更复杂，因为需要用不同的业务知识来判断越界值产生的原因，然后再决定越界值的处理方式：是简单地将越界值移除，还是对越界值进行纠正？但这些操作的前提是先识别越界值。对于连续型的变量，可以采用 Z-score 将数据变换成均值为 0、标准差为 1 的数据，然后 Z-score 的值超过 3 ～ −3 的数据都会被认为是越界值，并将这些值从数据中去除。

```
from scipy import stats
bank_z_df = pd.DataFrame(stats.zscore(bank.select_dtypes(exclude='object'))).abs()
print(bank.shape)

no_outlier_bank = bank
for col in bank_z_df.columns:
    no_outlier_bank = no_outlier_bank[bank_z_df[col].between(0, 3, inclusive=False)]

print(no_outlier_bank.shape)

(45211, 17)
(40209, 17)
```

从上述代码的处理结果中可以看出，有 5002（初始数据有 45 211 行，过滤离群值后有 40 209 行）行包含离群值的数据被过滤掉。类似于拼写错误、值与字段含义不匹配等数据清洗的工作，一般都需要借助一些批处理的脚本来处理。

在一些数据预处理工具中，针对一些情况，其会自动做一些处理，比如：

- 如果一个变量的缺失值比例大于设定阈值（默认是 50%），那么该变量将被忽略；
- 对于连续型变量，如果该变量的最大值等于最小值（即为常量），那么该变量将被忽略；
- 对于分类型变量，如果该变量的众数在记录中所占比例大于设定阈值（默认是 95%），那么该变量将被忽略。

```
bank.loc[:, ~((bank.isnull().mean() > .5))
             & ((bank != bank.iloc[0]).any())
             & ~(bank.apply(pd.Series.value_counts, normalize=True).max() > 0.95)].shape

(45211, 16)
```

在上面的例子中，第一个条件使用 isnull() 函数标记数据中全部的缺失值，再通过 mean() 函数计算缺失值所占的比例，最后判断是否大于设定的阈值；第二个条件判断数据的每一个值是否都相同（是否是常量）；第 3 个条件通过 value_counts() 函数和 max() 函数计算数据中每一个变量众数的比例，并判断是否大于设定的阈值。我们只要通过这样一条语句就可以完成上述所有的数据预处理过程。经过这些条件的处理，数据变成了 16 个变量，说明其中一个变量因为满足这些条件而被忽略了。下面我们单独执行每一个条件，看看是什么条件被触发了。

在图 2-11 中，分别执行数据预处理的 3 个条件，我们看到“已授信”字段触发了“众数比例大于 95%”这个条件而被忽略。基于这个原因，初始数据集从 17 个字段变成了最终的 16 个字段。

```
~((bank.isnull( ).mean( ) > .5))

年龄              True
职业              True
婚姻状况          True
教育水平          True
已授信            True
年收入            True
房贷              True
个人贷款          True
联系方式          True
已联系日期        True
已联系月份        True
已联系时长        True
本次营销联系次数  True
联系间隔          True
之前营销联系次数  True
之前营销结果      True
本次营销结果      True
```

```
(bank != bank.iloc[0]).any( )

年龄              True
职业              True
婚姻状况          True
教育水平          True
已授信            True
年收入            True
房贷              True
个人贷款          True
联系方式          True
已联系日期        True
已联系月份        True
已联系时长        True
本次营销联系次数  True
联系间隔          True
之前营销联系次数  True
之前营销结果      True
本次营销结果      True
```

```
~(bank.apply(pd.Series.value_counts,
        normalize=True).max( ) > 0.95)

年龄              True
职业              True
婚姻状况          True
教育水平          True
已授信            False
年收入            True
房贷              True
个人贷款          True
联系方式          True
已联系日期        True
已联系月份        True
已联系时长        True
本次营销联系次数  True
联系间隔          True
之前营销联系次数  True
之前营销结果      True
本次营销结果      True
```

图 2-11 分别执行数据预处理的 3 个条件，查看触发条件

2.2.2 数据变换

对于连续型变量，如果该变量的取值的个数小于设定阈值（默认是 5），那么将该变量转化为有序型分类变量。对于有序型分类变量（数值类型），如果该变量的类型的个数大于设定阈值（默认是 10），那么将该变量转化为连续型变量。

1. 连续型变量的变换

对于连续型变量，为了保证数据中不同的字段保持同样的尺度（这样既可以防止某些字段在建模过程中发生溢出，又可以保证每一个字段在模型中的权重相同），我们需要进行一些尺度变换的操作。分箱（binning，又称离散化）是将连续型数据转换为分类型变量，转换的目的是提高变量的解释性。

（1）尺度变化

为了使数据尺度一致，可以对原始数据进行中心化、标准化、归一化、Z-score 变换、最小 - 最大值变换等。在表 2-7 中我们列举了典型的数据转换方法。

（2）分箱变换

对于一些连续型变量，从业务和数据特点上考虑，需要将连续型数据变为分类型数据，可以进行 binning 操作，常用的分箱变换方法如表 2-8 所示。

分箱技术的方法有很多种，比较常用的有下面的 3 种方式[⊖]：

- ❑ 等宽度间隔（Equal Width Intervals）；
- ❑ 基于已扫描个案的等百分位（Equal Percentiles Based on Scanned Cases）；

⊖ 分箱，又称离散化。本书不会对数据分析的一些基本知识做过多的阐述。读者可以参考作者的另一本书——《发现数据之美：数据分析原理与实践》，或其他一些资料或书籍。

- 基于已扫描个案的平均值和选定标准差处的分割点（Cutpoints at Mean and Selected Standard Deviations Based on Scanned Cases）。

表 2-7 典型的数据转化方法

方法名称	计算方式	效果
中心化	$x_{\text{new}} = x - \bar{x}$	中心化后的取值清晰地体现了变量值与平均值之间的差距
归一化（Normalization）	$x_{\text{new}} = \dfrac{x - x_{\min}}{x_{\text{man}} - x_{\min}}$	加快后续建模算法的收敛速度；去除了量纲，使得变量之间的关系具有可比性
标准化（Standardization）	$x_{\text{new}} = \dfrac{x - \mu}{\sigma}$	产生标准正态分布，标准化是一些聚类算法的必需步骤；去除了量纲，使得变量之间的关系具有可比性
Z 分数变换（Z-score）	$x_{\text{new}} = \dfrac{\text{sd}_{\text{user}}}{\text{sd}} \times (x - \bar{x}) + \bar{x}_{\text{user}}$	产生一个由用户自定义均值和标准差的变量。Z-score 和标准化其实是异曲同工
最小 - 最大值变换	$x_{\text{new}} = \dfrac{\max_{\text{user}} - \min_{\text{user}}}{\max x - \min x} \times (x - \min x) + \min_{\text{user}}$	产生一个由用户自定义最大值和最小值的变量

表 2-8 分箱变换方法

方法名称	计算方式	效果
数值转化为类别（binning）	按照一定的方式，将数值变量转化为分类变量，如将年龄划分为青年、壮年等阶段	提高指标的解释性；将相关性较强的取值区间凸显出来

从中位数直接将连续型数值划分为两个分组是比较常见的等宽度间隔的分箱做法。在偏峰的情况下，是可以划分出明显的高低两个分组的，如图 2-12 所示。

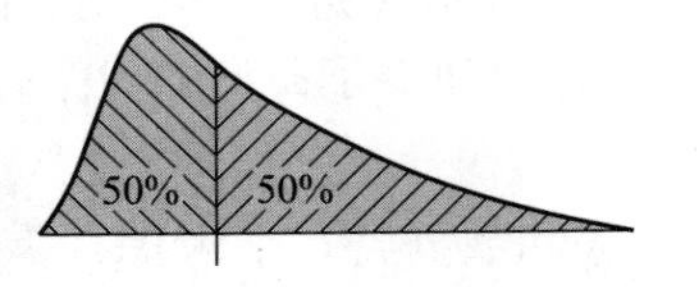

图 2-12 采用中位数对连续型变量进行划分

在没有具体业务要求的情况下，上述三种方式都是合适的。但是我们在一个关于银行的实际案例中，遇到这样的一种情况：当对某个连续值进行分箱时，遇到的问题不仅仅是等宽或者等值的问题，真正的问题是怎么样的分箱对业务具有指导意义。不同的分箱，每个值的背后都是一批客户，而在银行的营销力量有限的情况下，必然需要对不同的群体采取不同的策略。最为简单的策略就是，对高价值的客户采用费用较高但是可能带来高回报的营销活动，而对低价值的客户，则可以采用费用较低的营销。并且往往低价值的客户是占多数的，其分布大多如图 2-13 所示：

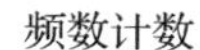

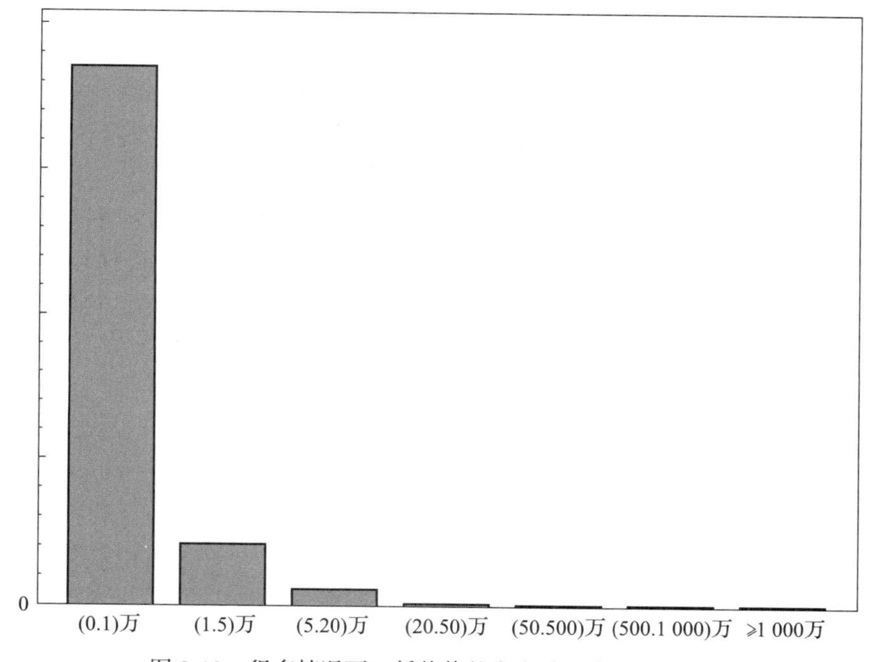

图 2-13　很多情况下，低价值的客户总是占多数

针对如图 2-13 所示的分布，等宽分布、等值分布都比较难以确定“什么样的阈值可以区分高价值客户、低价值客户”。所以，我们采用了经典的“80% ～ 20%”的方法，即 80% 的客户可能会贡献较少的价值，而 20% 的人往往会贡献较多的价值。图 2-14 代表了一种典型的分箱策略。

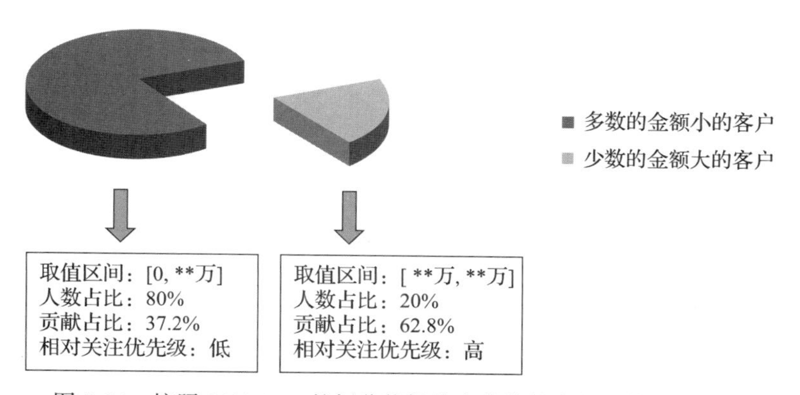

图 2-14　按照 80%-20% 的划分能够将高价值的客户显著区分出来

我们采用2.1.4节中的数据集来展现分箱的实例。在银行的营销活动中，营销产品的设计往往关注客户的年龄。不考虑客户的职业等其他的特征，一般青壮年客户有成家立业的金融需求，中老年的客户则倾向于投资、存款等。所以，年龄阶段的划分（分箱）可以作为一个衍生字段。

为此，我们用SciKit-learn中的KBinsDiscretizer来生成衍生字段。KBinsDiscretizer提供了3种分箱策略：

- uniform：每一个分箱都有相同的宽度；
- quantile：每一个分箱都有相同的数据个数；
- kmeans：分箱中的每个值都具有与kmeans聚类相同的最近中心。

利用KBinsDiscretizer对2.1.4节中的数据进行年龄变量的分箱操作，使用上述3种分箱策略生成3个衍生字段："年龄分箱_uniform""年龄分箱_quantile"和"年龄分箱_kmeans"，分箱时选择的分箱数是6，然后对原始变量"年龄"，以及3个衍生字段再次进行数据探查，查看数据分布的变化。

```
num_bins = 6
est_uniform = KBinsDiscretizer(n_bins=num_bins, encode='ordinal', strategy='uniform')
est_quantile = KBinsDiscretizer(n_bins=6, encode='ordinal', strategy='quantile')
est_kmeans = KBinsDiscretizer(n_bins=6, encode='ordinal', strategy='kmeans')
bank['年龄分箱_uniform'] = est_uniform.fit_transform(bank[['年龄']].values)
bank['年龄分箱_quantile'] = est_quantile.fit_transform(bank[['年龄']].values)
bank['年龄分箱_kmeans'] = est_kmeans.fit_transform(bank[['年龄']].values)
bank[['年龄', '年龄分箱_uniform', '年龄分箱_quantile', '年龄分箱_kmeans', '职业', '婚姻状况', '教育水平']][:5]
```

上述代码生成3个分箱的结果，通过查看前5行数据（如表2-9所示）可以看出3个分箱的决策是各不相同的，如年龄58，按照uniform策略，则属于编号是"3.0"的分箱区间；按照quantile策略，则属于编号是"5.0"的分箱区间；按照kmeans策略，则属于编号是"3.0"的分箱区间。

表2-9 3种分箱策略的结果示例

	年 龄	年龄分箱_uniform	年龄分箱_quantile	年龄分箱_kmeans	职 业	婚姻状况	教育水平
0	58	3.0	5.0	3.0	management	married	tertiary
1	44	2.0	3.0	2.0	technician	single	secondary
2	33	1.0	1.0	1.0	entrepreneur	married	secondary
3	47	2.0	4.0	2.0	blue-collar	married	unknown
4	33	1.0	1.0	1.0	unknown	single	unknown

我们还可以通过查看分箱前后的柱状图来观察和理解各个分箱结果的不同。图2-15所示是源数据的分布以及3种分箱策略的结果展示。

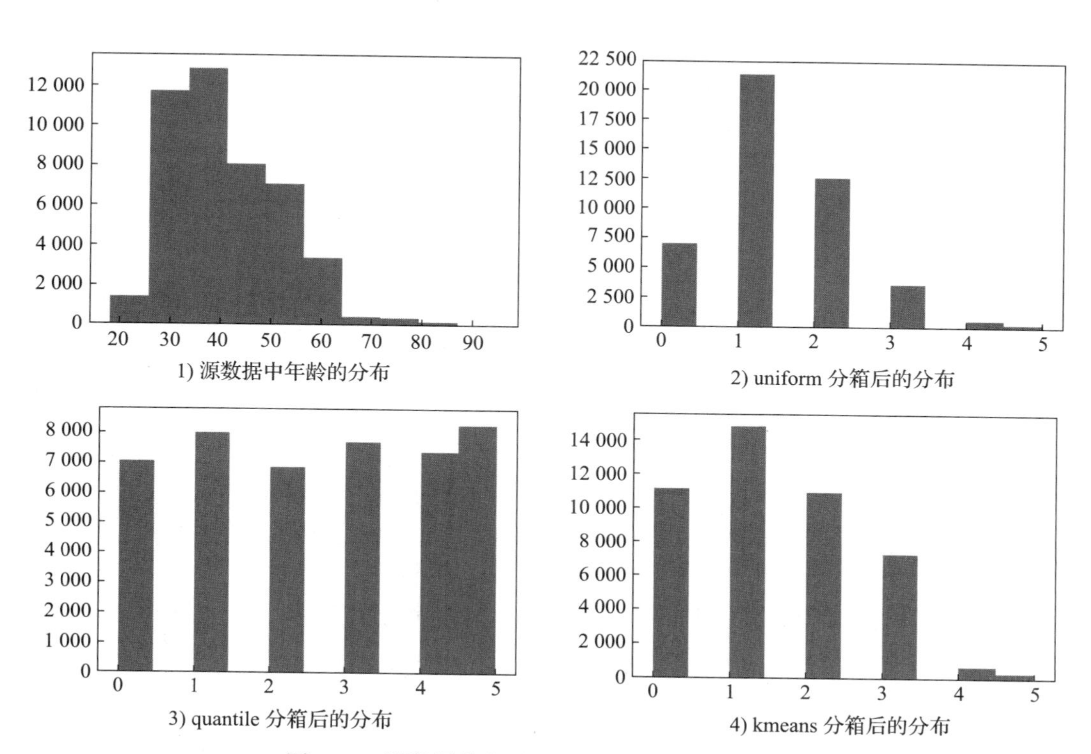

1) 源数据中年龄的分布

2) uniform 分箱后的分布

3) quantile 分箱后的分布

4) kmeans 分箱后的分布

图 2-15　源数据分布及 3 种分箱策略的结果示例

从年龄变量的分布来看，该银行的客户主要是 30 岁到 40 岁的青壮年，小于 30 岁的客户很少，而年龄超过 60 岁的客户更少，这个结果间接印证了前面所进行的数据探索的结果——60 岁是一个财富的分割点。使用 uniform 分箱策略生成的衍生字段因为每个分箱的宽度相同，因此基本上保留了年龄变量的分布特征。

而使用 quantile 分箱策略生成的衍生字段却完全改变了数据分布的情况。因为这个分箱策略是使每一个分箱中包含数量基本相同的数据，所以其分布得也非常均匀。我们通过 KBinsDiscretizer 的 bin_edges_ 方法查看使用 quantile 分箱策略进行的分箱操作，其分箱边界为 18 ～ 31、31 ～ 35、35 ～ 39、39 ～ 45、45 ～ 52 和 52 ～ 95。其在年龄分布非常集中的区间，分箱非常密集。其中 31 ～ 45 岁这个区间就包含了 3 个分箱。

使用 kmeans 分箱策略相当于对年龄变量进行了 6 个聚类的 kmeans 聚类操作。因为是基于 kmeans 算法，取值更接近的数据会被划分在一个聚类里，所以 kmeans 分箱策略也基本上保留了年龄变量的分布特征，其分箱边界也基本上接近于 uniform 的分箱边界。

2. 分类型变量的变换

在很多的机器学习的算法实现中，在调用算法之前，会首先对分类型数据做一些变换。这些变换会提高模型的稳定性。比较常见的变换如表 2-10 所示：

表 2-10　分类型变量的变换

方法名称	计算方式	效　果
类别的数值编码	将单独的类别字段扩展为数个单独的数值化列，构成一个稀疏矩阵	可以体现出每个类别对模型的贡献，识别出显著的类别和冗余的类别
类别调整	将单独的类别字段按照其数据量的多少重新排序	可以提高模型的稳定性
合并关联字段	将某些存在关联的分类型字段进行合并	减小模型的维度和复杂度，消除自变量之间的相关性

对于分类型变量，为了在模型中体现出分类型变量自身的特点，比如每个类型只是一个标记，无大小之说，每个类型都可以作为一个独立的参数参与模型构建，这样可以对分类型变量做数值编码，变换为虚拟 dummy 变量或者成为标记 indicator 变量。

对于某些分类型变量，其类型是名义 nominal 变量，为了提高模型的稳定性，需要对分类型变量的各个类型按照其数据量的多少重新排序。这样原来的类型标记被重新编码和排序。对于某些数据集，其含有一系列相关的多个分类型字段，各个字段存在业务逻辑上的关系，并且各个字段的取值也存在关联。这样，我们就可以将这些字段合并为一个字段。这样做既可以减少模型的维度和复杂度，也可以消除各个自变量之间的相关性，保持彼此的独立性，提高模型的质量。

（1）类别的数值编码

当训练模型时，数据集中的字段包含符号字段（或者称为分类字段）时，而且该字段也需要被用来参与建模，并且该模型算法需要使用所有记录的数值来进行算法计算。这种情况下就对符号字段提出了挑战，那么如何用数值来表示该符号字段的各个分类呢？

一般的做法是将该符号字段编码为一组数值字段，该组数值字段的个数等于该符号字段的分类个数，一个分类对应一个数值字段。对于该符号字段的每一个取值，对应于该值的那个数值字段的值均被设置为 1，其他数值字段的值均被设置为 0。这组数值字段（或者称为衍生字段）被称为 indicator（指示）字段，或者 dummy（虚拟）字段。

如表 2-11 所示，对于下列 3 条数据，X 是一个符号字段，取值为 A、B、C，那么它可以被转化为衍生字段 X1、X2、X3。

表 2-11　分类型变量的变换为 dummy 字段

记　录	X	X1	X2	X3
1	B	0	1	0
2	A	1	0	0
3	C	0	0	1

从表 2-11 中可以看出，符号字段的分类 A 被编码为（1 0 0），B 被编码为（0 1 0），C 被编码为（0 0 1）。

按照此方式编码后，这些符号字段被转换为一系列取值为 0 和 1 的稀疏矩阵。在建模的计算过程中，所要估计的模型参数的个数就会增加，但在实际的运算中，只有取值为 1 的变量需要参与计算，其他取值为 0 的变量可以忽略，这样可以极大地节省内存空间并提高计算效率。当模型参数被估计出来后，建模过程完成时，我们可以从模型结果中得到该字符变量的各个分类变量对应的模型参数和重要性。

在算法的具体计算过程中，经常会用到"类别的数值编码"的方式，将类别型的字段转换为 dummy 字段。下面的例子就说明了这个过程。

我们采用一个员工个人信息的数据集，包括字段：id（员工编号），gender（性别），bdate（出生日期），educ（教育程度），jobcat（工作类别），salary（工资），salbegin（起始工资），jobtime（工作时间），prevexp（先前经验），minority（民族）。该数据集如表 2-12 所示。

表 2-12 员工个人信息的示例

	gender	bdate	educ	jobcat	salary	salbegin	jobtime	prevexp	minority
0	Male	19 027	15	Manager	57 000	27 000	98	144.0	No
1	Male	21 328	16	Clerical	40 200	18 750	98	36.0	No
2	Female	10 800	12	Clerical	21 450	12 000	98	381.0	No
3	Female	17 272	8	Clerical	21 900	13 200	98	190.0	NaN
4	Male	20 129	15	Clerical	45 000	21 000	98	138.0	No

我们根据 educ，jobcat，salary，salbegin 字段来预测 gender 字段，此处选取 Binomial Logistic Regression 二项逻辑回归模型，使用 GLM 模型来完成。虽然该模型并不具有实际意义，但是可以说明符号型字段在建立模型中起到的作用。

educ 为取值 8、12、14、15、16、17、18、19、20、21 的数值型分类变量，但其是有顺序的，被称为 ordinal 有序分类变量；jobcat 为取值 Clerical、Custodial 和 Manager 的三值字符型分类变量，是无顺序的，被称为 nomial 名义分类变量；salary 和 salbegin 为连续型变量；gender 为取值 f 和 m 的二值字符型分类变量，被称为 flag 标记变量或者 nomial 名义分类变量。对于建立的模型来说，educ、jobcat、salary、salbegin 作为预测变量，gender 作为目标变量。一般在回归模型中，educ 和 jobcat 被称为 factor 因子变量，salary 和 salbegin 被称为 covariates 协变量。

我们采用 Python 类库 StatsModels 建立二项回归模型。由于 educ 的值是数字，所以需要使用 C 操作符定义其为分类型变量；因为 jobcat 的值是文字，模型会自动识别其为分类型变量。通过使用 StatsModels 建立模型，所使用的相关 Python 脚本如下：

```
import pandas as pd
import statsmodels.api as sm
bank = pd.read_csv('bank.csv')
data = sm.datasets.scotland.load()
formula = "gender ~ C(educ)+jobcat+salary+salbegin"
model = sm.formula.glm(formula,
                       family=sm.families.Binomial(),
                       data=bank).fit()
print(model.summary())
```

上述代码运行得到的结果如下：

```
                 Generalized Linear Model Regression Results
==============================================================================================
Dep. Variable:       ['gender[Female]', 'gender[Male]']   No. Observations:             270
Model:                                              GLM   Df Residuals:                 256
Model Family:                                  Binomial   Df Model:                      13
Link Function:                                    logit   Scale:                        1.0
Method:                                            IRLS   Log-Likelihood:           -106.88
Date:                                  Wed, 13 Mar 2019   Deviance:                  213.75
Time:                                          17:02:27   Pearson chi2:                 237.
No. Iterations:                                      23
=====================================================================================
                          coef    std err          z      P>|z|      [0.025      0.975]
-------------------------------------------------------------------------------------
Intercept               7.6404      1.242      6.153      0.000       5.207      10.074
C(educ)[T.12]           0.5994      0.609      0.985      0.325      -0.594       1.793
C(educ)[T.14]         -22.7314   9.25e+04     -0.000      1.000   -1.81e+05    1.81e+05
C(educ)[T.15]           0.0060      0.662      0.009      0.993      -1.292       1.304
C(educ)[T.16]           3.5328      1.102      3.205      0.001       1.373       5.693
C(educ)[T.17]         -18.7481   3.87e+04     -0.000      1.000   -7.59e+04    7.59e+04
C(educ)[T.18]         -17.5808   5.42e+04     -0.000      1.000   -1.06e+05    1.06e+05
C(educ)[T.19]         -14.4578   2.41e+04     -0.001      1.000   -4.73e+04    4.73e+04
C(educ)[T.20]         -14.2344   7.18e+04     -0.000      1.000   -1.41e+05    1.41e+05
C(educ)[T.21]         -11.7846   1.31e+05     -9e-05      1.000   -2.57e+05    2.57e+05
jobcat[T.Custodial]   -24.6922   3.15e+04     -0.001      0.999   -6.17e+04    6.17e+04
jobcat[T.Manager]       0.0762      1.047      0.073      0.942      -1.975       2.128
salary              -6.091e-05   3.46e-05     -1.763      0.078      -0.000    6.82e-06
salbegin               -0.0004   9.49e-05     -4.645      0.000      -0.001      -0.000
=====================================================================================
```

从结果中的 Coefficients 的个数可以看出，educ 和 jobcat 分类型变量被转化成了 dummy 虚拟变量，分别只显示了分类个数减 1 个系数，说明未被显示的那一个系数成了冗余。对于分类型字段来说，一般其中的一个分类都会被设置为冗余，这个特性在其他的机器学习模型算法中都适用。我们用 jobcat 作为例子，其包含 Custodial、Manager 和 Clerical，使用两个虚拟变量 jobcat[T.Custodial] 和 jobcat[T.Manager] 来表示这 3 个可能的取值。如果 jobcat[T.Custodial] 等于 1，表示 jobcat 的取值是 Custodial；如果 jobcat[T.Manager] 等于 1，表示 jobcat 的取值是 Manager；如果 jobcat[T.Custodial] 和 jobcat[T.Manager] 都不等于 1，表示 jobcat 既不是 Custodial，又不是 Manager，则 jobcat 为 Clerical。进而从 P-value 显著性指标可以看出 salbegin 对 gender 的影响最大，起决定性作用，说明起始工资对性别的影响最大。

利用残差分析来验证该模型是否适合该数据。因为残差等于变量真实值和预测值的差，线性模型越准确，残差的分布就越接近于 0，所以通过残差分析来观察残差的分布是否主要分散在 0 的周围，就可以判断该线性模型是否适合该数据。

从图 2-16 所示的残差的分布来看，残差点比较均匀地分布在水平带状区域中，大多数点集中在 0 点，0 点两边的点分布比较分散，说明这个线性回归模型比较适合该数据。

```
fig, ax = plt.subplots(figsize=(12,4))
fig = model.plot_partial_residuals('Index', ax=ax)
```

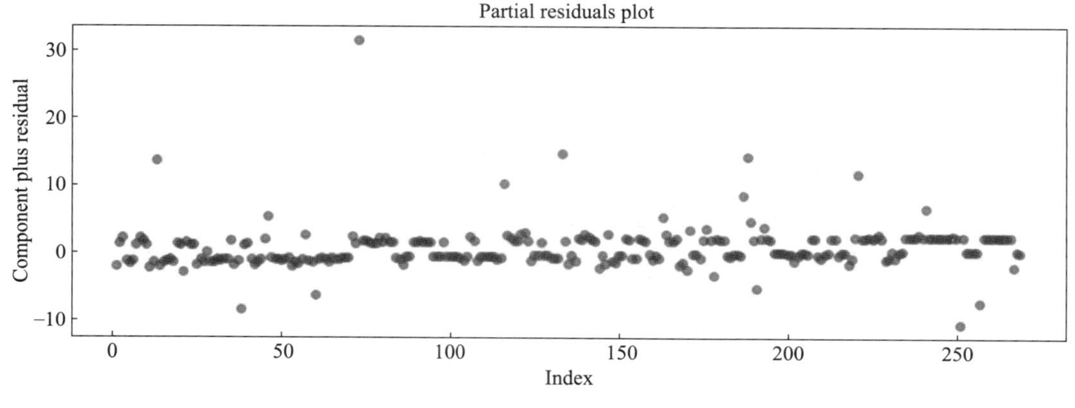

图 2-16　模型的残差分布

（2）关联字段的合并

稀疏矩阵是数据分析时一种常见的数据形式。所谓稀疏矩阵是指一个矩阵（二维或多维）中，非零元素的值占很小的一部分，绝大多数元素取值为零，并且非零元素的分布一般没有什么规律。笔者在做一个实际的项目时，遇到一个稀疏矩阵的问题：二维表中的每一列代表客户持有的产品状态，1 代表持有，0 代表未持有。要找出客户持有产品的规律，就是将稀疏矩阵中每行的取值转化为一个字符串，即字符串“0000000000”代表十列数据取值都为零的情况。通过这种方式，其实是用新的一列代表了原来 10 列的数据信息，可以很方便地看出客户持有产品的状态。图 2-17 所示就是一个典型的例子。

3. 分布变换

在大多数模型中，都要求因变量服从和接近正态分布，正态分布是统计建模的基石，是许多模型的理论基础。本节将描述如何识别数据是否是正态分布，如果针对不同的数据类型采用其适用的变换方法，将其变换为正态分布。这些变换包括反正弦和反余弦变换、平方根变换、对数变换、Box-Cox 变换等。

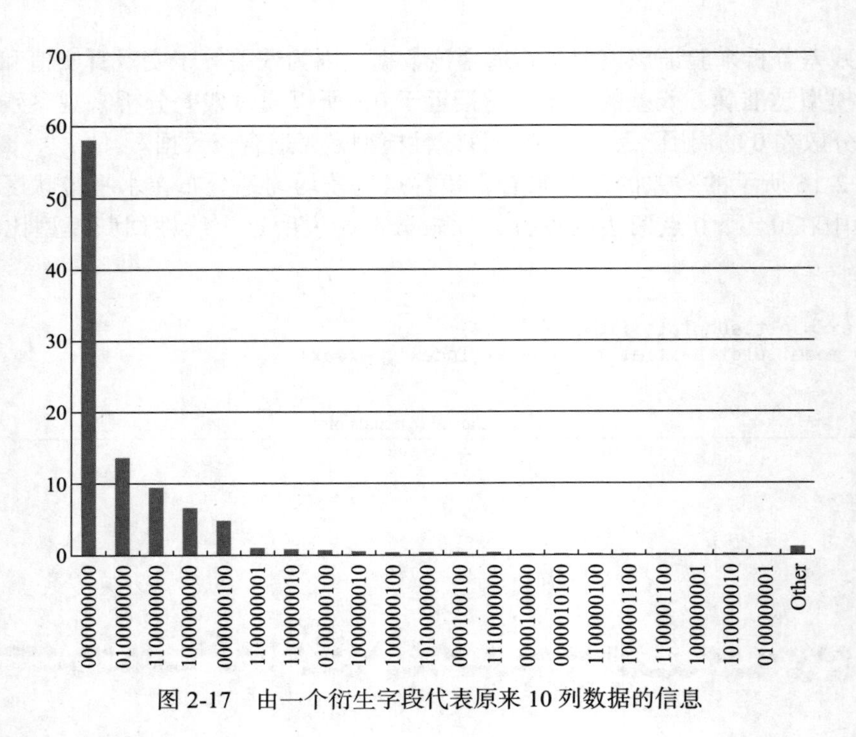

图 2-17　由一个衍生字段代表原来 10 列数据的信息

（1）反正弦和反余弦变换

$$X' = \arcsin(\sqrt{X / 10^{p}}) \qquad X' = \arccos(\sqrt{X / 10^{p}})$$

其中，p 为正整数，这种变换适用于百分比形式的数据，通过把分布曲线的尾部拉长、中部压缩，使得弱负偏和弱正偏的不对称分布接近于正态分布。

（2）平方根变换

$$X' = \sqrt{X + c}$$

其中，c 为常数，这种变换使正偏数据接近正态分布，常用于服从泊松分布的离散型数据。

（3）对数变换

$$X' = \ln(X + c)$$

其中，c 为常数，这种变换常用于服从对数正态分布的数据，对于正偏偏度很大的数据也很适用。由于这种分布是偏斜的，很可能出现零值，往往需要加上一个常数 c。如果使 c 取值为 0，那么要求因变量的所有取值都为非负数。

（4）Box-Cox 变换

$$X' = \begin{cases} \dfrac{((X - c)^{\lambda} - 1)}{\lambda}, & \lambda \neq 0 \\ \ln(X - c), & \lambda = 0 \end{cases}$$

其中，c 为常数，为了确保 $X-c$ 大于 0。Box-Cox 变换可以被看作一个变换族，该变换族中有一个待定变换参数，取不同的值，就是不同的变换。当参数为 0 时是对数变换，参数为 1/2 时是平方根变换，参数为 −1 时是倒数变换。变换后的因变量服从正态分布。由此可以看出 Box-Cox 变换适用范围很广，其最大的优势在于将寻找变换的问题转化为一个估计参数的过程，通过极大似然估计来估计最优的参数。

对数据分布的挑剔，并不是所有的算法都是一致的。广义线性模型支持众多的分布类型，比如伽马分布、泊松分布、逆高斯分布、二项分布，多项分布等。线性回归算法是基于变量都是正态分布这样的假设来设计算法的，所以数据分布的改善能显著提高模型的精准度。

为了说明分布的变化如何改善模型效果，我们采用表 2-12 所示的员工个人信息数据集，通过 salary、prevexp、jobtime、jobcat、gender、educ、minority 等字段来预测 salbegin 字段。

第一步，我们查看因变量的分布，如图 2-18 所示。

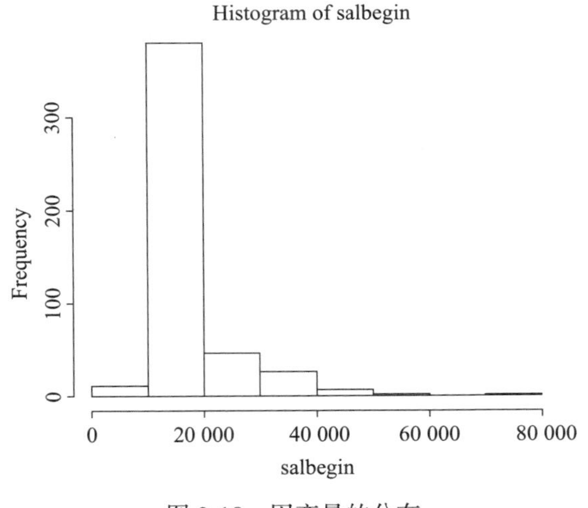

图 2-18　因变量的分布

从图 2-18 中可以看出，因变量大致服从对数正态分布，且数据的取值集中于 20 000 附近，其他区域几乎没有取值，说明数据的分布比较偏。

我们首先不对因变量进行转换，而是直接进行回归分析，代码如下。

```
formula = 'salbegin ~ salary+prevexp+jobtime+jobcat+gender+educ+minority'
lm = sm.formula.ols(formula, data=bank).fit()
print(lm.summary())
```

得到的结果如下：

```
                                OLS Regression Results
==============================================================================
Dep. Variable:               salbegin   R-squared:                       0.812
Model:                            OLS   Adj. R-squared:                  0.806
Method:                 Least Squares   F-statistic:                     131.1
Date:                Wed, 13 Mar 2019   Prob (F-statistic):           1.15e-83
Time:                        22:09:31   Log-Likelihood:                -2419.5
No. Observations:                 252   AIC:                             4857.
Df Residuals:                     243   BIC:                             4889.
Df Model:                           8
Covariance Type:            nonrobust
=========================================================================================
                            coef    std err          t      P>|t|      [0.025      0.975]
-----------------------------------------------------------------------------------------
Intercept              1.217e+04   3865.517      3.149      0.002    4557.032    1.98e+04
jobcat[T.Custodial] -3420.3290   1226.449     -2.789      0.006   -5836.156   -1004.502
jobcat[T.Manager]    3354.9707   1002.154      3.348      0.001    1380.953    5328.988
gender[T.Male]        959.6167    543.249      1.766      0.079    -110.462    2029.695
minority[T.Yes]      -177.2385    578.781     -0.306      0.760   -1317.307     962.830
salary                  0.3157      0.024     13.102      0.000       0.268       0.363
prevexp                14.9691      2.511      5.963      0.000      10.024      19.914
jobtime              -135.3759     42.324     -3.199      0.002    -218.744     -52.008
educ                  234.3303    119.029      1.969      0.050      -0.130     468.791
==============================================================================
Omnibus:                      151.385   Durbin-Watson:                   2.069
Prob(Omnibus):                  0.000   Jarque-Bera (JB):             3033.029
Skew:                           1.936   Prob(JB):                         0.00
Kurtosis:                      19.549   Cond. No.                     6.76e+05
==============================================================================
```

从 Coefficients 的结果可以看出，除了 minority 和 gender 的 Male 变量外，其他自变量都是显著的，对模型的估计贡献显著；然后从 R-squared 的结果可以看出，模型的拟合程度为 0.812，修正后为 0.806；最后从 F 检验的结果可以看出，模型整体是显著的。

如果对因变量做对数转换，会显著改变其分布，即从一个类似指数分布的状况改变为接近正态分布的状态，如图 2-19 所示。

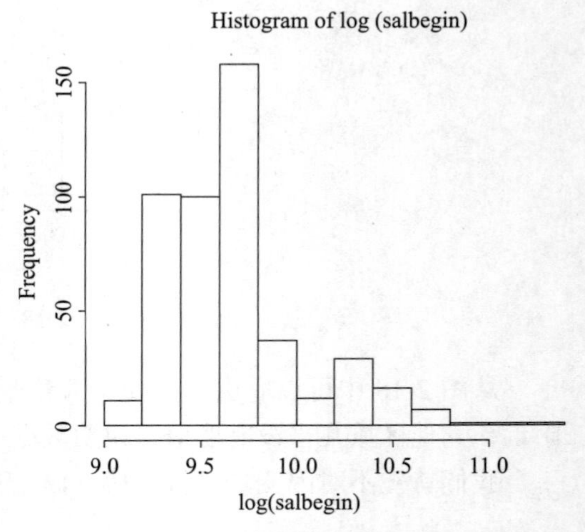

图 2-19　因变量做对数转换后的分布

对因变量做指数变化后再建模，会发生什么样的变化？对数变化的效果到底如何？我们通过建模过程就可以看到，代码如下。

```
formula = 'np.log(salbegin) ~ salary+prevexp+jobtime+jobcat+gender+educ+minority'
lm = sm.formula.ols(formula, data=bank).fit()
print(lm.summary())
```

上述代码的执行结果如下：

```
                            OLS Regression Results
==============================================================================
Dep. Variable:       np.log(salbegin)   R-squared:                       0.852
Model:                            OLS   Adj. R-squared:                  0.847
Method:                 Least Squares   F-statistic:                     174.6
Date:                Wed, 13 Mar 2019   Prob (F-statistic):           3.60e-96
Time:                        22:22:50   Log-Likelihood:                 139.83
No. Observations:                 252   AIC:                            -261.7
Df Residuals:                     243   BIC:                            -229.9
Df Model:                           8
Covariance Type:            nonrobust
=================================================================================
                          coef    std err          t      P>|t|      [0.025      0.975]
---------------------------------------------------------------------------------
Intercept               9.3739      0.150     62.428      0.000       9.078       9.670
jobcat[T.Custodial]    -0.0917      0.048     -1.924      0.056      -0.185       0.002
jobcat[T.Manager]       0.1944      0.039      4.994      0.000       0.118       0.271
gender[T.Male]          0.1278      0.021      6.058      0.000       0.086       0.169
minority[T.Yes]        -0.0507      0.022     -2.255      0.025      -0.095      -0.006
salary               1.032e-05   9.36e-07     11.031      0.000    8.48e-06    1.22e-05
prevexp                 0.0005   9.75e-05      5.194      0.000       0.000       0.001
jobtime                -0.0060      0.002     -3.669      0.000      -0.009      -0.003
educ                    0.0233      0.005      5.046      0.000       0.014       0.032
==============================================================================
Omnibus:                       10.529   Durbin-Watson:                   1.969
Prob(Omnibus):                  0.005   Jarque-Bera (JB):               21.565
Skew:                           0.079   Prob(JB):                     2.08e-05
Kurtosis:                       4.424   Cond. No.                     6.76e+05
==============================================================================
```

从 Coefficients 的结果可以看出，除了 jobcat 的 Custodial 变量外，其他自变量都是显著的，对模型的估计贡献显著；然后从 R-squared 的结果可以看出，模型的拟合程度为 0.852，修正后为 0.847；最后从 F 检验的结果可以看出，模型整体是显著的。

比较两个模型的结果，从中不难看出，模型的拟合度提高了。这说明变换后的数据能拟合出质量更高的模型，这得益于变换后的因变量更能服从正态分布。

2.2.3 数据归约

数据归约（Data Reduction）是指在理解数据分析任务和数据本身内容的基础上，寻找依赖于发现目标的数据的有用特征，以缩减数据规模，从而在尽可能保持数据原貌的前提下，最大限度地精简数据量。数据归约主要从两个途径来实现：

1. 属性选择

属性选择就是通过有意而为之的动作，从大量的属性中筛选出与目标值（针对有监督的模型）或业务目标（针对无监督的模型）相关的属性，并将大量的不相关的数据摈弃。

这个过程既是一个主观判断的过程，也是一个需要通过技术手段计算相关性来选取的过程。主观判断体现了业务理解、业务经验和数据分析的经验。我们将在第 6 章专门讨论指标的选取过程。

2. 数据采样

从总体（Population/Universe）中确定抽样范围（Sampling Frame）并进行抽样，通过对样本的研究来估计或反映总体的特征，是经典的数据分析过程。

通过样本来估计总体特征的统计分析方法，或者通过对历史数据进行抽样并经过模型训练学习模式的数据挖掘，都是基于图 2-20 所示的思路进行的。

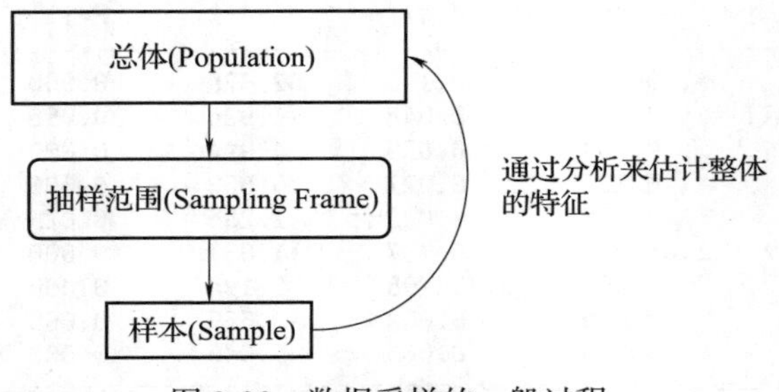

图 2-20 数据采样的一般过程

在大数据时代，我们可以不需要通过样本来估计整体的特征，因为新的计算平台已经可以支持对海量数据进行快速处理。对均值不需要估计，直接计算即可。

但是，对于如预测、聚类分析等数据挖掘的场景，在大数据时代，采样仍然是必需的。在很多情况下，并不是样本越大（不论是列还是行）就意味着模型越好。笔者认为，经过深入的业务理解和数据理解后，针对具体的建模目标进行有效的衍生指标的加工才是最主要的。作者不否认很多时髦的算法能从数千个甚至数万个指标中快速计算并筛选出有效指标，如利用 Lasso-logit 算法在大数据平台上的实现，可以实现对近万个指标在数分钟内的快速筛选。这确实给指标的选取提供了极大的便利，貌似只要会将数据抽取出来并调用这些工具，大数据能很“智能”地做出计算和选择。其实，在数据挖掘的过程中，最为主要的是对业务的理解和衍生指标的加工。衍生指标往往能起到事半功倍的效果，它体现了建模的技巧，也体现了对问题的理解程度。

总的来说，抽样分为两种大的类型：典型抽样（Representative Samples）又称概率抽样（Probability Samples），抽样时没有人的主观因素加入，每个个体都具有一定的被抽中的概率；非典型抽样（Non-representative Samples）又称非概率抽样（Nonprobability Samples），抽样时按照抽样者的主观标准抽取样本，每个个体被抽中的机会不是来自本身的机会，而是完全来自抽样者的意愿。一个比较完整的抽样种类的图表如图 2-21 所示。

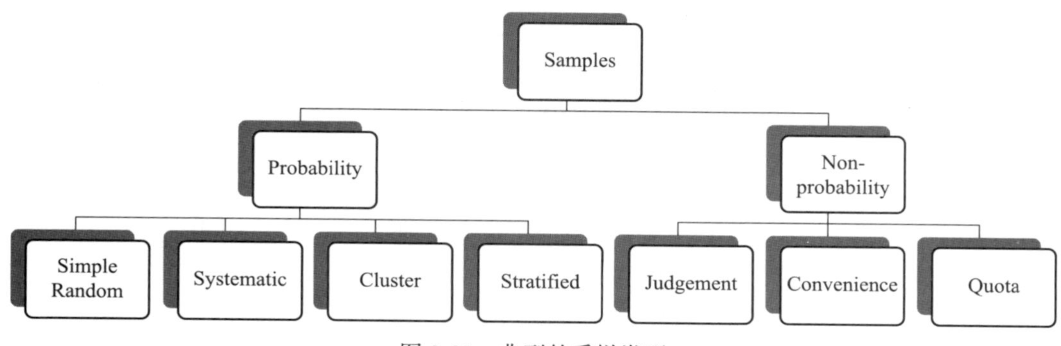

图 2-21　典型的采样类型

概率抽样适用的场景是采用样本数据来体现整体的特征，包括以下几种：

- 简单随机抽样（Simple Random Sampling）。保证大小为 n 的每个可能的样本都有相同的被抽中的概率。例如，按照“抽签法”“随机表”法抽取数据对象。其优点是：随机度高，在特质较均一的总体中，样本具有很高的总体代表度。
- 系统随机抽样（Systematic Random Sampling）。将总体中的各单元先按一定顺序排列并编号，然后按照不一定的规则抽样。其中最常采用的是等距离抽样，即根据总体单位数和样本单位计算出抽样距离（相同的间隔），然后按相同的距离或间隔抽选样本单位。例如，从 1 000 个电话号码中抽取 10 个访问号码，间距为 100，确定起点后每 100 个号码抽一个访问号码。其优点是：操作简便，且与简单随机抽样相比，在一定条件下更能体现总体的特征。
- 分层随机抽样（Stratified Random Sampling）。把调查总体分为同质的、互不交叉的层（或类型），然后在各层（或类型）中独立抽取样本。例如，调查零售店时，按照其规模大小或库存额大小进行分层，然后在每层中按简单随机方法抽取大型零售店若干、中型零售店若干、小型零售店若干；调查城市时，按城市总人口或工业生产额分出超大型城市、中型城市、小型城市等，再抽出具体的各类型城市若干。从另一个角度来说，分层抽样就是在抽样之前引入一些维度，对总量的群体进行分层或分类，在此基础上再次进行抽样。
- 整群抽样（Cluster Sampling）。先将调查总体分为群，然后从中抽取群，对被抽中群的全部单元进行调查。例如，在人口普查时，可以按照地区将人口分为几个群体，然后选取某个群体，研究该群体内所有个体的特征，据此来推断该地区的人口特征。

非概率抽样都是按照抽样者的意愿来进行的，典型的方式有以下几种：

- 方便抽样（Convenience Sampling）。根据调查者方便选取的样本，以无目标、随意的方式进行。例如，街头拦截访问（看到谁就访问谁）；个别入户项目（谁开门就访问谁）。

- ❑ 判断抽样（Judgment Sampling）。由专家判断而有目的地抽取他认为“有代表性的样本”。例如，社会学家研究某国家的一般家庭情况时，常以专家判断方法挑选“中型城镇”进行；在探索性研究中，如抽取深度访问的样本时，可以使用这种方法。
- ❑ 配额抽样（Quota Sampling）。先将总体元素按某些控制的指标或特性分类，然后按方便抽样或判断抽样选取样本元素。配额抽样相当于包括两个阶段的加限制的判断抽样：在第一阶段需要确定总体中的特性分布（控制特征），通常，样本中具备这些控制特征的元素的比例与总体中有这些特征的元素的比例是相同的，通过第一步的配额，保证了在这些特征上样本的组成与总体的组成是一致的。在第二阶段，按照配额来控制样本的抽取工作，要求所选出的元素要适合所控制的特性。

在日常建模过程中，比较常用的抽样方法是简单随机抽样。在抽样结束后，可以通过一些简单、易用的方式来判断样本的某一特征是否体现了总体的特征。

图 2-22 中就是抽取了两个样本，并且比较了某个关键指标在两个样本、全集上的分布，据此来判断三者之间的差别。从图中可以看出，三者之间几乎没有多少差别，即可以认定样本可以用来代表全集的特征。

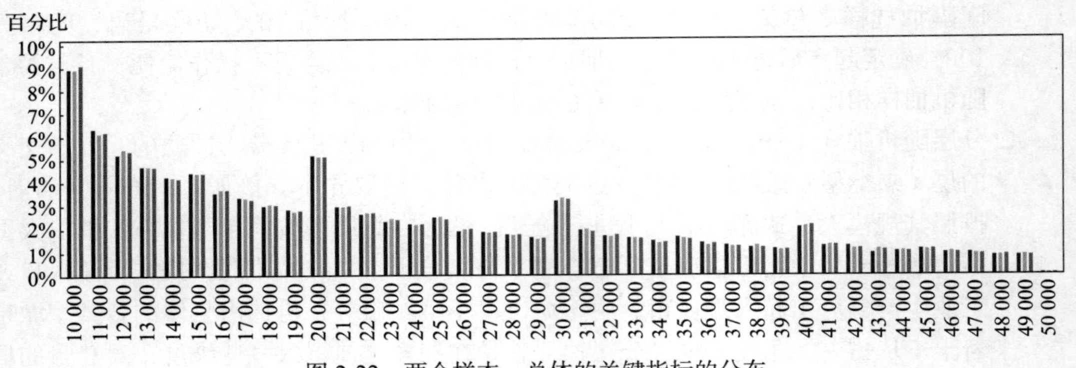

图 2-22 两个样本、总体的关键指标的分布

2.3 衍生指标的加工

在探索了数据的基本统计信息后，我们掌握了数据的分布特征等信息；接着又对数据做了预处理，过滤了缺失值和离群值，转变和处理了数据类型，提高了数据的质量。本节进一步对数据从字段上进行加工，从尺度、分布上进行变换，满足不同的业务和建模需要，变换后的字段更能满足模型需要，由此引出了本节的衍生指标的加工。

2.3.1 衍生指标概述

所谓衍生指标（Derived Field）是指利用给定数据集中的字段，通过一些计算而加工产生一些新的指标。创建衍生指标是数据分析过程中最具创意的部分之一，是数据分析者必须具备的基本技能之一。衍生指标将人们的见解融入建模的过程中，使得模型的结论充分体现了业务、市场的重要特征。精心挑选的衍生指标能增强模型的可理解性和解释能力。

一般来说，对数据和变量进行加工和转换的主要目的是统一变量的数据尺度，使变量尽可能为正态分布，使变量之间的非线性关系转换为线性关系，使变量便于用简单自然的方式表示，帮助理解数据的特征，等等。不同的变换方法试图达到不同的目的，不同的模型对数据和变量的要求不同。譬如大多数多元统计方法要求变量的尺度一致，要求因变量服从正态分布。变量的变换一定要根据模型和业务的需要合理地进行。

衍生指标的创建主要体现了数据挖掘者对业务和目标的理解程度，体现了其解决问题的能力、对数据的敏感度和经验等。所以，衍生指标的创建在更多的时候是针对分析目标将既有指标进行加工。比如，银行的数据仓库针对每月的数据都进行了汇总，但是如何知道客户近期的活跃程度呢？一个简单的衍生指标就是“最近 6 个月平均每月的交易次数”，这就是一个很好的指标。这个指标的加工方式就是读取最近 6 个月的每月交易次数（很可能每个月都会对应于一张表），然后求一个平均值即可。

在进行数据分析的过程中，可以采用一个做法：将各个字段的数据都看作不断“说话”的部件。当面对很多部件时，就好比处在了一个嘈杂的环境中，数据分析者应当用一个平和的心态，通过查看数据分布、查看与目标变量的相关关系、加工衍生字段等方式，认真挑选这些字段。笔者一直认为，不论字段的数据质量到底如何，它们都是在不断地向我们“诉说”着什么，有些在诉说客户的价值，有些在诉说客户的行为，而数据分析者需要善于倾听和选择。笔者非常认可《数据挖掘技术》[⊖]中提到的衍生指标的加工方法介绍。在实际的项目中，这些方法非常实用。所以在接下来的小节中，我们参照了该书中的大纲安排，但内容来自笔者的实际项目总结。

2.3.2 将数值转化为百分位数

数值体现被描述对象的某个维度的指标大小，百分比则体现程度。在有关银行的项目中，数据仓库中的大多指标都是在如实反映客户某指标的大小，如存款余额、理财余额等。这些指标在忠实地描述客观事实，利用它们可以轻易加工出业务含义明确的衍生指标，如客户的理财偏好程度：

⊖ Gordon S.Linoff，Michael J.A. Berry 著，巢文涵 张小明 王芳译。《数据挖掘技术》2013 年版，清华大学出版社，第 19 章。

$$理财偏好程度=\frac{某时间窗口中理财余额均值}{同一时间窗口中资产余额均值（存款余额+理财余额+\cdots）}\times 100\%$$

该百分比越大，表明客户对理财的偏好程度越高。该衍生指标可以直接通过离散化对客户群体进行划分，也可以作为输入变量去构建各种模型（如预测、聚类等）。像这样的指标加工方式，在实际项目中可以灵活采用。

2.3.3 把类别变量替换为数值

大多数算法在实际运算的过程中，都需要将分类型变量首先转换为数值型变量，然后才能进行计算。在本章的 2.2.2 小节中，也介绍了将分类型变量转换为数值型变量的方法：转为 dummy 虚拟变量，然后才参与模型计算。这种方法可以在调用算法之前作为数据预处理的步骤来进行，也可以直接交给算法去处理（算法的实现过程已经包含了该过程）。

但是从另一个方面来说，类别变量具有很重要的业务含义。比如，客户资产的类别：富裕客户，就是一个非常有实际业务指导意义的指标。有时，为了将连续型变量转换为分类型变量，这牵扯到分箱时的阈值划分，往往需要从数据分布和业务指导意义两个方面同时考虑。所谓富裕客户，一定是某些数值型变量达到一定的阈值，才会有这个标签。

在构建模型之前，最好不要将一些数值型变量转化为分类型变量。这会很大程度上伤害模型的性能。图 2-23 所示就是一个用 SAS 决策树算法生成的模型结果。如果在建模之前，我们生硬地将字段"Has_Bad_Payment_Re…"离散化，其结果在很大的程度上不会是以 0.5 作为阈值，那么该字段就不会那么重要（决策树的第二级节点），它的重要性很可能就会被别的字段所代替而导致我们得不到非常有用的业务规则，模型的性能也会显著下降。

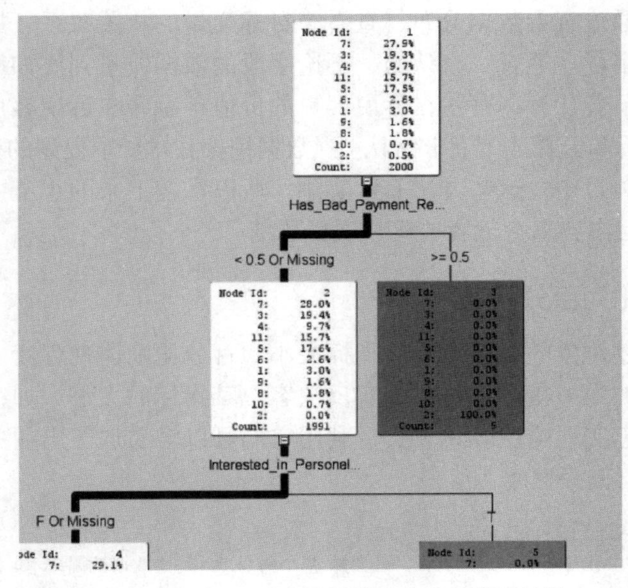

图 2-23 一个 SAS 决策树算法生成的模型结果

从实际业务指导的角度来看，分类型变量的易用性远远大于数值型变量。从模型算法的角度来看，采用数值型的指标会显著提高模型的性能。针对“富裕客户”这样的指标值，在建模时为模型性能考虑，最好是将其代表的数值直接使用而摈弃分类型变量。

2.3.4 多变量组合

多变量组合去计算出一个新的指标，是非常常用的衍生指标的计算方式，如针对银行客户的信用评级指数：

$$P=\frac{1}{1+e^{(2.7427+\text{字段}1\times 1.0276+\text{字段}2\times 0.5774+\text{字段}3\times 0.9097+\text{字段}4\times 0.767)}}$$

其中，字段 1 至字段 4 是一些既有的字段；P 则是通过一系列的计算和分析，最终确定这些字段的组合方式得出的综合指标。在笔者最近进行的一个数据分析项目中，我们首先使用回归算法确定目标值与自变量之间的线性关系，这个关系体现了“什么样的投入会导致什么样的结果”：

$$\begin{aligned}GDP = &-36.258+29.956*NX+14.810*NXPre+17.460*INV\\&-5.005*INVPre+7*IDN-5.488PEOPLE\end{aligned}$$

上述公式其实也是线性回归算法通过训练而得到的“模式（Pattern）”。根据这个公式，将其中一个自变量作为因变量，而原来的因变量变为自变量，来反推“当要达到预期的某个值时，需要多少投入”：

$$INV=\frac{GDP-(-36.258+29.956*NX+14.810*NXPre-5.005*INVPre+7*IDN-5.488*PEOPLE)}{17.460}$$

这是一个典型的 goal seek 过程，只是“需要多少投入”这样的结果完全可以作为一个新的衍生字段被计算出来。

在金融行业非常关注客户的“未来价值”，不同的价值给银行带来的收益也会大不相同。未来价值由很多方面来决定，如客户所从事的行业、教育程度、目前的资产、年龄、地区、家庭的经济状况等。这些数据很多是银行所不具备的，但是其可以借助一个比较简单的方式来估算：

$$\text{客户的未来价值}=\frac{\text{客户当前在银行内的资产余额}}{\text{客户当前年龄}-24}\times(61-\text{当前年龄})$$

这是一个没有严格数学含义的衍生指标，并且只能处理年龄在 [25，60] 区间以内的客户。但是该指标的业务含义却比较清晰：未来价值与客户当前年龄和当前的资产余额有很大的关系，该算法得到的结果值越大，表现出客户的未来价值越大；该值越小，客户的未来价值越小。

2.3.5 从时间序列中提取特征

时间序列数据是指在不同时间点上收集到的数据，这类数据反映了某一事物、现象等随时间的变化状态或程度。设备的监控数据、温度随时间的变化、股票大盘随时间的波动等都是典型的时间序列数据。针对时间序列数据，有很多的专用算法可以用来做分析，如差分自回归移动平均模型（ARIMA）。

在应用非专门处理时间序列的算法时，有时需要从时间序列数据中提取一些典型有用的数据作为一个变量输入。比如，在预测性维护的场景中，设备是否需要维护或是否会出现故障的模型训练，需要将设备监控的数据做一些转换，作为预测模型的预测变量。如图 2-24 所示，可以将出现故障前兆的异常数据进行计数，或者通过计算方差的大小来体现指标的变化幅度，作为体现设备状态的典型指标来预测目标变量的取值。

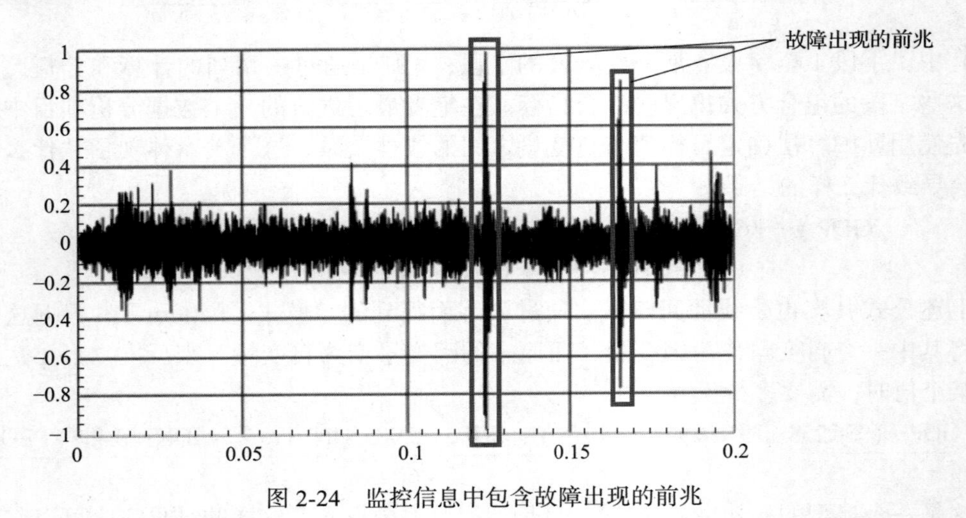

图 2-24　监控信息中包含故障出现的前兆

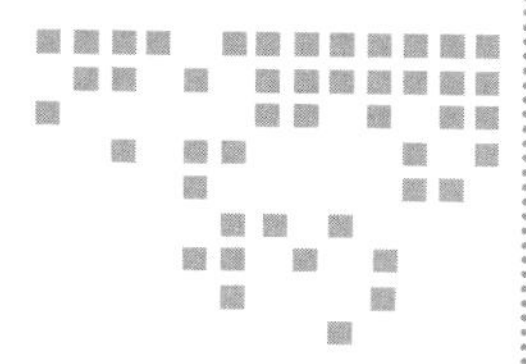

第3章 Chapter 3

预测模型的新技术

人们对预测未来总是充满热情，预测技术的发展也使得人们不断看到成功的案例。早期的预测技术侧重于算法的精准，比如逻辑回归、决策树、支持向量机等。笔者在十几年前做研究生论文时发现，支持向量机模型的研究和应用是非常火热的，有点类似于如今的深度学习，若对深度学习不了解，都不好意思说自己是做机器学习的。然而在当下，算法的不断精进也伴随着旨在提高算法应用水平的相关技术的发展。这些技术使得模型的训练变得高效和智能，本章主要介绍当下流行的分类型算法，以及已经发展得比较成熟的模型训练方式的改进。

3.1 集成学习

集成学习（Ensemble Learning）技术的出现，旨在将多个预测模型结合起来，达到明显改善相对于单独采用一个模型的而得到预测效果。因为结合的技术不同，Ensemble 技术可以分为 Averaging 和 Boosting 两种不同的方式。

3.1.1 Averaging 方法

这个方法是分别独立地训练不同的模型，然后采用平均或投票的方式，生成最终的模型结果。典型的有 bagging 方法和随机森林等。bagging 方法很有意思，就是将训练数据分成不同的子数据集，然后在其之上分别训练模型，最后采用如投票的机制来实现最终模型结果的输出。当训练数据集过小时，可使用自举技术（Bootstrapping），从原样本集有放回地抽取子集，分别训练模型，然后集成。当训练集过大，可以采用 bagging 的方法，将很大的训练集分成不同的子集，这样得到的结果既提高了精准度，也提高了模型的稳定性。图 3-1 就是一个简单的 bagging 过程示例图。

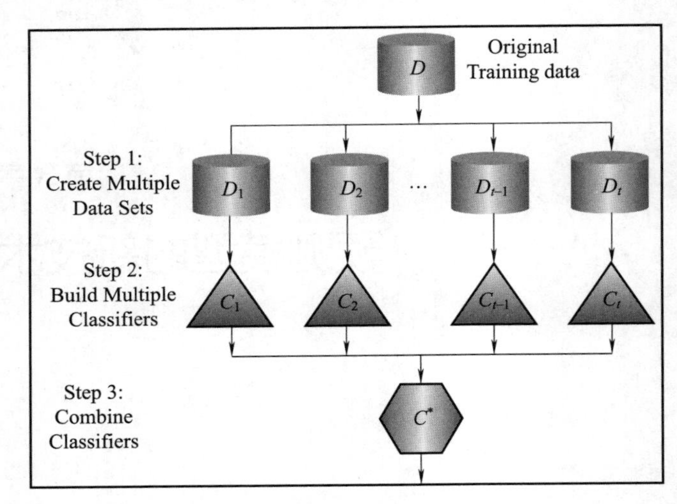

图 3-1　bagging 方法的过程

目前人们总是在谈论采用海量的训练集来训练预测模型的效果一定比抽样效果好。在笔者看来，这只是一厢情愿的看法。“采用全集而不是抽样”的大数据思维在训练预测模型时，未见得一定是正确的。精心构建的抽样数据集，在绝大多数情况下，在抽样数据集上进行模型训练，也往往能得到很好的结果。这样做既保证了效果，也保证了工作效率。在一个几十万的数据集上，单机的情况下很快就能得到训练、验证等一系列工作的结果。当然，采用较大的训练集来训练模型，若在数据准备、环境等因素都具备的情况下，也是一个最佳的选择。

在 scikit-learn 中，已经提供了 bagging 方法的实现，读者可以轻松调用。特别是在训练集特别大的情况下，读者就可以采用这个方法。

```
>>> from sklearn.ensemble import BaggingClassifier
>>> from sklearn.neighbors import KNeighborsClassifier
>>> bagging = BaggingClassifier(KNeighborsClassifier(),
...                             max_samples=0.5, max_features=0.5)
```

在上述代码中，BaggingClassifier 其实就是一个分类算法的容器，其实现了 bagging 的整个流程，可以调用任何一个客户指定的分类进行 bagging 的过程。

随机森林实现方式比较简单，基本上是通过构建一系列的树组成森林，然后通过投票来决定最终结果，图 3-2 所示就是这个过程。随机森林中每棵树的训练时数据的提供方式可以是 bagging 或 Bootstrapping。

随机森林中的每棵树的投票，在计算最终方式时有两种方式，即 Majority 和平均方法。Majority 方法是将预测概率排序，取概率值最高的预测结果为最终结果。而平均方法则是将同一类的预测结果的概率加总求平均值，作为最终的预测结果及概率。在scikit-learn中专门提供了两种投票方式的独立工具，笔者曾经改造过其中一个投票器，在3.5节中将重点介绍投票器的内容。

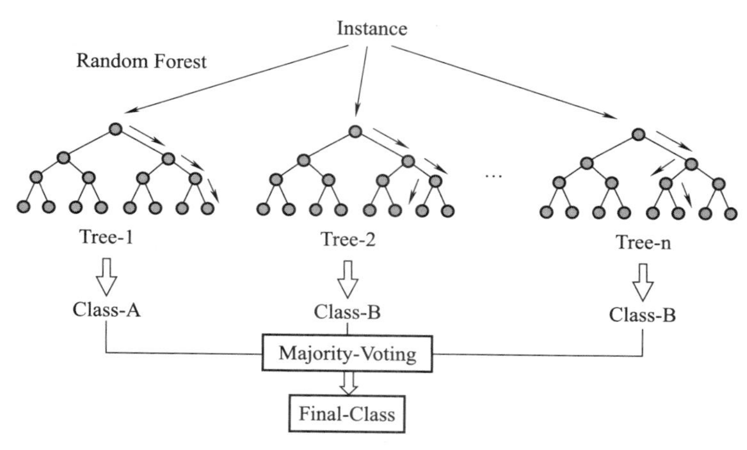

图 3-2 随机森林的实现方式

3.1.2 Boosting 方法

顾名思义，Boosting方法是按照序列的方式来训练模型，序列中的每一个模型都在试图减少前面模型的误判。在模型开始训练时，第一个模型将训练集中的每一个观察量的权重看作是相同的，并尝试构建一个分类；而该分类势必会产生部分观察量的误判。从第二个模型开始在训练时将前面模型的误判的观察量的权重做出一个调整，强迫此次学习时尽量分类正确。按照这个过程不断进行迭代直到满足一定的精准度要求。图3-3展示了Boosting的学习过程。

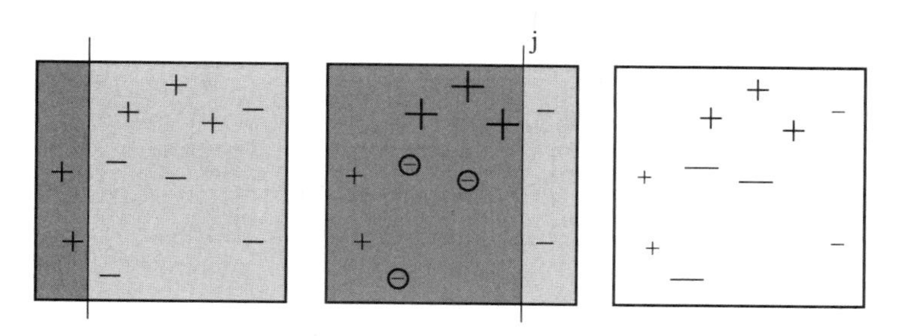

图 3-3 Boosting 方法的过程

Boosting方法出现得其实已经很早了，在经典的商业分析工具软件如IBM SPSS Modeler中，很早就有Boosting的相关设置。近几年人们基于Boosting的思想开发了如AdaBoosting和Gradient Tree Boosting等性能较好的模型，使得Boosting又变得火热起来。

AdaBoosting 是 Adaptive Boosting 的缩写，意指在每一次迭代中对前一个弱分类器的失误判断是敏感的，即通过计算弱分类器的失误判断的误差来计算出最终模型中每个弱分分类器的权重。给定 $x_i \in X$，$y_i \in \{-1,1\}$，$i \in [1,n]$，其计算过程如下：

1）初始化每一个观察量的权重，$D_t(i)=1/n$；

2）训练一个弱分类器 h_t；

3）计算 h_t 的最小预测误差 ε_t，即统计判断结果为 −1 或 1 中失误次数最小的次数，作为计算 h_t 最小预测误差 ε_t 的重要输入；

$$\varepsilon_t = \frac{\sum_{i=1}^{n} D_i I(y_i \neq h_i(x_i))}{\sum_{i=1}^{n} D_i}$$

4）计算该分类器的权重 $\alpha_t = \frac{1}{2}\ln\left(\frac{1-\varepsilon_t}{\varepsilon_t}\right)$；

5）更新观察量的权重，作为下一次迭代的新权重；

$$D_{t+1}(i) = \frac{D_t(i)\exp(-\alpha_i y_i h_t(x_i))}{Z_t}$$

6）按照算法设置，重复迭代第 2 步至第 5 步；

7）生成最后的预测模型的结果。

$$H(x) = \text{sign}\left(\sum_{t=1}^{T} \alpha_t h_t(x)\right)$$

图 3-4 展示了 AdaBoosting 方法的运算过程。AdaBoosting 算法的特点是计算了每个弱分类器的权重，该权重的计算是由误差等要素得来的，所以可以称之为 Adaptive 的原因。

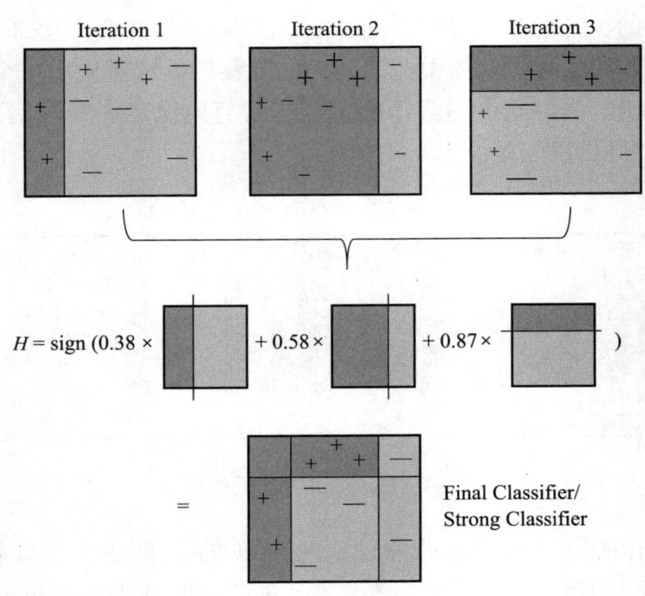

图 3-4　AdaBoosting 方法的运算过程

在 Spark MLlib 中并没有实现 AdaBoosting 算法。scikit-learn 中实现了非常简捷的方式，读者可以很方便地调用。

```
# Create and fit an AdaBoosted decision tree
bdt = AdaBoostClassifier(DecisionTreeClassifier(max_depth=1),
                         algorithm="SAMME",
                         n_estimators=200)

bdt.fit(X, y)
```

在上述的例子中，构建了 AdaBoosting 的实例；采用弱分类器算法决策树，并且设置弱分类器的相关参数；同时设置了弱分类器的个数等。

3.2 Gradient Tree Boosting 介绍

Gradient Tree Boosting 或 Gradient Boosted Regression Trees 算法在近些年特别流行，应用该算法进行预测模型的构建也确实能达到较好的效果。

3.2.1 梯度与梯度下降

Gradient，中文翻译为梯度，其取值代表了对给定的函数值逐步增大或减小时的最直接的方向。梯度的计算其实非常简单，就是分别计算每个变量的偏微分，构成一个向量。比如在图 3-5 中，函数 $f(x,y)=-(\cos^2 x+\cos^2 y)^2$ 的梯度向量为 $\nabla f(x,y)=\begin{bmatrix}\dfrac{\partial f}{\partial x}\\ \dfrac{\partial f}{\partial y}\end{bmatrix}=\begin{bmatrix}-4\cos^3 x-4\cos x\\ -4\cos^3 y-4\cos y\end{bmatrix}$，该梯度代表了函数 $f(x,y)$ 取值由小变大时最直接的方向。

梯度可以看作在爬一座山峰时，最快到达山峰的方向；若将梯度取负值，则代表下山时最直接的方向。梯度比较通俗的认识可以认为是等高线的法线方向，如图 3-5 中蓝色箭头所示的方向。

梯度下降（Gradient Descent）是机器学习经常使用的一种在求得拟合函数参数时“最小化损失函数”的方法。其本质上就是求得使损失函数最少（对实际观测值拟合效果最优）、能够以最快的速度达到谷底过程。图 3-6 中就展示了这个过程。

在应用 Gradient Descent 最小化损失函数的过程中，有一个非常重要的控制参数——learning rate。该参数控制着在每一步寻求最小值时的步伐大小。步伐的大小对模型的效果影响非常大，步伐过大会导致欠拟合（under fitting），步伐过小则会导致过拟合（over fitting）。图 3-7 中的例子就说明了不同的 learning rate 对拟合效果的影响。若按照图中箭头所示的方向，肯定是最佳拟合，但是若处理不当往往会导致过拟合。

到底如何才能设置一个合适的 learning rate 呢？这是一个需要不断进行调整和试探的过程，在 3.4 节中，将介绍如何应用一些新方法得到相对较佳的 learning rate。

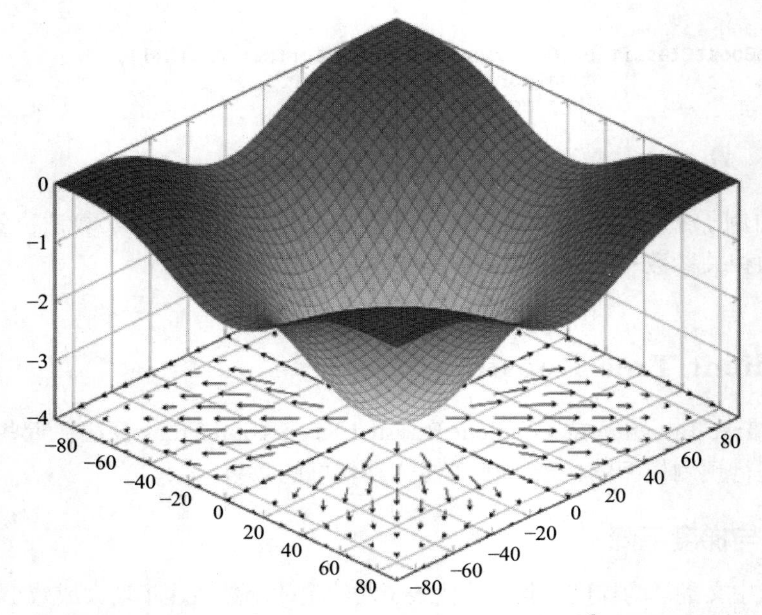

图 3-5　函数 $f(x, y) = -(\cos^2 x + \cos^2 y)^2$ 的梯度方向[㊀]（蓝色箭头）

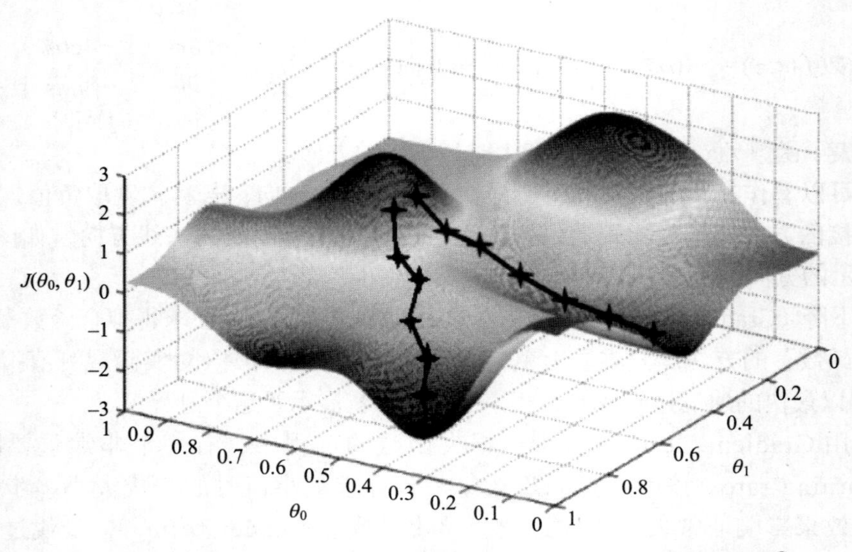

图 3-6　Gradient Descent 就是以最快的速度最小化损失函数的过程[㊁]

㊀ https://en.wikipedia.org/wiki/Gradient。

㊁ http://blog.datumbox.com/tuning-the-learning-rate-in-gradient-descent/。

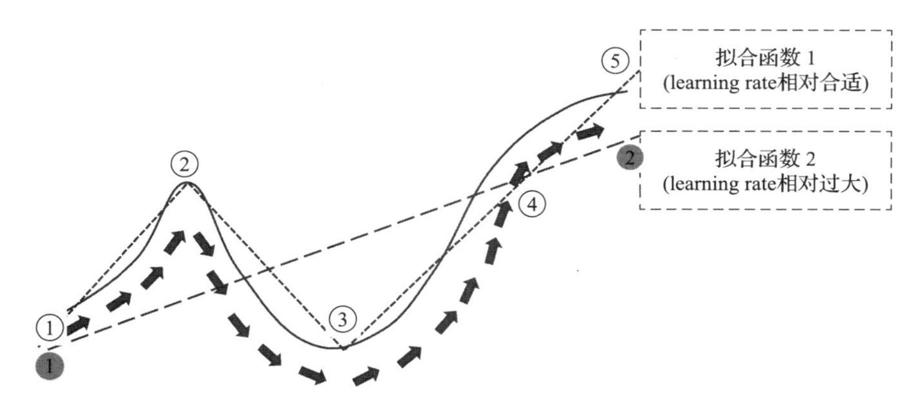

图 3-7　不同 learning rate 下拟合函数的结果大不相同

3.2.2　Gradient Tree Boosting 算法的原理

构建一个预测模型的实质其实是个包含很多任务的工作过程，其中最主要的工作除了确定样本、数据预处理等，还有一个过程就是选择一个算法来进行训练。选择的算法其实就是选择一个函数来拟合现实观察量的情况，比如针对图 3-8 所示的情况，可以选择回归函数或者选择一个相对复杂的决策树来进行预测，但其结果是明显不同的。

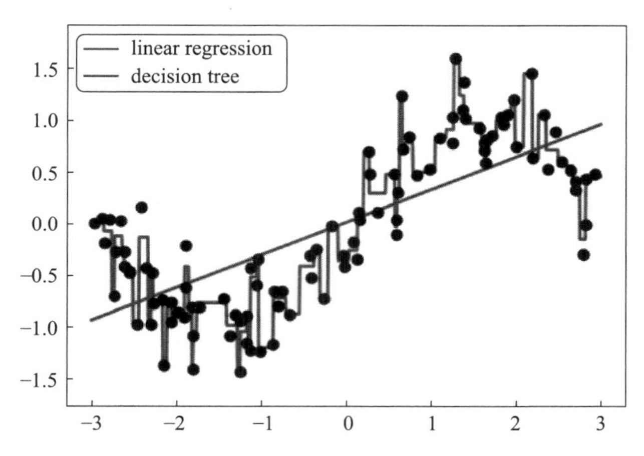

图 3-8　针对同一组观察量可以采用不同的基函数进行预测

当我们选择了一个算法进行预测模型构建时，其实是选择了一种“如何用数学方法来拟合现实观察量”的方法。模型的训练过程就是在给定基函数（如选择回归函数还是高斯的方法）下如何确定相关的模式能够表达现实情况，并能用于预测。模型训练得到的模式中其实是通过对训练集的学习确定了重要的算法参数，如回归算法中自变量的系数。应用 Gradient Tree Boosting 构建模型的过程也是如此。

Gradient Tree Boosting 算法的基本形式如下：

$$F(x)=\sum_{m=1}^{M}\gamma_m h_m(x)$$

其中，$h_m(x)$ 是指弱分类器，目前都是采用决策树算法；γ_m 是 learning rate。具体在每一步的迭代过程中，通过最小化损失函数的计算来选择新的一批弱分类器作为本次步骤中的分类器。

$$F_m(x)=F_{m-1}(x)+\arg\min_h \sum_{i=1}^{n} L(y_i, F_{m-1}(x_i)+h(x))$$

其中，$L(y_i, F_{m-1}(x_i)+h(x))$ 是每次迭代步骤中的损失函数。最小化损失函数的计算过程其实就是 Gradient Descent 的过程，即按照能以最快速度、最小化损失函数的方向来确定每一次迭代的弱分类器的选择。

$$F_m(x)=F_{m-1}(x)-\gamma_m\sum_{i=1}^{n}\nabla_F L(y_i, F_{m-1}(x_i))$$

Gradient Tree Boosting 算法既可以用作进行分类型的预测，也可以进行数值型的预测（回归模型）。在两种场景下，Gradient Tree Boosting 算法的原理是相同的，不同点在于损失函数的选择是完全不同的。

Gradient Tree Boosting 算法还有其他名字，如 Gradient Boosting Decision Tree，简称 GBDT。GBDT 在中文翻译中有时称之为梯度提升决策树，这往往会引起读者误解。梯度应该是下降才对（Gradient Descent)，怎么会提升呢？所以，中文翻译的字面意思在这个算法上需要仔细斟酌下。

在 scikit-learn 中，Gradient Tree Boosting 算法有非常好的实现，使用者可以非常方便地进行调用。在调用时使用者需要指定损失函数（loss)、弱分类器的个数（n_estimators)、learning rate、弱分类器相关参数（如决策树的深度、叶子节点的个数)、提高算法性能的参数（subsample 是结合了 bagging 和 Boosting 两种做法）等。

```
model = GradientBoostingClassifier(loss='exponential', n_estimators=150, learning_rate=1.0,
                                   max_depth=1, min_samples_leaf = 10,
                                   min_samples_split = 20, subsample=0.5)

model.fit(X_train, Y_train)
```

模型中的其他参数设置、详细的接口说明在本书中不做详细介绍，读者可以参考 scikit-learn 非常详细的官方文档。模型的训练和验证等示例代码与所有的模型类似，这里不再赘述。笔者在去年的一个项目中，采用了 Gradient Tree Boosting 的算法，构建预测模型时对比了简单的其他模型如决策树等，确实发现其效果有显著的不同。但是复杂模型 Gradient Tree Boosting 的参数调优需要仔细地花时间来完成，这样才能达到最好的效果。

3.3 Gradient Tree Boosting 的改进方向

Gradient Tree Boosting 是个贪婪的算法，应用基本的 Gradient Tree Boosting 算法训练模型，很容易导致过拟合的问题。所以，在应用该算法时，需要从“如何改进 Gradient Tree Boosting 算法”的方向上进行参数的调优。陈天奇博士开发出了 XGBoost[㊀]（eXtreme Gradient Boosting），它是 Gradient Boosting 算法的重大改进的实现，极大地提高了算法的预测效果和应用广度。

3.3.1 Gradient Tree Boosting 的使用要点

根据 Gradient Tree Boosting 算法的特征，即通过应用批量的弱分类器对结果进行预测，可以从以下四个方面对算法进行改进。

1. 弱分类器的参数

若采用决策树作为弱分类器，则需要重点关注弱决策树的相关参数，包括以下几个：

1）树的个数。树的个数决定了 Boosting 的次数，该值越大，学习的次数就越多。

2）树的深度。树的深度深刻地决定了单个决策树模型的预测效果。树的深度越深，拟合的效果越好，应用的变量也越多。

在实际的项目中，经常会用到 SAS 等工具，但是决策树算法在很多建模平台都是必备的算法工具。图 3-9 中根节点是指所有的观察量，每一次分叉（split）都是由一个变量在决定；先用哪个变量进行划分是按照信息熵的增益来决定的（简单来讲就是区分力）；对给定变量从哪个区间进行划分一般是采用分位数试探出来的（在训练阶段自动实现）。决策树模型是非常经典的预测模型，笔者曾经做过很多实验性的测试，发现树的深度对模型效果的影响非常大。

3）叶子节点数量。叶子节点的数量决定每一次划分的精细程度，叶子节点越多，则对数据的拟合效果越好。

4）叶子节点上样本的数量。这个设置决定每一次划分后在训练集上观察量的数量，也是指叶子节点的权重。若该数值较小，则允许少量的样本就可以决定一个划分。

2. learning rate

Gradient Tree Boosting 算法的 learning rate 是通过设置每次 Boosting 时对权重的调节来实现的。在 scikit-learn 的 GradientBoostingClassifier 算法中，建议从 0.1 开始设置的。为了防止过拟合，learning rate 和弱分类器的个数是“正向调节”的关系，即当弱分类器个数比较多时，就要提高 learning rate；反之，若弱分类器的个数较少时，learning rate

㊀ https://xgboost.readthedocs.io/en/latest/#。

也需要适当调小。这样做的原因是 Boosting 的次数决定学习的强度，该值越大，强度越大，此时需要将学习的步伐（learning rate）调大一些，这样才不会使得模型的拟合度过高。反之亦然。

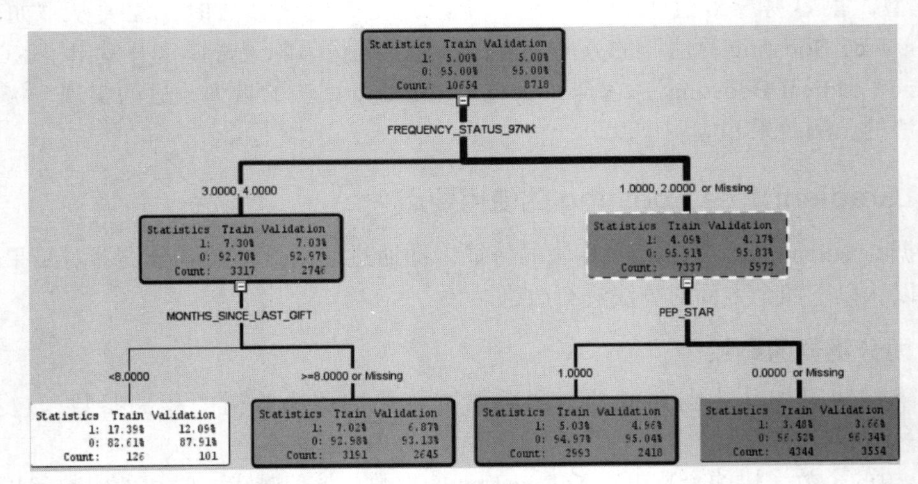

图 3-9　SAS EM 工具生成的决策树模型的图形化展示

3. 有放回地随机抽样

受到随机森林中 bagging 的启发，Gradient Tree Boosting 算法也可以采用抽样的方式来学习，即采用部分的数据而不是全面的训练集来进行模型训练，这种方式称为 Stochastic Gradient Boosting。在 scikit-learn 的 GradientBoostingClassifier 算法中，subsample 参数就是用来设置训练时所用样本的比例的，当 subsample 设置为 0.8 时，就是在每次迭代时随机抽样所有训练数据的 80% 来进行模型训练。这种方式增加了训练数据的随机性，使得模型更健壮一些。

4. 惩罚性学习（Penalized Learning）

惩罚性学习的使用场景有两种常见的情况：一种是当正样本不足时，也就是欠抽样的情况下，在模型训练阶段中对正样本误判的情况增加惩罚项，强迫模型“重视”每一个正样本。

另一种是应用 Regularization 的技术，使得过拟合发生时损失函数取值非常大，强迫模型尽量避免过拟合的发生。Gradient Tree Boosting 算法的惩罚性学习主要说的是 Regularization 方面的内容。

在 scikit-learn 的 GradientBoostingClassifier 算法中并没有 Regularization 相关的支持，而在 XGBoost 中实现了 L1 和 L2 的 Regularization 支持。由于 Regularization 技术比较重要，相关内容专门在 3.3.2 节中进行介绍。

3.3.2 Regularization

当算法比较复杂且在训练模型时总是期望引入过多的变量时，容易引起过拟合的问题。过拟合问题的出现的实质上是构建模型时，对训练数据的学习过度，学习出的模式无法对实际的情况做很好的适应。所以，过拟合的表现都是在训练集上的效果很好，但是在实际应用数据集上的表现往往不尽如人意。

只要进行预测类的建模，都无法绕开过拟合的问题。笔者多年前曾经给某银行客户构建了一个是否购买黄金类产品的预测模型，出于探索的目的，我们尝试了数个模型的构建方法。在最后的实际部署数据上的表现中发现：原来在测试数据上表现稍弱的逻辑回归模型，却明显好于在测试数据上表现良好的决策树模型。这在客户方引发了一场热烈的逻辑回归算法与决策树算法优劣的讨论！其实，每一个算法都有其优缺点，重点是我们如何使用而已，这种情况就是明显的过拟合的问题。

Regularization 是通过在算法中增加一组惩罚项用于减少由于学习训练集中的噪声数据而引起的过拟合问题，其本质是在损失函数中加入收缩量（shrinkage quantity），当整体的损失函数（包括收缩量）寻找最小值时，使得模型不得不放弃在训练集上更精准的拟合。Regularization 中收缩量的实现方式不同，由此产生出 Regularization 的 3 种方式：

1. L1 Regularization

L1 Regularization 又称为 Lasso 惩罚。具体的数学表达是：

$$\text{Error}_{L1} = \text{Error} + \lambda \sum_{i=1}^{n} |\beta_i|$$

其中，λ 是个调整参数（tuning parameter），用于设置模型在训练时被惩罚的力度。具体的算法不同，β_i 代表的含义不同。若模型采用回归算法，则 β_i 是进入回归模型中每个变量的系数，当使得 Error_{L1} 取得最小化时，会促使模型将某些 β_i 取值为零，结果使得某些变量不被采纳。若模型采用的是 Gradient Tree Boosting 算法时，则 β_i 是弱分类器决策树上每个叶子的权重，当使得 Error_{L1} 取得最小化时，会促使模型将某些 β_i 取值为零，最终使得决策树的判断逻辑不被采纳或整棵树都不被采纳（当决策树的深度非常浅时）。

2. L2 Regularization

L2 Regularization 又称为 Ridge 惩罚。具体的数学表达是：

$$\text{Error}_{L2} = \text{Error} + \lambda \sum_{i=1}^{n} \beta_i^2$$

相对于 L1 Regularization，L2 Regularization 使得惩罚项的参数相对较小。比如对于回归模型，会避免某变量的参数值过大（其实也是在预测模型中权重过大）；在 Gradient Tree Boosting 算法中，会避免决策树中叶子节点的权重过大。

3. L1/L2 regularization

L1/L2 Regularization 又称为 Elastic-Net 惩罚，其结合了 L1 Regularization 和 L2 Regularization 两种规则化的特点，其数学表达是：

$$\text{Error}_{L1L2} = \text{Error} + \lambda\left((1-\alpha)\sum_{i=0}^{n}|\beta_i| + \sum_{i=0}^{n}\beta_i^2\right)$$

其中，参数 α 用于调节 L1 Regularization 和 L2 Regularization 之间的权重。

3.3.3 XGBoost 介绍

XGBoost 和 scikit-learn 的 GradientBoostingClassifier 算法相比，有一些明显的优势，如支持 Regularization、支持 Spark、支持并行计算等功能。XGBoost 已经不是一个算法，而是由开源社区维护的一个平台，并且其使用方式非常简便。

```
from sklearn.datasets import make_hastie_10_2
from sklearn.ensemble import GradientBoostingClassifier
from xgboost import XGBClassifier

X, y = make_hastie_10_2(random_state=0)
X_train, X_test = X[:2000], X[2000:]
y_train, y_test = y[:2000], y[2000:]

clf = GradientBoostingClassifier(n_estimators=100, learning_rate=1.0,
    max_depth=1, random_state=0).fit(X_train, y_train)
print(clf.score(X_test, y_test))

model = XGBClassifier(base_score=0.5, booster='gbtree', colsample_bylevel=1,
       colsample_bytree=1, gamma=0, learning_rate=0.05, max_delta_step=0,
       max_depth=1, min_child_weight=1, missing=None, n_estimators=1000,
       n_jobs=1, nthread=None, objective='reg:linear', random_state=0,
       reg_alpha=0, reg_lambda=1, scale_pos_weight=1, seed=None,
       silent=True, subsample=0.5).fit(X_train, y_train)


print(model.score(X_test, y_test))
```

上面的代码就是分别调用了 GradientBoostingClassifier 和 XGBoost 的构建预测模型的例子。其调用的方式其实很简单，在 XGBoost 中默认使用了 L1 Regularization，通过 reg_lambda 来设置。这两个算法的具体参数设置，读者可以在官网中查看[⊖]。

3.4 模型的最佳参数设置

在 3.3 节的 XGBoost 的例子中，若参数“ max_depth”由“3”改为“1”，则最终的

⊖ http://scikit-learn.org/stable/modules/generated/sklearn.ensemble.GradientBoostingClassifier.html#sklearn.ensemble.GradientBoostingClassifier 和 https://xgboost.readthedocs.io/en/latest/parameter.html。

精度会从0.912变为0.915；若将subsample参数由“0.5”改为“1”，则精度又会降至0.9。这其实是一个非常典型的例子，即在应用算法构建模型时，对其参数的设置会很大程度上影响最终效果。

参数的设置往往需要从“参数组合”的角度来尝试，没有哪个算法只需要设置一个参数就可以使得模型效果达到最优。在前面小节中的例子，当设置Gradient Tree Boosting的弱分类器的个数时，同时需要考虑是否需要同步更新learning rate。那么，到底哪种组合才是最优的呢？最大的决定因素是其在验证数据上的表现。

寻找最优参数组合的研究就是所谓超参数优化问题（Hyperparameter Optimization）。优化问题基本上都是在一个给定空间中寻找最优解（在5.4.3节有相应的介绍），超参数优化也不例外。算法的各种参数的可能取值就构成了一个超参数空间，寻找最优参数就需要在该空间中进行。比如，Gradient Boosting Tree算法中弱分类器的个数、learning rate、每次迭代抽样的比例（subsample）、弱分类器决策树的深度等参数的各种可能取值的组合构成了一个超参数空间。若用一个形象化的图形展示的话，超参数空间的各种组合如图3-10所示的多维空间中的球体中的各个点，而超参数的优化问题就是在众多的点中找到其中一个点，这个点上的各个参数能使模型效果达到最优。

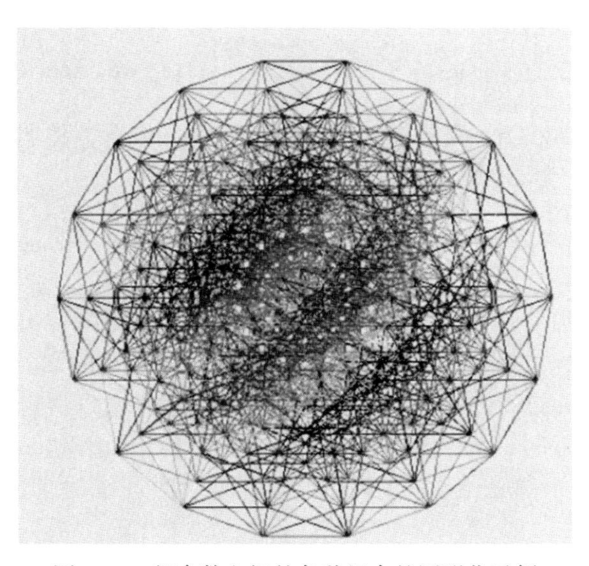

图3-10　超参数空间的各种组合的图形化示例

其实人们在很早就意识到这个问题并试图提供一些工具来解决。笔者在之前经常使用的SAS EM中就提供了“允许使用者同时构建多个模型并通过模型间的比较来选择最优”的工具。

在图3-11的例子中，使用者可以针对决策树算法分别设置不同的参数，比如第一个决策树的深度为5，叶子节点的观察量为50，每个分叉最大数为2；第二个深度为7，叶子节点的观察量为 20；第 3 个深度为 5，每个分叉的最大数为 3 等。这些组合都是使用者根据多次尝试的经验来设置的。

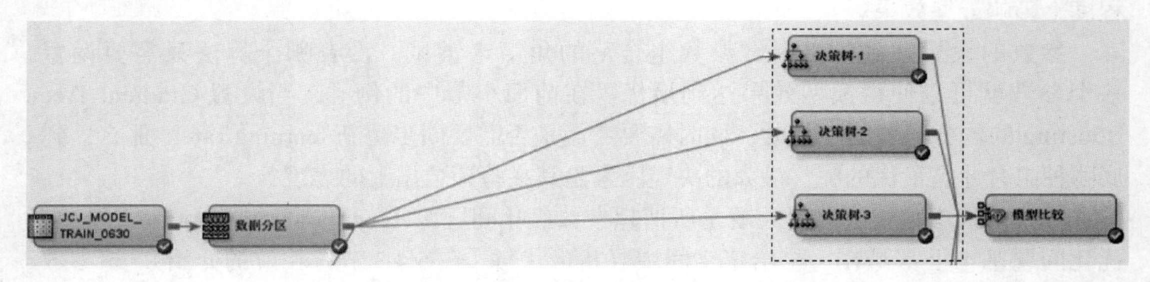

图 3-11　SAS EM 中同时构建模型并最终选择最优的示例

现在在开源世界，已经开发出了非常强大的工具，支持 Grid Search 等方法，批量构建模型，从各种组合中寻求最优模型。Grid Search 的本质就是人们可以设置各种参数的组合，如在 scikit-learn 中，就可以设置 SVC 算法的各种参数组合。下面的代码中就设置了两组不同的组合。

```
tuned_parameters = [{'kernel': ['rbf'], 'gamma': [1e-3, 1e-4],
                     'C': [1, 10, 100, 1000]},
                    {'kernel': ['linear'], 'C': [1, 10, 100, 1000]}]
```

在 Gradient Boosting Tree 算法中，就可以进行如下设置，将弱分类器个数和每个分类器中决策树的深度作为不同的组合。

```
param_test1 = {'n_estimators':range(100,801,100); 'max_depth':range(5,16,2)}
```

这种组合的结果就是，在 n_estimators 的 8 个可能取值乘以 max_depth 的 6 个可能取值之间进行排练组合，共要训练 48 个模型。如果人为训练的话，需要比较长的时间才能完成，而利用 Grid Search 的工具，只需要设置好参数，由机器自动运行即可。

在进行 Grid Search 时，为了避免过拟合，必须与 Cross Validation 一起使用。Cross Validation 的过程是一个算法会经过多次训练，而每次训练时训练集合验证集都是不同的。

如图 3-12 所示，若采用 K-flod Cross Validation 的方法，则每个模型会训练 4 次，每次测试集和训练集都有变化。在应用 Grid Search + Cross Validation 时，训练模型会需要比较长的时间。

```
# Set the parameters by cross-validation
tuned_parameters = [{'kernel': ['rbf'], 'gamma': [1e-3, 1e-4],
                     'C': [1, 10, 100, 1000]},
                    {'kernel': ['linear'], 'C': [1, 10, 100, 1000]}]
```

```
scores = ['precision', 'recall']
for score in scores:
    clf = GridSearchCV(SVC(C=1), tuned_parameters, cv=5, scoring=score)
```

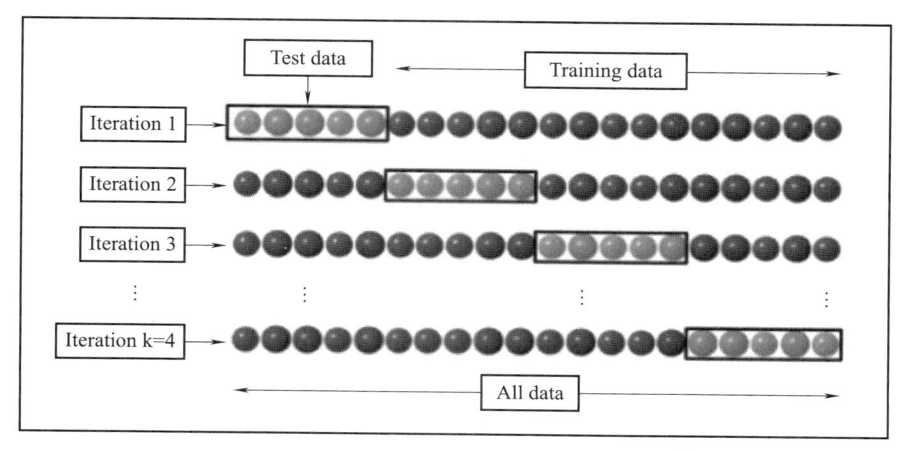

图 3-12　K-fold Cross Validation 的过程示例[⊖]

针对上述设置，需要 (2 × 4 + 4) × 2(scores) × 5(cv) = 120 次的模型构建才能完成。在这种情况下，经常发生的情况就是，建模者一旦开始运行建模过程，需要半天以上的时间才能得出结果，这是大多建模者不能接受的！

在实际使用过程中，人们可以根据自身使用的经验，分步通过 Grid Search + Cross Validation 的方法来完成建模。下面就是笔者曾经在一个项目中进行尝试的过程。

```
#Step 1: get the baseline model
'''
random_state:
    This is important for parameter tuning.
'''
model = GradientBoostingClassifier(random_state=10)
model.fit(df[features],df[target_name])

'''
confusion  martrix:
preds          0       1
actual
0        144277   15343
1           179     198
precision:
0.0127404928898
Recall:
0.525198938992
AUC:
0.714538449574
'''
```

⊖ https://en.wikipedia.org/wiki/File:K-fold_cross_validation_EN.jpg。

```
#Step 2: get the optimal n_estimators
'''
In order to decide on boosting parameters, we need to set some initial values of other parameters.
'''
param_test1 = {'n_estimators':range(100,801,100)}
model = GridSearchCV(estimator = GradientBoostingClassifier(learning_rate=0.1, subsample=0.8, random_state=10),
                        param_grid = param_test1,
                        scoring='roc_auc', n_jobs=4, iid=False, cv=3)
start = time.time()
model.fit(df[features],df[target_name])
print("GridSearchCV took %.2f seconds for %d candidate parameter settings."
  % (time.time()  - start, len(model.cv_results_['params'])))

print(model.grid_scores_)
print(model.best_params_)
print(model.best_score_)

'''
GridSearchCV took 7167.47 seconds for 8 candidate parameter settings.

grid_scores_:
[mean: 0.85337, std: 0.01894, params: {'n_estimators': 100},
mean: 0.85738, std: 0.01857,  params: {'n_estimators': 200},
mean: 0.85920, std: 0.01821,  params: {'n_estimators': 300},
mean: 0.85989, std: 0.01820,  params: {'n_estimators': 400},
mean: 0.86008, std: 0.01811, params: {'n_estimators': 500},
mean: 0.86012, std: 0.01822, params: {'n_estimators': 600},
mean: 0.86012, std: 0.01813, params: {'n_estimators': 700},
mean: 0.86007, std: 0.01821, params: {'n_estimators': 800}]

best_params_:{'n_estimators': 700}

compare with grid score, decide use 300 as n_estimators

confusion  martrix:
preds        0      1
actual
0       153617  6003
1          225   152
precision:
0.0246953696182
Recall:
0.403183023873
AUC:
0.682787477354
'''

#step 3, get the best max depth
param_test1 = {'max_depth':range(5,16,2)}
model = GridSearchCV(estimator = GradientBoostingClassifier(learning_rate=0.1, subsample=0.8,
                        n_estimators=300, random_state=10),
                        param_grid = param_test1,
                        scoring='roc_auc', n_jobs=4, iid=False, cv=3)
start = time.time()
model.fit(df[features],df[target_name])
print("GridSearchCV took %.2f seconds for %d candidate parameter settings."
  % (time.time()  - start, len(model.cv_results_['params'])))

print(model.grid_scores_)
print(model.best_params_)
print(model.best_score_)
```

在 scikit-learn 中，我们还可以使用 warmstart 的参数，将其在寻求最优超参数的中间模型中复用起来，达到更快速进行建模的目的。

3.5　投票决定最终预测结果

在本章前面的小节中介绍了随机森林是通过弱分类器的投票来实现最终结果的预测的。与这个机制类似，能否通过构建多个不同算法的模型，然后通过投票机制来实现最终的预测呢？答案显然是可以的。

随机森林在投票之前的弱分类器的训练是通过对样本进行 bagging 实现的，而投票机制是否也需要这样做呢？在笔者看来，采用 bagging 和采用全部训练集训练各个不同的分类器都可，图 3-13 中展示了投票机制的过程。

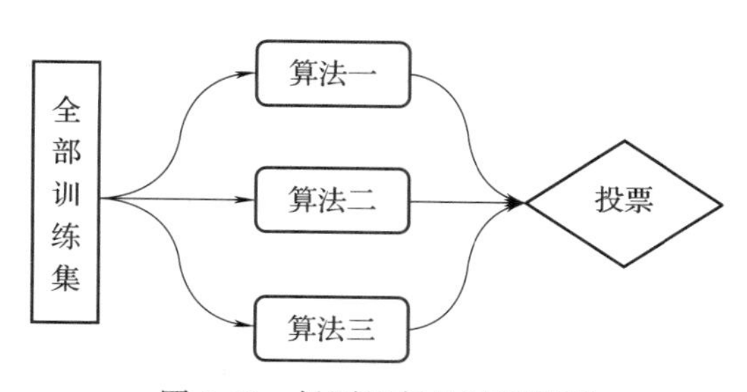

图 3-13　投票机制的过程说明

在 scikit-learn 中，投票器中各个模型的训练是在投票器的构造函数中完成的。笔者在第一次使用该工具时，没有看到显式的调用训练过程觉得有点奇怪。其实在构造函数中进行模型训练能够保持代码的简洁，但是对于使用者来说没有习惯性的调用 fit 函数。

```
from sklearn import datasets
from sklearn.model_selection import cross_val_score
from sklearn.linear_model import LogisticRegression
from sklearn.naive_bayes import GaussianNB
from sklearn.ensemble import RandomForestClassifier
from sklearn.ensemble import VotingClassifier

iris = datasets.load_iris()
X, y = iris.data[:, 1:3], iris.target

clf1 = LogisticRegression(solver='lbfgs', multi_class='multinomial',random_state=1)
clf2 = RandomForestClassifier(n_estimators=50, random_state=1)
clf3 = GaussianNB()

eclf = VotingClassifier(estimators=[('lr', clf1), ('rf', clf2), ('gnb', clf3)], voting='hard')

for clf, label in zip([clf1, clf2, clf3, eclf], ['Logistic Regression', 'Random Forest',
                                                 'naive Bayes', 'Ensemble']):
    scores = cross_val_score(clf, X, y, cv=5, scoring='accuracy')
    print("Accuracy: %0.2f (+/- %0.2f) [%s]" % (scores.mean(), scores.std(), label))
```

读者可以看到在最终应用该模型时是采用 cross_val_score 函数进行预测的，这是为了模型的验证过程，不是真正的部署过程。部署过程还是只需要调用 predict 函数即可。

投票过程既可以是“硬投票”，也可以是“软投票”。软投票是计算所有分类器的平均概率来决定最终预测结果。平均概率在计算时也可以设置权重，下面的代码就是应用软投票机制的方式来构建模型。

```
eclf = VotingClassifier(estimators=[('lr', clf1), ('rf', clf2), ('gnb', clf3)],
                        voting='soft', weights=[1,1,5])
```

权重是按照相对值来计算的，所以在设置时需要差别比较大才能看到效果。否则，“若使用者试图设置分类器的权重”效果会很不明显。

Ensemble Learning 所涉及的内容中类似随机森林、Gradient Boosting Tree 等是从算法层面进行改进的。投票器的使用，使得构建更复杂模型的目标能够轻松实现。人们可以借助于投票器构建比较复杂的模型。

图 3-14 中所示的情况可以应用在新旧模型结合使用的情景下。原先的模型采用的原来的维度，而新模型则使用的是新维度，此时可以考虑将二者结合使用。这个过程的原理和随机森林的原理是一致的，都是从不同维度构建模型并最终投票。这个过程其实也是 col sampling 的过程，即抽样地进行建模，并最终进行投票。XGBoost 算法是支持 col sampling 的。

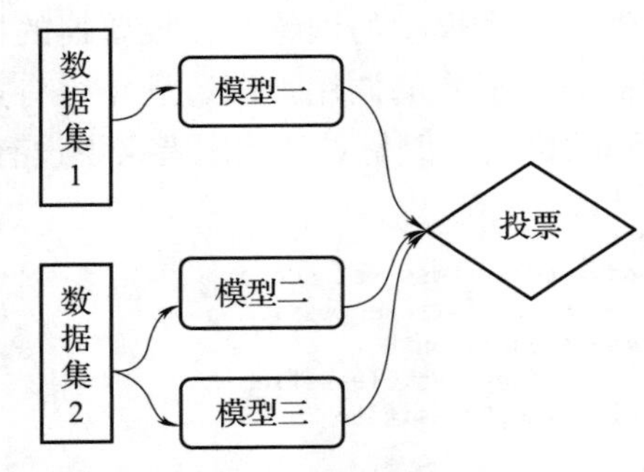

图 3-14 利用不同数据集构建模型但最终按照投票机制来预测

3.6 让模型在训练结束后还能被更新

热启动（Warm Start）和增量学习（Incremental Learning）是常见的模型在训练后还能被更新的技术。

3.6.1　热启动

热启动在机器学习算法中经常使用，多被用于回归类算法、决策树类算法以及一些集成学习算法。热启动，顾名思义，就是指建模过程不是从零开始，而且利用之前模型的结果作为本次建模的初始值。这样做的目的是加快建模的收敛速度。实际使用中，对于回归类算法（Lasso、逻辑回归、SGD等），建模过程往往使用0作为初始优化参数，打开热启动后，会使用之前模型中的优化参数作为本次建模的初始值；对于决策树类算法（随机森林、梯度提升树等），建模过程会从空开始构建树，打开热启动后，同样会使用之前模型中构建好的树作为本次构建的开始；对于集成学习（bagging），打开热启动后，会将之前模型中的学习器添加到本次的集成学习的投票选择中。

```
from sklearn import datasets
from sklearn.linear_model import LogisticRegression

iris = datasets.load_iris()
X, y = iris.data[:, 1:3], iris.target
```

本例通过使用iris数据集、逻辑回归算法说明热启动的用法，为了说明问题，将最大迭代次数设置为40。

```
lr = LogisticRegression(solver="lbfgs", multi_class='multinomial',
                        random_state=1, warm_start=False, max_iter=40)

clf = lr.fit(X, y)
print("Iteration:" + str(clf.n_iter_))

Iteration:[39]
```

首先，不使用热启动，建模到达最大次数，没有收敛而结束。

```
lr1 = LogisticRegression(solver="lbfgs", multi_class='multinomial',
                         random_state=1, warm_start=True, max_iter=40)

clf1 = lr1.fit(X, y)
print("Iteration:" + str(clf1.n_iter_))
# use last model building result
clf1 = lr1.fit(X, y)
print("Iteration:" + str(clf1.n_iter_))


Iteration:[39]
Iteration:[2]
```

打开热启动后，第二次模型训练使用了第一次的结果，迭代了两次后收敛。

3.6.2　增量学习

增量学习是一类可以持续不断地读取训练数据，进而不断更新模型的机器学习算法。增量学习具有节省空间、训练时间短等特点。这得益于增量学习无须保存历史数据、可以利用历史训练的结果，常被应用于大规模数据，或者流式数据，这些数据可以各个批次源源不断地送给建模算法，模型被不断刷新。所以，有时增量学习被称为在线（On-line）学习。

增量学习区别于普通的机器学习算法，算法原理上就不相同，在设计算法时，就要考虑并不是全部数据一次性输入模型，而是小批量（mini-batch）数据不断输入。我们借助于 scikit-learn 算法库，可以看到支持增量学习的算法有多分类的朴素贝叶斯、SGD 分类算法、小批量 KMeans、增量 PCA 等，这些算法都提供了 partial_fit 的建模函数。

```
from sklearn import datasets
from sklearn.linear_model import SGDClassifier
import numpy as np

iris = datasets.load_iris()
X, y = iris.data[:, 1:3], iris.target
X_train, X_test = X[:140, :], X[140:, :]
y_train, y_test = y[:140], y[140:]


sgd_clf = SGDClassifier(loss='log', penalty='l2', random_state=1,
                        max_iter=100, tol=1.0e-6)

for i in range(0, len(X), 10):
    sgd_clf.partial_fit(X[i:i + 10], y[i:i + 10], classes=np.array([0, 1, 2]))


print("actual:" + str(y_test))
print("predict:" + str(sgd_clf.predict(X_test)))

actual:[2 2 2 2 2 2 2 2 2 2]
predict:[2 2 2 2 2 2 2 2 2 2]
```

本例通过使用 scikit-learn 的 SGDClassifier 分类算法，对 iris 数据集的前 140 条数据使用增量学习建模，每 10 条数据作为一个 mini-batch，用后 10 条数据做预测。对比预测结果和原始值，可以看到 10 条数据都被正确预测。

3.7 多输出预测

当预测模型的输出多于一个目标值时，将这类问题称为多输出（Multioutput）预测。多输出预测与多类别预测是有区别的，图 3-15 中将多输出和多目标做了一个区分。

多目标的预测（Multi-Class）是指目标值不是二分类，而是多于二的分类（Binary）。针对客户购买理财产品的预测，若是二分类预测就是“客户是否购买贵金属产品”，该模型的目标变量取值为“是 / 否”。当试图通过一个模型预测“客户会购买贵金属产品，还是会购买基金，或购买定期理财产品”时，这就是一个多目标预测的模型，其目标变量的取值是“贵金属 / 基金 / 定期 / 都不购买”。

模型输出 \ 类别数	K=2	K>2
L=1	Binary	Multi-Classs
L>1	Muti-Label	MultiOutput-Multiclass

图 3-15　根据模型输出和类别数对预测模型进行划分

多目标预测其实很早就已经被广泛使用，模型的输出只有一个，即到底购买哪个产品或不购买。若在实际业务场景中需求是“输出一个响应率最高的产品”，那么多目标预测就能完全满足需求。多目标预测的实现方式有 One-vs-Rest、One-vs-One、Error-Correcting Output Codes 等，这方面的参考材料比较多，此处不再赘述。

但是，若需求是“输出对多个产品的预测，业务人员需要知道每一个产品的响应概率并据此做出业务决策”，则需要多输出多目标（Multioutput-multiclass）或多标签（Multi-Label）的相关技术来完成。

多输出多目标的预测其实可以认为是省略了最终决策机制（大多通过投票来完成）的多目标预测。从具体实现的技术角度上来讲，多输出多目标是将各个预测模型并联起来使用，重点是提供了这种机制，而不是通过类似于 One-vs-Rest 的方式对预测算法进行改进。

表 3-1　Multioutput 预测的示例

	X_1	X_2	Y_1	Y_2	…	Y_m
x_1	5.0	4.5	1	1		0
x_2	2.0	2.5	0	1		0
⋮	⋮	⋮	⋮	⋮		⋮
x_n	3.0	3.5	0	1		1
x	4.0	2.5	?	?		?

表 3-1 中输出的每一个 Y 列取值若是“是 / 否”的二分类形式，则属于 Multi-Label 的范畴。若每一个 Y 列取值是“贵金属 / 基金 / 定期 / 都不购买”的多目标形式，就是 Multioutput-multiclass 的范畴。

3.7.1 Binary Relevance

最为常用的多输出预测的实现方式是 Binary Relevance，也就是用同一个自变量 x

来分别预测每一个 Y 列。在 scikit-learn 中提供了 MultiOutputClassifier 可以轻松实现 Binary Relevance 的功能。

```
forest = RandomForestClassifier(n_estimators=100, random_state=1)
multi_target_forest = MultiOutputClassifier(forest)
multi_target_forest.fit(X_train, Y_train)
print(multi_target_forest.predict_proba(X_test))
```

在上述例子中，输出了每一个预测值的概率，其结果如 [0.96, 0.04]。基于概率值，就可以实现“基于概率值做出业务决策”的功能。使用者很有可能针对同一个客户选择数个产品进行推荐，因为多输出预测同时输出了数个高响应概率的结果。

3.7.2 Classifier Chain

Classifier Chain 也是实现多输出模型的重要方式。Binary Relevance 可以认为是并行地进行模型预测，目标值之间没有关系；而 Classifier Chain 可以看作串行进行预测，目标值之间可能存在关系。图 3-16 中对比了二者的不同。

h:	$x \rightarrow$	y
h_1:	[0, 1, 0, 1, 0, 0, 1, 1, 0]	1
h_2:	[0, 1, 0, 1, 0, 0, 1, 1, 0]	0
h_3:	[0, 1, 0, 1, 0, 0, 1, 1, 0]	0
h_4:	[0, 1, 0, 1, 0, 0, 1, 1, 0]	1
h_5:	[0, 1, 0, 1, 0, 0, 1, 1, 0]	0

h:	$x' \rightarrow$	y
h_1:	[0, 1, 0, 1, 0, 0, 1, 1, 0]	1
h_2:	[0, 1, 0, 1, 0, 0, 1, 1, 0, 1]	0
h_3:	[0, 1, 0, 1, 0, 0, 1, 1, 0, 1, 0]	0
h_4:	[0, 1, 0, 1, 0, 0, 1, 1, 0, 1, 0, 0]	1
h_5:	[0, 1, 0, 1, 0, 0, 1, 1, 0, 1, 0, 0, 1]	0

图 3-16 Binary Relevance（左）与 Classifier Chain（右）的过程对比

在 Classifier Chain 中，若目标值 y_1 和 y_2 之间有关系，经常一起出现。当预测模型预测 y_1 会出现时，则若将 y_1 作为预测 y_2 的重要输入，则会显著提高 y_2 的预测精度。这个就是 Classifier Chain 算法的最重要的特点。

在 scikit-learn 中，提供了 Classifier Chain 工具，读者可以非常轻松地进行调用。

```
chain = ClassifierChain(LogisticRegression(), order='random')
chain.fit(X_train, Y_train)
```

3.7.3 Ensemble Classifier Chain

Classifier Chain 算法在使用时，容易引起错误在给定的预测顺序传播。比如，当预测 y_1 时准确性较差，然后又用 y_1 的预测值预测 y_2，用 y_2 预测 y_3 等。在这种情况下，预测失误便在 y_1-y_2-y_3 间传播，导致最终的预测效果很差。为了解决这个问题，引入了 Ensemble Classifier Chain 的技术。

Ensemble Classifier Chain 的实现过程是随机生成多个 Chain，然后分别进行训练，而预测结果则是通过“软投票”的方式来实现的。

```
chains = [ClassifierChain(LogisticRegression(), order='random', random_state=i)
          for i in range(10)]
for chain in chains:
    chain.fit(X_train, Y_train)
```

在下面的例子中，我们可以看到，多目标预测、Classifier Chain、Ensemble Classifier Chain 之间的效果对比。

在图 3-17 中，我们发现第二个 chain 的效果很差，究其原因就是发生了错误传播的问题。而通过“软投票”的 Ensemble Classifier Chain 则能很好地避免这个问题。

```
chain_jaccard_scores = [jaccard_similarity_score(Y_test, Y_pred_chain >= .5)
                        for Y_pred_chain in Y_pred_chains]

Y_pred_ensemble = Y_pred_chains.mean(axis=0)
ensemble_jaccard_score = jaccard_similarity_score(Y_test,
                                                  Y_pred_ensemble >= .5)
```

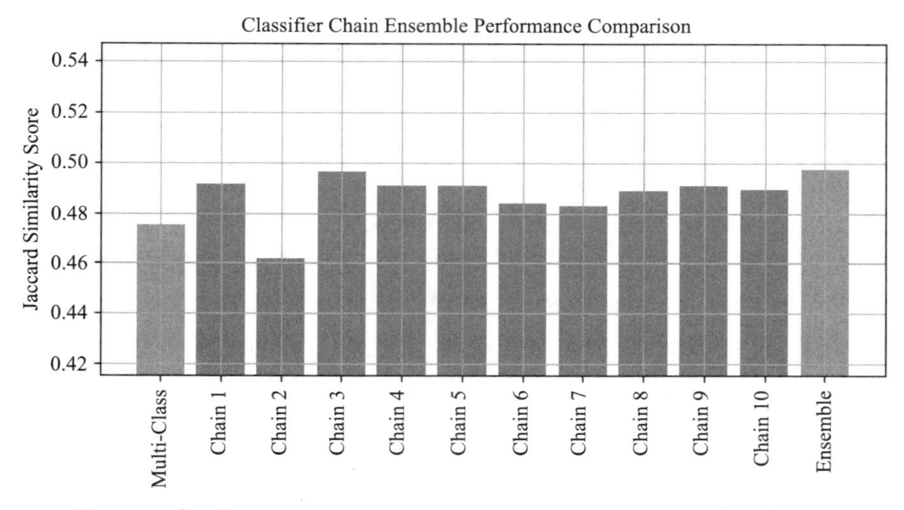

图 3-17 多目标、Classifier Chain、Ensemble Classifier Chain 的效果对比

3.8 案例：如何给客户从数百个产品中寻找合适的产品

从营销的应用场景来说，基于客户细分的营销是从群体的角度得到“群以类聚”的洞察，然后基于群体特征做出营销决策。若从客户个体视角来产生合适推荐，则需要更

关注每个客户个体的实际需求。典型的产品响应模型就是从每个客户个体的角度，产生客户是否会购买的预测，其实也是需求的预测。

3.8.1 问题提出

在实际业务场景中，简单的产品响应模型只关注单一产品的高响应率客户的筛选，这往往是不够的。要实现较高水平的数据驱动营销，在实际的工作中还需要解决下面一系列问题：

1）若有较多产品，是否需要构建成百上千个产品响应模型？

2）如何决定产品间的优先级？除了客户经理对客户需求的理解，类似协同过滤算法如何解决这个问题？

3）产品组合的营销决策如何通过模型计算而得出？

4）如何确定合适的营销时机？如何通过数据挖掘找到合适的营销时机？

5）如何对产品进行定价？

6）如何既满足客户需求也满足银行营销预算、收益的要求？

7）如何评价营销效果？如何关注和量化客户体验？

上述问题只是部分核心要点需要在应用数据分析支持营销时重点解决的。本节我们首先关注第一个问题，即是否需要构建成百上千个产品响应模型？

在营销中构建产品响应模型的目的就是借助其输出找到“高响应概率的客户群然后进行推销”。客户之所以有高响应概率，是因为客户有这方面的需求，在恰当的时机营销便可产生较好的效果。通过数据分析找到客户需求，是产品响应、协同过滤、行为分析（频繁模式挖掘）的众多模型的目标。

银行客户中，能够较多使用金融手段的客户较少，如理财客户占比较少，且对理财产品的选择也比较单一。所以，应用客户相似性来进行理财产品的推荐，也能通过客户分群等手段来实现。金融产品间的相似性很大，基本上都属于“在给定风险预期或条件下如何满足其收益、流动性、期限等需求”。银行间、银行内的各个产品都比较接近，所以通过协同过滤的技术（如计算产品间的相似性等）较少使用。

3.8.2 建模思路

好的预测模型之所以效果有保障，是因为该模型能够捕获客户特征及其需求，基于预测的营销决策能够满足客户期望。客户需求是客户是否会响应推荐的最根本的原因。客户往往并没有明确自己的需求是什么，但是当看到某推荐而动心去购买的原因还是其有该方面的需求。

研究客户需求可以采用客户行为角度，也可以采用行为的结果的角度。客户行为的角度就是将客户行为序列作为重点研究对象，如代发工资客户每个月工资一到账便开始各种转账业务，这就是一个典型的行为序列的特征。行为的结果体现在静态的指标上，如资产余额就体现了截至目前客户各种行为的结果。

行为分析模型能根据客户行为预测其行为特征、发现行为规律和模式，对客户旅程地图、营销时机的确定起到非常关键的作用。在第 4 章将重点介绍这方面的内容，包括采用深度学习的模型。本节我们通过构建 Multioutput-Multiclass 的产品响应预测，来展示如何同时对众多的产品构建产品响应模型。图 3-18 展示了两种不同的方法及其作用。

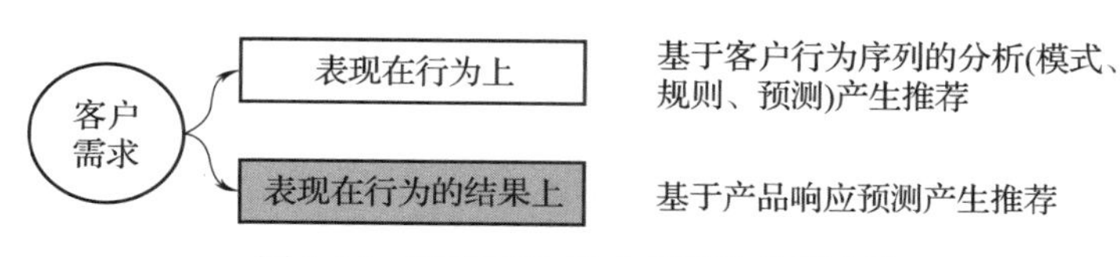

图 3-18　研究客户需求的两种典型方法

3.8.3　模型训练及应用

我们以银行为例，结合笔者真实实施过的案例，展示一个简单的模型构建过程及构建代码。首先在第一步根据业务经验及数据现状确定自变量的指标范围。

```
import pandas as pd
import numpy as np
import random

#性别,年龄,教育水平,客户经理,客户时长,客户星级,是否代发工资,资产总额,近一年日均资产,
#近六个月日均资产,近三个月日均资产,卡透支余额,存款余额,负债余额,手机银行登录次数,网银登录次数,
#柜面交易笔数,柜面交易金额,贷款交易笔数,理财购买笔数,
CustomerID,Gender,Party_Age,Edu_Degre_Descc,Cust_Mger,Cust_duration,Cust_Rank=[],[],[],[],[],[],[]
Wages_Distribution,Asset_Total_Bal,AUM_12,AUM_6,AUM_3,Cedt_cardod_Bal,Dpsit_Total_Bal=[],[],[],[],[],[],[]
Liab_Total_Bal,SUM_of_WAP_Logon_Cnt,SUM_of_WEB_Logon_Cnt,SUM_of_Center_CNT,SUM_of_Center_AMT=[],[],[],[],[]
SUM_of_LOAN_Tx_cnt,SUM_of_Chrem_buy_Cnt=[],[]
```

上述的指标范围只是一个示例，读者可以根据实际应用来调整。下一步就是产生样本数据。在实际实施中一定是提取相关数据，还需要做各种数据质量检查、缺失值补充等各种数据预处理过程。这些过程相对简单，故在本例中不做介绍。

```
# Define the constant(for mock data)
Customer_cnt = 100000
Target_size = 100

# Generate the customer id
customer_ids = np.random.randint(low=1000000, high=9999999, size=Customer_cnt)
```

我们设定 100 个产品作为目标变量，以 10 万行客户数据作为训练以及验证样本集。样本集数据按照随机生成的方式来产生，具体的产生过程如下。

```
# Generate the candidate campain decisions
CustomerID,Revenue,OfferCost,ChannelCost,Prob_to_Respond,Offer,Channel=[],[],[],[],[],[],[]
for id in customer_ids:
    CustomerID.append(id)
    Gender.append(''.join(random.choices(['0','1'], k=1)))
    Edu_Degre_Descc.append(''.join(random.choices(['1','2','3','4','5'], k=1)))
    Cust_Mger.append(''.join(random.choices(['0','1'], k=1)))
    Cust_duration.append(random.randint(0, 120))
    Cust_Rank.append(''.join(random.choices(['1','2','3','4','5','6','7'], k=1)))
    Wages_Distribution.append(''.join(random.choices(['0','1'], k=1)))
    Asset_Total_Bal.append(random.uniform(1,100000000))
    AUM_12.append(random.uniform(1,100000000))
    AUM_6.append(random.uniform(1,100000000))
    AUM_3.append(random.uniform(1,100000000))
    Cedt_cardod_Bal.append(random.uniform(1,100000))
    Dpsit_Total_Bal.append(random.uniform(1,10000000))
    Liab_Total_Bal.append(random.uniform(1,10000000))
    SUM_of_WAP_Logon_Cnt.append(random.randint(0, 100))
    SUM_of_WEB_Logon_Cnt.append(random.randint(0, 100))
    SUM_of_Center_CNT.append(random.randint(0, 100))
    SUM_of_Center_AMT.append(random.uniform(1,1000000))
    SUM_of_LOAN_Tx_cnt.append(random.randint(0, 10))
    SUM_of_Chrem_buy_Cnt.append(random.randint(0, 10))
```

将产生好的数据构建为 Data Frame 方便后续使用。

```
customer_data = pd.DataFrame({'CustomerID':CustomerID,'Gender':Gender, 'Edu_Degre_Descc':Edu_Degre_Descc,
                              'Cust_Mger':Cust_Mger,'Cust_duration':Cust_duration,'Cust_Rank':Cust_Rank,
                              'Wages_Distribution':Wages_Distribution,'Asset_Total_Bal':Asset_Total_Bal,
                              'AUM_12':AUM_12,'AUM_6':AUM_6,'AUM_3':AUM_3,'Cedt_cardod_Bal':Cedt_cardod_Bal,
                              'Dpsit_Total_Bal':Dpsit_Total_Bal,'Liab_Total_Bal':Liab_Total_Bal,
                              'SUM_of_WAP_Logon_Cnt':SUM_of_WAP_Logon_Cnt,'SUM_of_WEB_Logon_Cnt':SUM_of_WEB_Logon_Cnt,
                              'SUM_of_Center_CNT':SUM_of_Center_CNT,'SUM_of_Center_AMT':SUM_of_Center_AMT,
                              'SUM_of_LOAN_Tx_cnt':SUM_of_LOAN_Tx_cnt,'SUM_of_Chrem_buy_Cnt':SUM_of_Chrem_buy_Cnt})
```

接下来构建目标向量，具体过程如下。

```
# init the target vector
targets_array = np.zeros((Customer_cnt, Target_size), dtype=np.int)
targets_index = [i for i in range(Target_size)]

# generate the random target
for i in range(Customer_cnt):
    targets_array[i,random.sample(targets_index, random.randint(0, 10))] = 1

targets = pd.DataFrame(targets_array)

targets.head(5)
```

	0	1	2	3	4	5	6	7	8	9	...	90	91	92	93	94	95	96	97	98	99
0	0	0	0	0	0	0	0	0	1	1	...	0	0	0	0	0	1	0	0	0	0
1	0	0	0	0	0	0	0	0	0	0	...	0	0	0	0	1	0	0	0	0	0
2	0	0	0	0	0	0	0	1	0	0	...	0	0	0	0	0	0	0	0	0	0
3	0	0	0	0	0	0	0	0	0	0	...	0	0	0	0	0	0	0	0	0	0
4	0	0	0	0	0	0	0	0	0	0	...	0	0	0	0	0	0	0	0	0	0

生成训练集和验证集，过程如下。

```
data_set = customer_data.drop(columns=['CustomerID'])

X_train = data_set.iloc[0:int(customer_data.shape[0]*0.8)]
Y_train = targets.iloc[0:int(customer_data.shape[0]*0.8)]

X_test = data_set.iloc[int(customer_data.shape[0]*0.8):]
Y_test = targets.iloc[int(customer_data.shape[0]*0.8):]

X_train.shape,Y_train.shape, X_test.shape, Y_test.shape

((80000, 19), (80000, 100), (20000, 19), (20000, 100))
```

至此，可以调用 Multioutput-multiclass 的相关组件来建模了。在本例中，我们采用的是 Binary Relevance 方法。

```
from sklearn.multioutput import MultiOutputClassifier
from sklearn.ensemble import RandomForestClassifier

forest = RandomForestClassifier(n_estimators=100, random_state=1)
multi_target_forest = MultiOutputClassifier(forest, n_jobs=-1)
multi_target_forest.fit(X_train, Y_train)

MultiOutputClassifier(estimator=RandomForestClassifier(bootstrap=True, class_weight=None, criterion='gini',
            max_depth=None, max_features='auto', max_leaf_nodes=None,
            min_impurity_decrease=0.0, min_impurity_split=None,
            min_samples_leaf=1, min_samples_split=2,
            min_weight_fraction_leaf=0.0, n_estimators=100, n_jobs=1,
            oob_score=False, random_state=1, verbose=0, warm_start=False),
           n_jobs=-1)
```

建模结束就可以采用响应的评价指标来验证模型的效果了。

```
Y_predictions = multi_target_forest.predict(X_test)

from sklearn.metrics import accuracy_score

accuracy_score(Y_test, Y_predictions)
```

上述过程从实际业务的角度来看具有巨大的价值。该做法能够“用一个模型产生众多目标的预测”，同时能够部分解决多个产品响应预测模型进行优先级排序问题：单纯的响应概率不足以说服对方推荐该产品的成功率一定高，因为不同算法输出的响应概率只是相对值。

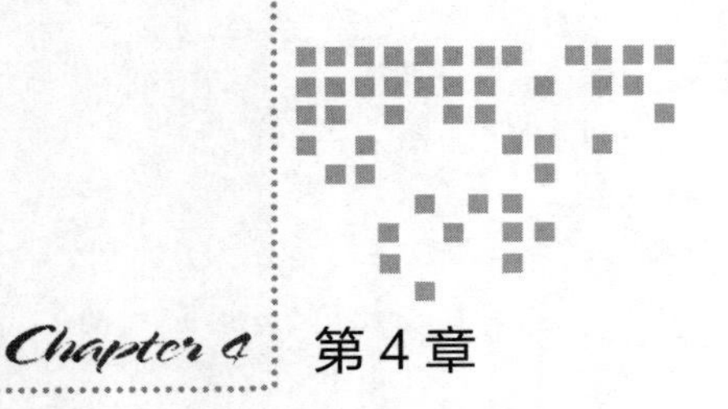

Chapter 4 第4章

序列分析

如果一个企业是给终端客户提供产品或服务的，势必要深入研究客户特征、需求、行为等方面的信息，帮助提升营销服务等水平。人们在客户画像领域投入了大量的资源，很多企业已经构建了完善的客户画像系统。但是人们在实际应用中却发现一个问题：客户画像对每个个体的描摹已经非常细致，但是具体的营销人员还是很难做出“基于画像给客户提供哪种具体的产品”的业务决策。很多时候，人们总是认为这是营销人员的工作职责，然而从一个完整的营销决策“给合适的人在合适的时候推荐合适的产品”来看，如何确定一个具体的营销时机是非常重要的。

不论从营销还是从风险管控等方面来看，通过研究客户行为而适时做出决策已经是重要的发展方向。在很多领域人们越来越注重研究客户旅程地图，即客户从初次接触一直发展到长期使用的忠实客户的历程，中间有很多的事件以及营销机会。如何发现客户的行为规律、通过研究改善目前的服务方式及流程显著提升客户体验以及营销效果，可以借助于序列分析的技术手段来完成探索。

4.1 通过客户行为研究做出服务策略

大数据平台的不断发展，使得人们可以从更细微的视角来研究客户行为。基于人们的自身需求，大家的行为各有特点，也注定存在一些共同的行为模式。比如说，在购买金融理财产品时，普遍受欢迎的产品或产品组合是哪些？当客户已经购买了某些产品，还可能会购买的产品又可能是哪些？在理财产品到期时，人们可能会继续购买同质的产品，或者人们会提出现金另作它用。那么人们的行为是否存在一些普遍的模式？客户的行为序列是否存在普遍的规律？如何预测客户的下一个行为？

注重客户体验、研究客户行为，基于行为研究的结果做出服务策略，在实践中已经取得了非常显著的成果。基于笔者的实际经验，基于事件的营销的成功率进行产品营销在国内银行的具体实践中比主动营销的成功率要高出10倍以上。所以，对客户行为的研究由于其带来的巨大的收益，获得了人们越来越多的关注，类似“如何预测客户行为”已经成为研究、应用的热点。

若把客户的行为事件看作一个个事务（Transaction），从研究视角和研究方法来看，可以按照相关理论和方法分为几个层次和类别。

表4-1是从营销的角度来看，如何应用频繁项集、关联规则、序列模式、序列规则、序列预测等相关的技术。在实际应用中，这些技术绝不仅限于营销领域，还可以将其应用在反欺诈、流失管控、设备故障预警等领域。

表4-1 频繁项、关联规则、序列分析等研究视角和应用的对比

研究视角	研究方法	价值	应用视角
人们经常一起购买的产品列表是什么？	频繁项集	产品运营的决策支持（产品设计、营销资源调整）；客群需求的洞察（人们购买这些产品是满足什么需求）等	偏重产品视角
除了人们目前购买的产品，哪些产品还会被频繁购买？	关联规则	营销决策（基于频繁购买的产品间的关联关系来推荐）等	
人们的行为是不是存在普遍的行为顺序？	序列模式	发现客户行为的普遍趋势（如在理财产品到期前后人们会做哪些事情）；客户关系管理的决策支持（从普遍的行为序列规律中分析原因并进行改善）	偏重客户视角
客户下一步会做什么？	序列规则和序列预测	营销决策（基于客户行为预测来做出相应的决策）等	

4.2 频繁项集、关联规则的挖掘

人们在初次接触序列分析相关的主题时，有时会与关联规则相混淆。其实这是两个不同的分析主题，其分析的目的也不同。在本节我们会先介绍一下频繁项集、关联规则等相关技术，在4.3节、4.4节、4.5节中再重点介绍序列分析的相关技术。

4.2.1 基本概念

频繁项集、关联规则以及序列分析等相关的分析都涉及一些基本的概念，如支持度、置信度等。

1. 事务与项集

令 $I=\{i_1,i_2,i_3,\cdots,i_m\}$ 是项（Item）的集合，给定一个交易数据库 D，其中每个事务 t 是

I 的非空子集，即每一个交易都与一个唯一的标识符 TID（Transaction ID）对应。令 $T=\{t_1,t_2,t_3,\cdots,i_n\}$ 是事务的集合，代表所有的事务。事务与项的关系如表 4-2 所示。

表 4-2 事务与项的关系

Transaction ID	Items
T1	{1,5,6,4}
T2	{2,4,3}
T3	{1,2, 3, 6}
T4	{3,4,7}
T5	{2,3,4,5,7}

2. 支持度（Support）

支持度在频繁项集与关联规则等领域都有应用，用来衡量给定模式（如频繁项集、关联规则等）在整个交易集中出现的次数。

$$\text{support}=\frac{\text{count(pattern)}}{n}$$

其中，n 是事务集中事务的数量。在实际应用中，经常通过设定最小支持度来筛选模式。

3. 置信度（Conference）

置信度其实就是条件概率，就是指在包含给定模式 X 的情况下，还包含模式 Y 的百分比。其计算方式如下：

$$\text{conference}=\frac{\text{count}(X\cup Y)}{\text{count}(X)}$$

在实际使用中，通过设定最小置信度来筛选模式。

4.2.2 频繁或稀疏项集的挖掘

在满足给定最小支持度的条件下，在事务集中出现的项集称为频繁项集（Frequent Itemsets）。相应地，稀疏项集（Rare Itemsets）可以认为是频繁项集的反例，它本身不是频繁项集但是其子项集却是频繁项集。寻找频繁项集或者稀疏项集的意义在于发现有业务含义的项集组合，可以用于指导具体的业务策略。比如，通过频繁项集的分析发现流行产品组合，就可以据此生成推荐策略。

计算频繁项集的计算量是比较大的。比如，针对一个长度是 100 的项集 $\{i_1,i_2,i_3,\cdots,i_{100}\}$，1- 频繁项集的备选数量 C_{100}^1=100，而 2- 频繁项集的数量就是 C_{100}^2=9 900。以此类推，频繁项的搜索需要在

$$C_{100}^{1}+C_{100}^{2}+C_{100}^{3}+\cdots+C_{100}^{100}=2^{100}-1\approx1.27\times10^{30}$$

的数量级中寻找。若按照这个方法来计算，则需要耗费大量的时间。为此，人们在频繁项集的搜索算法设计上，尽量采用更为精巧的方式，以减少搜索空间。

Apriori[⊖]算法是最先出现的频繁项以及关联规则的挖掘算法。Apriori 算法，顾名思义，即在搜索解空间时采用了一些先验的原则："频繁项集的所有非空子集也必须是频繁的"，或"非频繁项集的超集必定也是非频繁的"。基于 Apriori 原则，其算法的实现过程是通过对数据集进行多次读取来完成的：

1）第一步通过扫描所有的数据筛选出满足最小支持度条件的频繁 1 项集；

2）以第一步中找出的频繁 n 项集作为"种子集（Seed Set)"，再次扫描数据并根据实际数据生成 $n+1$ 个备选项集（这个过程又称为"备选项生成"过程)；

3）基于"Apriori 原则"过滤出频繁 $n+1$ 项集；

4）以此类推直至所有的频繁项集被找到。

上述只是描述了 Apriori 算法的基本过程，其算法的具体实现过程如下：

```
Algorithm Apriori(T)
    C1 ← init-pass(T);                              // 识别出所有的项
    F1 ← {f | f ∈ C1, f.count/n ≥ minsup};          // 根据最小支持度筛选出频繁 1 项集
    for (k = 2; Fk-1 ≠ ∅; k++) do
        Ck ← candidate-gen(Fk-1);                   // 筛选出所有的 n 项集（n>=2）的备选项
        for each transaction t ∈ T do               // 遍历备选的 n 项集选项
            for each candidate c ∈ Ck do            // 所有的事务，统计其频数
                if c is contained in t then
                    c.count++;
            end
        end
        Fk ← {c ∈ Ck | c.count/n ≥ minsup}          // 筛选出满足最小支持度的频繁项
    end
    return F ← ∪k Fk;                               // 返回所有的频繁项集

Function candidate-gen(Fk-1)
    Ck ← ∅;
    forall f1, f2 ∈ Fk-1                            // 遍历 n 项集中的所有项
        with f1 = {i1, … , ik-2, ik-1}              //f1 和 f2 分别是两个不同的子项集
        and f2 = {i1, … , ik-2, i'k-1}
        and ik-1 < i'k-1 do
            c ← {i1, …, ik-1, i'k-1};               // 连接步：将 f1 和 f2 项集合并
            Ck ← Ck ∪ {c};                          // 将合并项作为候选频繁项集
            for each (k-1)-subset s of c do         // 剪枝步：确保 f1 和 f2 项集合并项集的 //
                if (s ∉ Fk-1) then                  子项集已经包含在候选项集中，否则合 //
                    delete c from Ck;               并项集不作为候选项集
            end
    end
    return Ck;                                      // 返回所有的候选项集
```

⊖ R. Agrawal and R. Srikant. Fast algorithms for mining association rules in large databases. Research Report RJ 9839, IBM Almaden Research Center, San Jose, California, June 1994。

FP-Growth[⊖]算法是另一个经典的频繁项的挖掘算法。该算法的提出是基于以下几个方面的考虑：

1）既然频繁项是算法的挖掘目标，则在数据读取时通过一次的数据扫描（Data Scan）就将各个项的频数（Frequency Count）统计出来；

2）采用树的结构将有效信息保存，既能支持算法的高效运行，也能避免后续再次读取数据（Apriori 算法每次备选项的生成过程都需要再次读取数据）；

3）通过累加频繁项的频数，将具备相同频繁项的事务合并；

4）若事务间有共同的频繁子项，可以将共同的频繁子项通过累加频数进行合并。

为此，可以构建频繁模式树（Frequent-Pattern tree，FP tree）的数据结构来存储相关的信息：

1）以 null 为树的根节点，项作为子节点或子树，并且生成频繁项指针（Frequent-Item-Header）表，如图 4-1 所示；

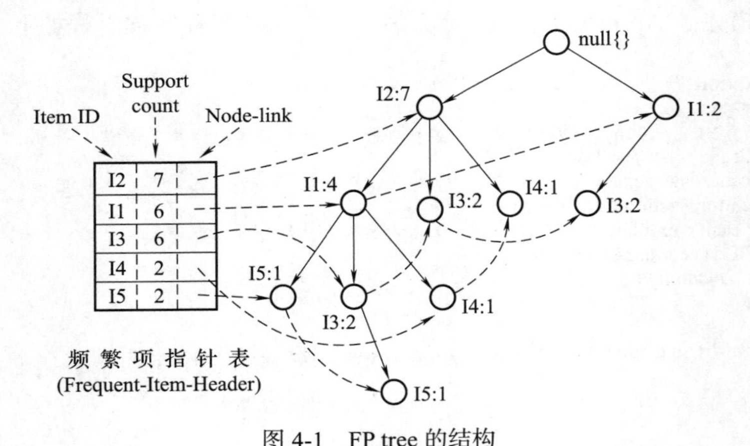

图 4-1　FP tree 的结构

2）树中的每一个节点包含 3 个主要信息：项名称或项 ID（标识每一个项），累加的频繁项的频数（所有经过该节点的事务的计数），以及指向另外一个节点的指针。

频繁模式树的构建算法的主要过程如下。

1）将所有事务的数据读取一次，按照支持度的排名将单个项进行倒序排序，存放在列表 FList 中；

2）生成根节点，遍历每一条事务数据 Trans，完成以下操作：

- 针对 Trans 中项集，按照 FList 的顺序进行排序，生成转换后的 Trans 项集 [p|P]，其中 p 是首项，P 是其他项。
- 将 [p|P] 的所有项逐次插入树 T 中，其过程是，如果 T 中已经有了子节点 N 且

⊖ Jiawei Han, Jian Pei, Yiwen Yin, Runying Mao: Mining Frequent Patterns without Candidate Generation: A Frequent-Pattern Tree Approach. Data Min. Knowl. Discov. 8(1): 53-87 (2004)。

N.name = p.name，则将 N 的频数加 1 即可；如果没有对应子节点，则给树创建相应的节点且将频数设置为“1”；逐次递归完成 [p|P] 所有节点的插入。

上述过程与我们常见的桑基图的生成过程非常相似。基于 Frequent-Pattern tree 来完成频繁项的挖掘，则是通过 FP-Growth 算法来完成的。

```
Procedure FP-growth(Tree, α)
{
    if Tree contains a single prefix path
    then {
        let P be the single prefix-path part of Tree;
        let Q be the multipath part with the top branching node replaced by a null root;
        for each combination (denoted as β) of the nodes in the path P do
            generate pattern β ∪ α with support = minimum support of nodes in β;
        let freq_pattern_set(P) be the set of patterns so generated;        }
    else let Q be Tree;
    for each item a_i in Q do {
        generate pattern β = a_i ∪ α with support = a_i.support;
        construct β's conditional pattern-base and then β's conditional FP-tree Tree_β;
        if Tree_β ≠ ∅
        then call FP-growth(Tree_β, β);
        let freq_pattern_set(Q) be the set of patterns so generated;        }
    return(freq_pattern_set(P) ∪ freq_pattern_set(Q) ∪ (freq_pattern_set(P)
        × freq_pattern_set(Q)))
}
```

FP-Growth 算法的主要过程可以认为是基于 FP tree，逐个分支进行遍历，找到频繁项，如图 4-2 所示。

本节采用了 Philippe Fournier-Viger 教授收集和实现的关于频繁模式、序列分析等算法库 SPMF[1]来实现相关的示例，并应用 Python 做了算法库使用上的改进。本节采用 Kaggle 上 Acquire Valued Shoppers Challenge[2]的数据集作为数据源，表 4-3 所示为示例数据。

表 4-3 Acquire Valued Shoppers Challenge 数据示例

	id	chain	dept	category	company	brand	date	productsize	productmeasure	purchasequantity	purchaseamount
0	86 246	205	7	707	1 078 778 070	12 564	2012-03-02	12.0	OZ	1	7.59
1	86 246	205	63	6 319	107 654 575	17 876	2012-03-02	64.0	OZ	1	1.59
2	86 246	205	97	9 753	1 022 027 929	0	2012-03-02	1.0	CT	1	5.99
3	86 246	205	25	2 509	107 996 777	31 373	2012-03-02	16.0	OZ	1	1.99
4	86 246	205	55	5 555	107 684 070	32 094	2012-03-02	16.0	OZ	2	10.38

由于上述数据源是交易明细流水数据且不包含交易事件信息，所以需要按照交易事件重新将数据进行预处理，具体处理过程如图 4-3 所示。

[1] http://www.philippe-fournier-viger.com/spmf/index.php。

[2] https://www.kaggle.com/c/acquire-valued-shoppers-challenge#description。

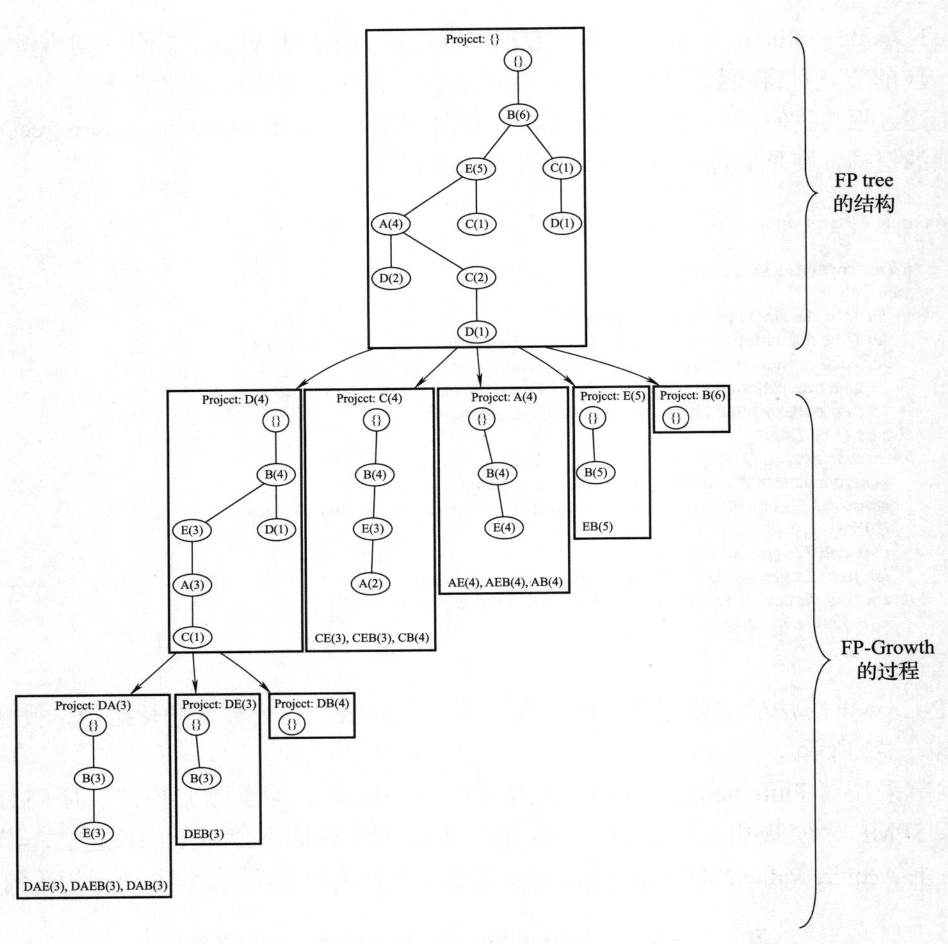

图 4-2　FP-Growth 算法示例[⊖]

字段	含义
Id	客户标识
chain	连锁店标识
dept	购买产品的大类(比如水)
category	购买产品的品类(比如娃哈哈纯净水)
company	厂商标识
brand	商标
date	购买日期
productsize	购买总量
productmeasure	商品规格
purchasequantity	购买单位总量
purchaseamount	购买金额

数据转换

字段	含义
Id	客户标识
chain	连锁店标识
date	购买日期
Items	购买产品品类列表，源数据中category字段的汇总
transaction_id	事务标识，代表一次在给定连锁店中的交易(购买了数个产品)

图 4-3　将交易流水数据按照交易进行汇总

⊖ 读者可以在 wikipage 上看到更为详细的过程说明。https://en.wikibooks.org/wiki/Data_Mining_Algorithms_In_R/Frequent_Pattern_Mining/The_FP-Growth_Algorithm。

上述数据转换过程是通过下面的代码来实现的。

```
import numpy as np
transaction_ids = np.random.randint(1000000, data.shape[0], size=data.shape[0])

grouped=data.groupby(['date','id','chain'])

transaction_index = 0
id,chain,date,transaction,items=[],[],[],[],[]
for name, group in grouped:
    transaction_id = transaction_ids[transaction_index]
    transaction_index +=1
    id.append(group['id'].unique()[0])
    chain.append(group['chain'].unique()[0])
    date.append(group['date'].unique()[0])
    transaction.append(transaction_id)
    items.append(' '.join(group['category'].unique()))

trans_data = pd.DataFrame({'id':id,'chain':chain, 'date':date,'transaction_id':transaction,'items':items})
```

按照算法要求的输入格式，将客户在一次交易事件中的物品生成列表，并为了方便将来使用生成交易事件编码。数据预处理后的结果如表 4-4 所示。

表 4-4　由流水数据产生事务数据的结果示例

	chain	date	id	items	transaction_id
0	95	2012-03-02	100 022 923	9753 9908 9909 4302	2 886 944
1	18	2012-03-02	124 382 752	907 5115 407 5116 421 9909 5710 6305 6320	3 990 166
2	18	2012-03-02	124 389 451	7304 610 5620 3611 5552	2 918 540
3	18	2012-03-02	124 389 532	907 6315 809 5832 4404	1 644 351
4	15	2012-03-02	124 394 093	9753 902 907	7 858 469

其中，chain 是分店编码；date 是交易日期；id 是客户编码；items 是客户购买产品项集；transaction_id 是交易事件 id。

为了方便使用 SPMF 开源算法库（SPMF 只有 Java 的发布）构建 Python 的 Wrapper 类，实现在 Python 环境中调用 JAR 包并将结果返回与展示。Wrapper 实现的基本方法是通过 Subprocess 类库来实现。

```
import pandas
from subprocess import Popen, PIPE
from shlex import split

class SPMFWrapper:
    #call SPMF jar and get the dataframe result
    def execute(self, command):
        # call SPMF jar
        args = split(command)
        p= Popen(args,stdout=PIPE)
        out = p.communicate ()
        print ("\n".join(str(out[0])[3:-3].split('\\n')))

        # Parse the result into dataframe
        patterns, support = [],[]
        with open(self.output_file) as fp:
```

```
            for line in enumerate(fp):
                #Only keep the "pattern" and "support"
                result = line[1][:-1].split('#SUP: ')
                patterns.append(result[0].strip().replace(' ', ','))
                support.append(result[1].strip())
        df = pandas.DataFrame(data={'patterns': patterns, 'support': support})
        df = df.astype(dtype= {"patterns":"str","support":"int64"})
        return df

    #get the the command line for calling SMPF jar
    def make_command(self, algorithm, input_file, output_file, parameters):
        self.output_file = output_file
        return "java -jar spmf.jar run " + algorithm + " " + input_file + " " + output_file + " " + parameters
```

上面的代码为生成 Warpper 类的实例，并调用相关的方法实现相关算法的调用。在下面的例子中，我们调用 Apriori 来实现频繁项的挖掘。

```
resulrt_data = spmf.execute(spmf.make_command('Apriori', 'input_file.txt',
                            'spmf_testfiles/output_files/output_01.txt', '1%'))

/home/frank/Desktop/Develop/Code/Sample/Deloitte/Sequence Analysis/spmf.jar
=============  APRIORI - STATS =============
 Candidates count : 27497
 The algorithm stopped at size 3
 Frequent itemsets count : 240
 Maximum memory usage : 256.341796875 mb
 Total time ~ 221103 ms
===================================================
```

通过画出柱状图体现频繁项的支持度的分布，运行结果如图 4-4 所示。

```
import numpy as np
import matplotlib.pyplot as plt

def display(data,colname,head_count):
    #resize the plot
    plt.rcParams["figure.figsize"] = [16,9]

    data[colname].head(head_count).plot(kind='bar')
    plt.title('Mining Frequent Itemsets')
    plt.xticks(np.arange(head_count), data['patterns'].head(head_count))
    plt.show()


display(resulrt_data, 'support', 30)
```

在很多营销场景中，营销人员关心的不单是交易次数，还有交易量的问题。比如，针对某商品，客户可能会高频购买，但是每次购买的量较小，但是针对某些商品，购买次数很少，但是由于商品特点或客户偏好等原因，实际产生的交易金额较大。从实际带来的收益角度来讲，高频交易与高交易金额的营销都需要深入研究。但是，若只从频繁项分析的方法来看，其只关注了“交易次数较高”的商品，而没有关注“交易金额较高”的商品。为了解决这个问题，人们开发了关注“交易金额较高”的相关算法。

高效能（high_utility）的频繁项相关算法，就是通过挖掘交易明细，寻找能够带来较多收益的频繁项。为此，需要定义一些指标来衡量所谓效能的大小，如 Transaction Utility、Transaction-weighted Utilization 等。Transaction Utility 的计算方法如下：

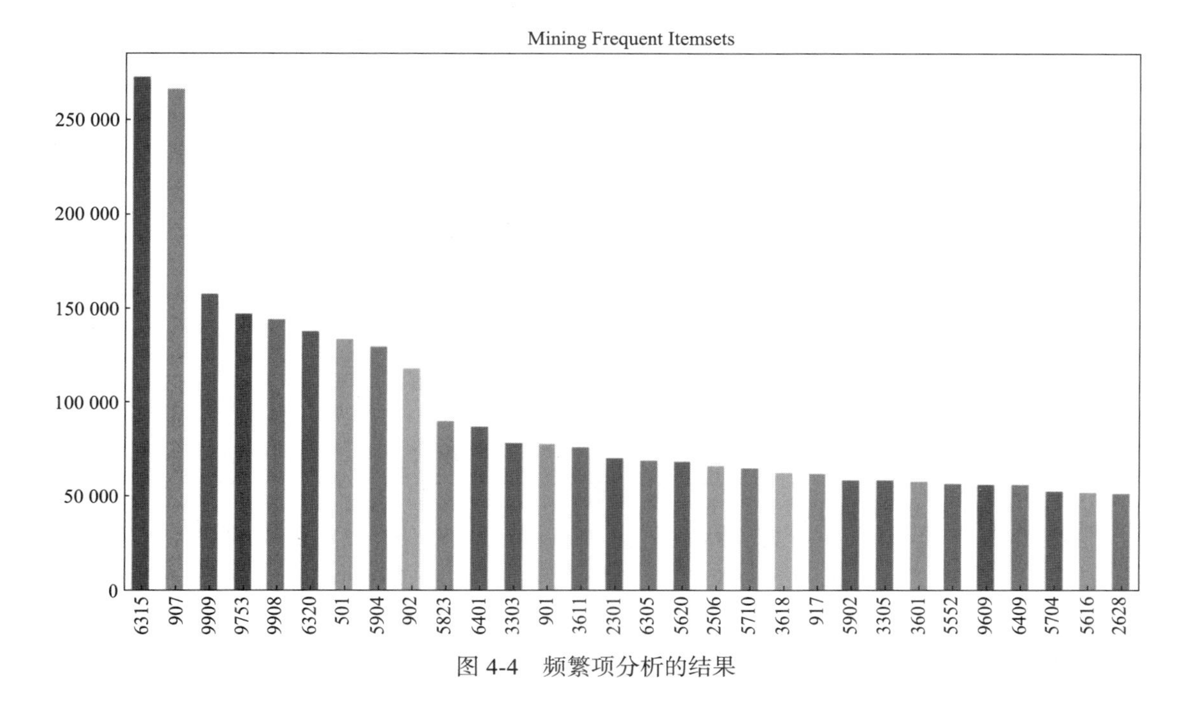

图 4-4 频繁项分析的结果

$$TU(T_q) = \sum_{i_p \in T_q} U(i_p, T_q)$$

其中，i_p 是属于事务 T_q 的项，u 指效能，即项 i_p 的实际收益，通过项的数量 × 项的单位效能计算而来。由上述的公式来看，Transaction Utility 就是由事务包含的项的数量 × 项的单位效能累计而来的。

Transaction-weighted Utilization 的计算则是换了一个角度，从事务包含的项来计算：

$$TWU(X) = \sum_{X \subseteq T_q} TU(T_q)$$

其中，X 是指一个项集，该项集的 Transaction-weighted Utilization 就是将同时出现 X 项集的事务的 Transaction Utility 累加起来即可。高效能的频繁项挖掘相关算法就是在给定 Transaction-weighted Utilization 的情况下，寻找相关的频繁项集。一般情况下，用户需要指定一个 Transaction-weighted Utilization 的阈值。

较早出现的高效能挖掘算法包括 UMining[㊀]、Two-Phase[㊁]、IHUP[㊂]等，其中 Two-Phase

㊀ Yao, H., Hamilton, H. J.: Mining itemset utilities from transaction databases. Data and Knowledge Engineering 59(3), 603-626 (2006)。

㊁ Liu, Y., Liao, W.K. and Choudhary, A.N.: A two-phase algorithm for fast discovery of high utility itemsets. In: Proc. 9th Pacific-Asia Conf. on Knowledge Discovery and Data Mining,pp. 689-695. Springer (2005)。

㊂ Ahmed, C.F., Tanbeer, S.K., Jeong, B.-S., Lee, Y.-K.: Efficient Tree Structures for High-utility Pattern Mining in Incremental Databases. IEEE Trans. Knowl. Data Eng. 21(12), 1708-1721 (2009)。

算法与 Apriori 算法非常相似，都可以认为是通过遍历和剪枝实现快速寻找频繁项的目的的。

```
Algorithm  : The Two-Phase algorithm
  input  : D: a horizontal transaction database, minutil: a user-specified threshold
  output : the set of high utility itemsets
  Scan the database to calculate the TWU of all items in I;       //Phase 1: 通过遍历事务数据集，通过 TWU 生 //
  P1 = {i|i ∈ I ∧ sup({i}) ≥ minsup};                             成备选项集

  k = 2;
  while Pk ≠ ∅ do
     Pk = itemsetGeneration(Pk-1);
     Remove each candidate X ∈ Pk that contains a (k - 1)-itemset that is not in Pk-1;
     Scan the database to calculate the TWU of each candidate X ∈ Pk;   // 与 Apriori 算法的“剪枝”步
     Pk = {X|X ∈ Pk ∧ TWU(X) ≥ minutil};                                // 骤是非常相似的
     k = k + 1;
  end
  P = ∪k=1...k Pk;        // P : all candidate high utility itemsets
  Scan the database to calculate the utility of each itemset in P;   //Phase 2: 进一步计算项集的 TU
  return each itemset X ∈ P such that u(X) ≥ minutil;
```

利用 SPMF 算法库，可以比较轻松地实现 Two-Phase、IHUP 等算法的调用。下面就是在阈值 Utilit 设置为 10 000 的情况下，通过挖掘 Kaggle 上的 Acquire Valued Shoppers Challenge 数据集，使用 Two-Phase 算法所得到一个结果片段。

```
0 103 104 201 214 302 410 501 807 1206 3601 5834 6315 6401 6408 #UTIL: 10085
0 103 104 201 214 302 410 501 807 1828 3601 5620 5834 6401 6408 #UTIL: 10106
0 103 104 201 214 302 410 501 807 1828 3601 5834 6315 6401 6408 #UTIL: 10077
0 103 104 201 214 302 410 501 807 1905 3601 5620 5834 6401 6408 #UTIL: 10085
0 103 104 201 214 302 410 501 807 1905 3601 5834 6315 6401 6408 #UTIL: 10056
0 103 104 201 214 302 410 501 807 2105 3601 5121 5834 6401 6408 #UTIL: 10006
0 103 104 201 214 302 410 501 807 2105 3601 5620 5834 6401 6408 #UTIL: 10125
0 103 104 201 214 302 410 501 807 2105 3601 5834 6315 6401 6408 #UTIL: 10096
0 103 104 201 214 302 410 501 807 2407 3601 4302 5834 6401 6408 #UTIL: 10126
0 103 104 201 214 302 410 501 807 2407 3601 5121 5834 6401 6408 #UTIL: 10157
```

高效能的频繁项的挖掘结果若要转换为业务决策，需要通过将相似频繁项进行合并，然后通过业务解读得出“哪些项的组合是能够带来较大收益”的洞察，从而指导具体的业务。将相似频繁项进行合并用到的方法可以是频繁项的统计、聚类等。

4.2.3 关联规则的挖掘

通过频繁项集的挖掘可以回答“哪些项集是满足给定指标的要求下频繁出现的”，在营销领域这些信息比较适合用于统计及整体营销策略方向的制定等。但是落实到基于该信息做出具体的营销活动策略时，就需要应用项之间的关联关系，如“当客户购买 A，B 产品时，还会经常购买哪类产品”，来做出推荐决策。此时，可以通过关联规则（Association Rule）的挖掘来实现。

关联规则的挖掘是基于频繁项的挖掘来完成的，所以，频繁项挖掘往往是关联规则挖掘的前置步骤。有了频繁项的挖掘结果，关联规则就是针对每一个频繁项集 f，针对其每一个子集 α，产生一条关联规则：

$$(f-\alpha)\to\alpha$$

并且该规则满足：

$$\text{confidence}=\frac{\text{count}(f)}{\text{count}(f-\alpha)}\geqslant \text{minconf}$$

即频繁项集的“拆分”就产生一个关联规则。在实际的使用中，需要指定支持度和置信度等关键信息才能生成关联规则。具体的关联规则的表现形式如下：

实物贵金属，高流动性理财产品 => 账户贵金属（support = 2.5%,confidence = 60%）

其中，{实物贵金属，高流动性理财产品，账户贵金属}是一个频繁项集，基于此就可以产生数个关联规则。上述例子中“账户贵金属”就是一个结论。基本的关联规则的生成算法如下：

```
Algorithm genRules(F)                                          //F 是所有的频繁项集
    for each frequent k-itemset f_k in F, k ≥ 2 do
        output every 1-item consequent rule of f_k with confidence ≥ minconf and
        support ← f_k.count/n                                  // 以关联规则输出结论只包含一项为例
        H_1 ←{consequents of all 1-item consequent rules derived from f_k above};
        ap-genRules(f_k, H_1);                                 // 生成结论是一项的各种可能的备选规则，//
    end                                                        并基于此产生关联规则

Procedure ap-genRules(f_k, H_m)                                // Hm 是结论包含 m 项结论
    if (k > m + 1) AND (H_m ≠ ∅) then
        H_m+1← candidate-gen(H_m);                             // 生成结论是 m+1 项的各种可能的备选规则
        for each h_m+1 in H_m+1 do                             // 筛选出满足支持度和置信度条件的规则
            conf ← f_k.count/(f_k − h_m+1).count;
            if (conf ≥ minconf) then
                output the rule (f_k − h_m+1) → h_m+1 with confidence = conf and sup-
                port = f_k.count/n;
            else
                delete h_m+1 from H_m+1;
        end
        ap-genRules(f_k, H_m+1);                               // 循环调用，直到生成所有的规则
    end
```

关联规则的算法逻辑比较简单，但是在具体实现过程中，需要重点考虑如何提高计算效率。下面就是利用 Kaggle 上 Acquire Valued Shoppers Challenge 数据集、FPGrowth_association_rules 算法所得到的关联规则的一个结果。

```
3303 6320  ==> 907  #SUP: 164 #CONF: 0.8
501 5620  ==> 6315  #SUP: 165 #CONF: 0.8009708737864077
5823 6315 9908  ==> 907  #SUP: 165 #CONF: 0.8208955223880597
501 907 9909  ==> 6315  #SUP: 168 #CONF: 0.8442211055276382
501 2506  ==> 6315  #SUP: 171 #CONF: 0.8300970873786407
501 5823 6315  ==> 907  #SUP: 172 #CONF: 0.8
501 907 5823  ==> 6315  #SUP: 172 #CONF: 0.8
907 6320 9909  ==> 6315  #SUP: 181 #CONF: 0.8080357142857143
5823 6315 6320  ==> 907  #SUP: 185 #CONF: 0.8564814814814815
501 907 6320  ==> 6315  #SUP: 215 #CONF: 0.8143939393939394
```

关联规则挖掘结果的应用可以从推荐时的产品组合、推荐时机等方面来考虑。所谓产品组合，即将明星产品组合为一个产品包进行销售与推荐；而推荐时机则是指当客户已经购买了A、B两种产品，根据管理规则客户还可以购买C产品，所以当发现客户已经购买了A、B产品时，即可以确定是C产品的推荐时机。利用关联规则来确定推荐时机，其实是从业务角度将关联规则转换为序列信息，“既然客户已经购买了A、B产品，则其接下来购买C产品的可能性很高”。这种假设在实际应用中也会取得较好的效果，但是从技术分类的角度来讲，序列分析非常适合用于研究营销时机的问题。

4.3 序列模式的挖掘以及应用

频繁项集和关联规则输出的结果并不包含项或事务的顺序信息，但是人们往往需要这种信息帮助做出决策。序列模式（Sequential Pattern）以及后面介绍的序列规则、序列预测等算法旨在研究项或事务的顺序信息。

4.3.1 换种视角观察项间的顺序

频繁项和关联规则的挖掘是从事务的角度试图发现“频繁出现的项集”和“经常被一起购买的产品间的关联（Association）关系”。但是跨事务之间是否存在“购买产品之间是有顺序模式”的？从我们的日常生活经验中很容易能理解购买产品间是存在顺序模式的。比如，你要搬往新居，在此之前需要购买家具，然后购买生活必需品，在之后就是不断购买日常消费品。这些产品间肯定存在如“桌椅、桌布、碗筷、油盐酱醋、蔬菜水果”等这样序列模式。研究序列模式的意义在于发现项之间的顺序关系和规律，这在实际的业务场景中具有巨大的价值。比如，在推荐系统中，就可以基于序列模式的挖掘，做出“当客户已经购买了桌椅、桌布后，下一步就可以推荐碗筷”的推荐决策。读者可能会疑惑，这与关联规则的业务意义是很相似的，那它们之间有无区别？

应用关联规则做出推荐决策时所依据的是如“当客户购买产品A、B时也会经常一起购买C”这样的关联关系；应用序列模式做出推荐决策时所依据则是如“当客户购买产品A、B后，将来也非常有可能会购买C”这样的顺序关系。

从研究的数据形式来比较的话，频繁项集和关联规则是从事务的角度进行研究的；而序列模式则是从序列（Sequence）的角度进行研究的，三者的对比如图4-5所示。

序列模式的正式定义是：在给定序列集中，每个序列由一系列的元素构成，每个元素又由项集构成，在给定的最小支持度的阈值下，挖掘所有的频繁子序列。序列模式引入元素（Element）的定义，即一个序列就是元素的有序列表组成：

$$s = < e_1,e_2,e_3,\cdots,e_r >$$

其中元素是项的集合，即：

$$e = \{i_1,i_2,i_3,\cdots,i_n\}$$

Customer ID	Transaction ID	Items
C1	T1	{1, 5, 6, 4}
C1	T2	{2, 4, 3}
C1	T3	{1, 2, 3, 6}
C2	T4	{3, 4, 7}
C3	T5	{2, 3, 4, 5, 7}

频繁项和关联规则关注的视角

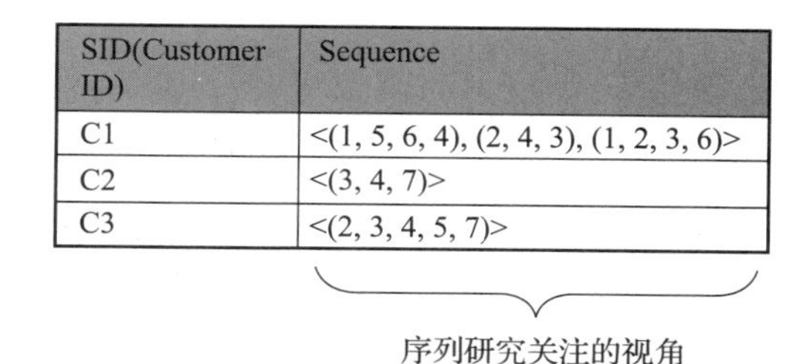

SID(Customer ID)	Sequence
C1	<(1, 5, 6, 4), (2, 4, 3), (1, 2, 3, 6)>
C2	<(3, 4, 7)>
C3	<(2, 3, 4, 5, 7)>

序列研究关注的视角

图 4-5　频繁项集、管理规则与序列研究的视角比较

以图 4-5 为例，元素可以认为是一个个事务，且每个事务包含各自的项集。

不同序列模式挖掘算法对于数据格式的要求是不同的，基于 Apriori 的算法和基于模式生长的算法都要求将数据按照水平的方式来准备，如图 4-5 中右侧表格所示；而基于提前修剪的技术，则是要求将数据按照垂直的方式来准备。所以，上图只是强调两种视角的不同，而算法所需数据的准备则视具体情况而定。

4.3.2 “事无巨细”还是“事有巨细”

序列模式的研究是一个无监督的数据挖掘过程。按照简单直接的想法来说，模型的输出是没有目标值来检验的，所以无所谓模型的好与坏。这种想法是不切实际的。以客户细分模型来说，按道理也是没有目标值来检验模型的好与坏的，但是从实际的业务应用角度来说，“客户细分时所选择的变量已经决定了细分的结果[⊖]”。

序列模式的挖掘同样面临这样的问题，即如何定义序列中的元素。在 4.3.1 节的例子中，元素、事务、项的关系很简单，按照这种简单的对应关系进行序列模式挖掘后预期的结果就是发现项之间的先后关系。若还是以搬新居为例进行序列模式挖掘，可能的结果是发现“桌椅、大米、醋、炒锅”是有一定支持度的序列模式，对应关系如图 4-6 所示。

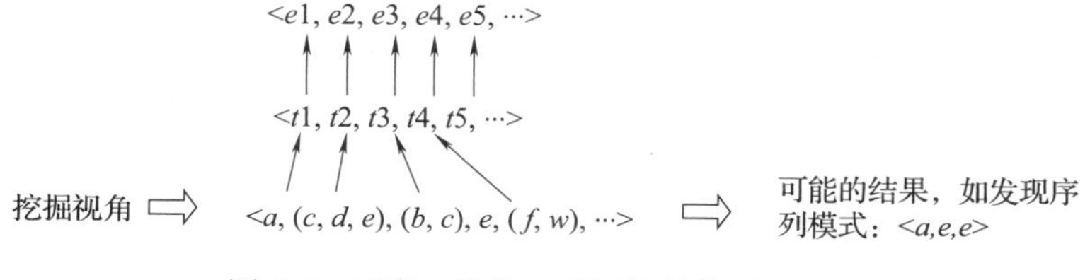

图 4-6　元素、事务、项间简单的对应关系

⊖ 笔者认为，从实际的模型结果来说，若采用客户资产作为细分依据，则细分结果一定是所谓高资产客户、低资产客户等。所以，构建客户细分模型（不论是聚类还是其他的手段）时所采用的变量决定了“你打算从哪些方面来划分客户”。

在实际应用中，根据模型应用目标的不同，还可以考虑对元素的内容进行调整。比如银行客户在进行转账时，若只从“转账”这个单一维度来看客户的交易序列，则只会得到＜转账、转账、转账…转账＞这样的序列。在该序列上进行序列模式挖掘不会得到任何有用的信息。此时，需要从多个维度将转账进行区别与刻画，如图 4-7 所示。这就是序列挖掘中的 Multi-Dimensional 的问题。

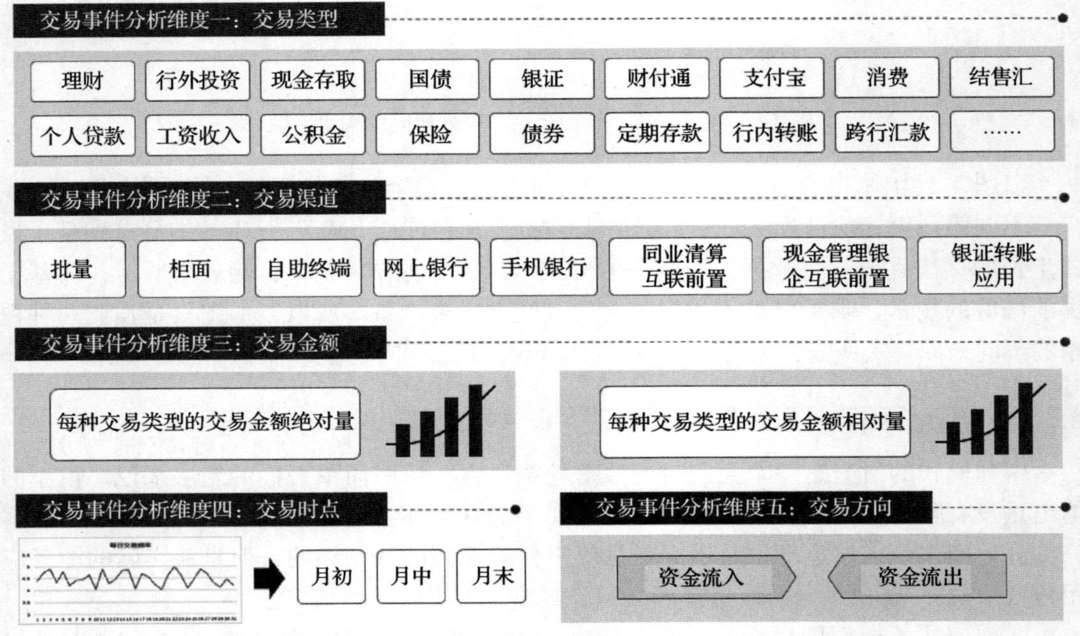

图 4-7　以资金转账为例，引入多个维度对事务进行区别与刻画⊖

引入多个维度对项或事务进行区别与刻画的结果就是将同质的项或事务区别开来，按照不同的项或事务来看待。比如，序列＜转账、转账、转账…转账＞就可以变成＜月末大额转出、月中小额消费、月中小额消费…月初大额转入＞，通过对该序列的挖掘就能发现资金转入转出的规律。

在实际应用中还会遇到项或事务类别太多的情况，基于此进行序列挖掘时计算的消耗较大且应用价值有限。比如研究客户在网页上的行为序列，客户可能的点击序列是＜浏览、搜索、浏览、浏览、浏览、跳转、跳转、浏览、关闭…＞等。若针对这种序列直接进行序列模式挖掘，所得到的结果很有可能只是常识，即客户普遍（较高的支持度）的行为序列是＜浏览、浏览、浏览…＞。这种结果对于实际业务没有任何价值。此时，就需要将元素、事务、项的关系进行调整，按照实际的业务需求将研究的重点凸显出来。这就是序列挖掘中的 Multi-Level 问题，如图 4-8 所示。

⊖ 这是我们给某客户所做的资金转账时研究维度的整理，感谢我的同事刘婷婷细致、高效的工作。

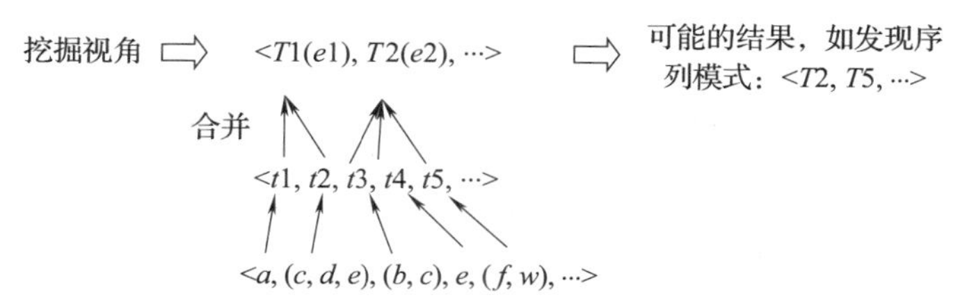

图 4-8　将小事件进行合并等，然后进行序列分析

所谓研究重点是指模型的目标。以网页上的浏览为例，若模型研究的重点是要看“在客户购买某产品之前普遍的行为序列是什么”，那么就可以将“浏览”这种常见的事件按照某种规则进行合并和划分，如浏览品类和次数大于等于 3 的可以定义为“浏览比较”，而小于这个阈值的可以定义为“快速浏览”。这样合并后进行序列模式挖掘结果的业务含义就会大幅提高，如可能的结果就可以是＜搜索，快速浏览，下单＞，此时就可以认为符合这类序列模式的客户是需求明确、相对了解产品的。

序列分析时比较难的地方其实就是我们上述介绍的确定一个好的挖掘视角并为此准备数据。根据实际需求，可以选择“事无巨细”的策略，目的是发现细微的项或事务之间的序列模式；但是在很多情况下，需要采用“事有巨细”的策略，将合适的项或事务进行合并，试图发现关键项或事务之间的顺序关系。

如何确定项或事务的合并策略，笔者通过调查发现 EventPad[㊀]是一个非常好的工具。该软件通过强大的可视化的手段，能够帮助使用者快速得到合并策略，如图 4-9 所示。除此之外，笔者还未看到用统计手段确定合并策略的方法。

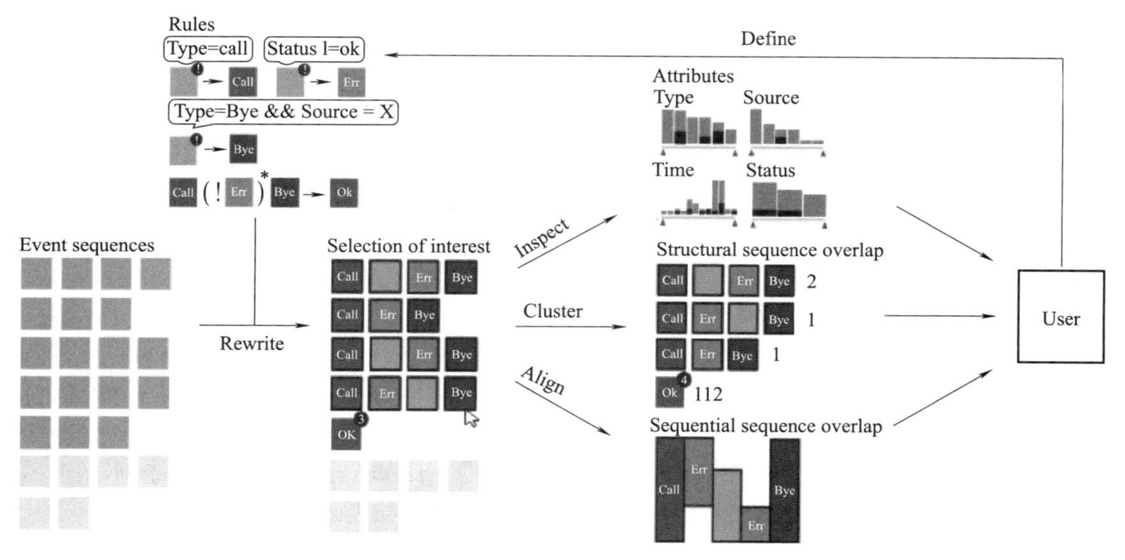

图 4-9　EventPad 对事务进行过滤、合并、挖掘的过程

㊀ http://event-pad.com/#downloads。

利用 EventPad 工具提供的强大的可视化功能，可以较好地实现事务的合并（aggregation）等工作，如图 4-9 所示。读者可以参阅相关的官方文档，这里不再赘述。

4.3.3 序列挖掘的相关算法介绍

应用 Apriori 原则[⊖]进行序列挖掘（算法如 GSP），在实际应用时，有几个问题会严重制约其性能。这些问题包括在构建候选序列时往往会产生巨量的结果；在每一次构建候选序列时都需要对数据读取一次；当序列比较长时，各种可能的序列组合会是指数级地涌现。为此，人们不断在研究和改进相关的算法，目前比较成熟的做法有基于模式生长的方式和基于提前修剪的技术来实现算法。

1. 基于模式生长的思路

PrefixSpan 算法较应用 Apriori 原则的算法在性能上的改善是非常突出的。其最核心的思想就是基于“模式生长”的方式，即按照深度优先的方式，后续序列模式的发现是基于前序发现来进行的。在说明这个算法的计算过程之前，需要从其基本的概念 Prefix 等开始介绍。

（1）前缀（Prefix）

给定一个序列 $\alpha = <e_1, e_2, e_3 \cdots e_n>$，其中 e_i 是序列中元素，序列 $\beta = <e'_1, e'_2, e'_3 \cdots e'_m>$ $(m \leqslant n)$ 满足下面的条件时就可以称之为序列 α 的 Prefix：

- $e_i = e'_i$, 且 $i \leqslant m-1$；
- $e'_m \subseteq e_{m'}$；
- α、β、所有的（$e_m - e'_m$）中序列项（Frequent Item）是按照某种规则来排序的（如字母）。

比如，序列 <a><aa><a(ab)> 都是序列 <a(abc)> 的 Prefix。

（2）后缀（Suffix）

给定一个序列 $\alpha = <e_1, e_2, e_3, \cdots e_n>$，其中 e_i 是序列中元素，序列 $\beta = <e'_1, e'_2, e'_3 \cdots e'_m>$ 是序列 α 的 Prefix，则 $\gamma = <e''_m, e_{m+1}, \cdots e_n>$ 称为 α 在 Prefix β 下的 Suffix，其中 $e''_m = (e_m - e'_m)^2$.

比如，序列 s=<a(abc)(de)a> 的 prefix <a> 下的 Suffix 就是 <(abc)(de)a>.

（3）投影数据（Project Database）

给定序列 $\alpha = <e_1, e_2, e_3, \cdots e_n>$，则序列的项集 $e_1 \cup e_2 \cup e_3 \cup \cdots \cup e_n$ 称之为序列 α 的投影项集。构建投影项集的目的就是明确和缩小序列模式挖掘的搜索范围，PrefixSpan 的核心思想就是“基于目前的模式已经生长出的模式序列数据被递归地投影到较小的序列数据集，在投影数据集中进行模式的挖掘和生长”。比如，若当前的前缀序列是 <a>，基于此前缀序列进行后续挖掘，就可以构建投影数据集，如表 4-5 所示。

⊖ 所谓 Apriori 原则请参见 4.2.2 节中频繁项集部分的介绍。

表 4-5 序列数据的例子⊖

Sequence_id	Sequence
10	〈 *a*(*abc*)(*ac*)*d*(*cf*) 〉
20	〈 (*ad*)*c*(*bc*)(*ae*) 〉
30	〈 (*ef*)(*ab*)(*df*)*cb* 〉
40	〈 *eg*(*af*)*cbc* 〉

针对前缀都是 <a> 的序列集合，就可以构建一个投影项集，如表 4-6 所示。

表 4-6 投影数据集示例

前缀（Prefix）	**投影数据**（Projected Database）
<a>	<(abc)(ac)d(cf)>, <(_d)c(bc)(ae)>, <(_b)(df)cb>, <(_f)cbc>

以表 4-1 为例，PrefixSpan 算法的计算过程如下。

（1）在满足最小支持度的条件下，寻找长度为 1 的频繁序列。比如，第 1 步找到的频繁序列是 <a>,<b>,<c>,<d>,<e>,<f>。

（2）按照第 1 步的结果，将产生 6 个搜索空间，且每一个都是以第一步找到的长度为 1 的序列作为 prefix 继续后续的计算。

（3）以深度优先的方式，挖掘序列模式，具体过程如下：

1）首先以 <a> 为前缀，生成相应的投影数据集 <(abc)(ac)d(cf)>, <(_d)c(bc)(ae)>, <(_b)(df)cb>, <(_f)cbc>。

2）通过扫描投影数据集，得到长度为 1 的序列，结果为 a : 2,b : 4, _b : 2, c : 4, d : 2, f : 2（其中 _b 的意思是给定前缀下以 b 结尾的序列）。据此，得到下一步（长度为 2 的序列）进行序列挖掘的前缀：<aa><ab><(ab)><ac><ad><af>。

3）继续递归挖掘上一步得到的前缀条件下的序列模式，直到找到所有满足最小支持度的序列。

4）分别以 <b><c><d><e><f> 重复上述的三个步骤。

（4）将上述步骤中的所有序列模式整合并返回。

由于避免了多次的候选集的生成过程，取而代之的是模式生长的过程；且在模式生长过程中序列模式的搜索空间采用投影的技术，在没有丢失信息的情况下大幅减少了搜索空间的大小，因此 PrefixSpan 的效率比较高。

⊖ 我们采用了 Prefixspan 算法的论文中的例子：J. Pei, J. Han, B. Mortazavi-Asl, J. Wang, H. Pinto, Q. Chen, U. Dayal, M. Hsu: Mining Sequential Patterns by Pattern-Growth: The PrefixSpan Approach. IEEE Trans. Knowl. Data Eng. 16(11): 1424-1440 (2004)。

目前 Python 环境中 PrefixSpan 算法有一个比较好的实现[1]，其能非常高效地完成相关工作。该算法还支持设置模式长度等一些限制条件（constraint）从而实现模式的定向挖掘。

```
from prefixspan import PrefixSpan

db = [
    [0, 1, 2, 3, 4],
    [1, 1, 1, 3, 4],
    [2, 1, 2, 2, 0],
    [1, 1, 1, 2, 2],
]

ps = PrefixSpan(db)

# Find the patterns with condition: the pattern length is over than 3
ps.topk(5, filter=lambda patt, matches: len(patt)> 3 )

[(1, [1, 1, 1, 3]),
 (1, [1, 1, 1, 3, 4]),
 (1, [1, 1, 1, 4]),
 (1, [1, 2, 2, 0]),
 (1, [1, 2, 3, 4])]
```

2. 基于提前修剪（Early-Pruning）的技术

PrefixSpan 算法的性能明显优于 Apriori 算法，而基于提前修剪技术的算法（如 SPAM[2]等）的性能又明显优于 PrefixSpan。SPAM 算法的特点就是通过树来存储序列模式，在遍历数据时构建树，且同时根据 Apriori 原则修剪树。

SPAM 算法将 ∅ 设为树的根节点，将树上所有的序列视作序列扩展序列（sequence-extended sequence）或项集扩展序列（itemset-extended sequence）。所谓序列扩展序列就是将一个事务（transaction，包括数量不等的项）作为一个节点在父节点上进行扩展；项集扩展序列是将项集作为一个节点在父节点上进行扩展。生成序列扩展序列的过程称为序列扩展过程（sequence-extension step，S_step）；生成项集扩展序列的过程称为项集扩展过程（itemset-extension step，I_step）。比如，对于给定的序列 $s_\alpha = <(a,b,c),(a,b)>$，则 $<(a,b,c),(a,b),(a)>$ 就是 s_α 的序列扩展序列，而 $<(a,b,c),(a,b,d)>$ 就是项集扩展序列。SPAM 树的构建过程如图 4-10 所示。

在 SPAM 算法中，树的每一个生长过程同时需要经过 S_step 和 I_step，以及在这两个步骤的修剪。比如，针对节点 <a>，根据序列数据需要通过 S_step 和 I_step 来增加子节点，相应的序列扩展序列和项集扩展序列分别是：

---

[1] https://github.com/chuancongao/PrefixSpan-py。

[2] J. Ayres, J.E. Gehrke, T.Yiu, and J. Flannick. Sequential Pattern Mining Using Bitmaps. In Proceedings of the Eighth ACM SIGKDD International Conference on Knowledge Discovery and Data Mining. Edmonton, Alberta, Canada, July 2002。

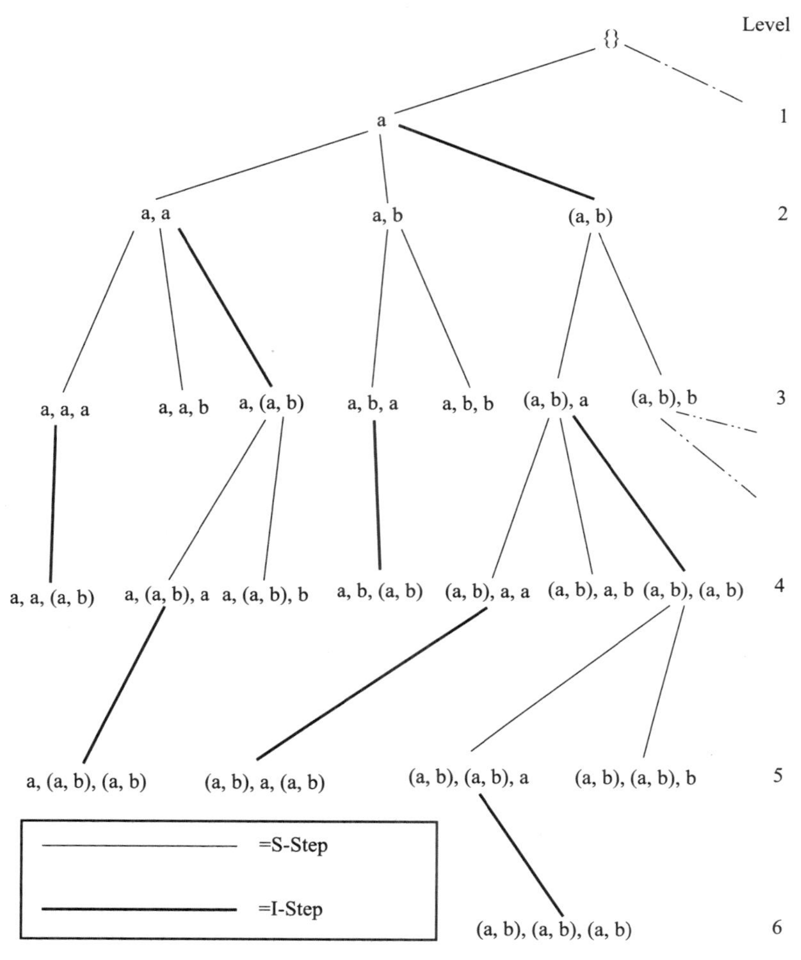

图 4-10　SPAM 树的构建过程示意

$$S_{(<a>)} = < a,b,c,d >$$
$$I_{(<a>)} = < b,c,d >$$

即 a 节点下按照序列扩展可以是 <(a),(a)> <(a),(b)> <(a),(c)> <(a),(d)>，按照项集扩展可以是 <(a,b)> <(a,c)> <(a,d)>。假定 <(a),(c)> <(a),(d)> 按照最小支持度的要求来看是不频繁的，则按照 Apriori 原则，以下序列也将是不频繁的：<(a), (a),(c)><(a), (b), (c)><(a), (a,c)><(a), (b,c)><(a), (a),(d)><(a), (b), (d)><(a), (a,d)> <(a), (b,d)> 等。所以，在节点 <(a), (a)> 或 <(a), (b)>，将不再对包含项 c 和 d 的序列进行 S_step 和 I_step 的处理。这个过程称为 S_step 和 I_step 的提前修剪。提前修剪技术能够大幅减少搜索空间，所以相较于 PrefixSpan 将大量的时间花费在构造投影数据集上，SPAM 算法的效率非常高。

SPAM 算法对数据的要求是将事务中的项按照垂直的方式来准备：数据集中每一列

都是一个项，行是每一个事务，多行构成一个实体（如客户）的序列；在每个事务中，发生过的项取值为 1，否则取值为 0，如图 4-11 所示。

CID	TID	{a}	{b}	{c}	{d}
1	1	1	1	0	1
1	3	0	1	1	1
1	6	0	1	1	1
-	-	0	0	0	0
2	2	0	1	0	0
2	4	1	1	1	0
-	-	0	0	0	0
-	-	0	0	0	0
3	5	1	1	0	0
3	7	0	1	1	1
-	-	0	0	0	0
-	-	0	0	0	0

图 4-11　SPAM 的数据格式要求

SPAM 算法输入数据格式其实构成一个向量，向量的每一行都是一个事务。SPAM 的变种 CM SPAM[㊀]算法、FAST[㊁]算法都是采用这种数据结构，获得了比 SPAM 更好的计算性能。

4.3.4　示例：挖掘购买物品的序列模式

客户是按照何种顺序来进行交易的？能否从众多的客户行为中寻找到一些主要的路径，其体现了大多数客户购买产品的顺序？参照前面介绍的序列模式挖掘技术，读者其实已经了解到这是完全可以做到的。

我们采用 Kaggle 上 Acquire Valued Shoppers Challenge[㊂]的数据集作为数据源，应用 SPAM 算法实现序列模式的挖掘。读取源交易数据的代码如下，其运行结果如表 4-7 所示。

```
import pandas as pd

dtype_dict={"id":"str","chain":"str","dept":"str","category":"str","company":"str","brand":"str"}

data = pd.read_csv('transactions.csv', nrows=999999, dtype=dtype_dict)
data['date']=pd.to_datetime(data['date'])
data.head(5)
```

㊀ Fournier-Viger, P., Gomariz, A., Campos, M., Thomas, R. (2014). Fast Vertical Mining of Sequential Patterns Using Co-occurrence Information. Proc. 18th Pacific-Asia Conference on Knowledge Discovery and Data Mining (PAKDD 2014), Part 1, Springer, LNAI, 8443. pp. 40-52。

㊁ Salvemini E, Fumarola F, Malerba D, Han J (2011) FAST sequence mining based on sparse id-lists. In: Kryszkiewicz M, Rybinski H, Skowron A, Ras ZW (eds) ISMIS, vol 6804 of Lecture Notes in Computer Science, Springer, Berlin, pp 316-325。

㊂ https://www.kaggle.com/c/acquire-valued-shoppers-challenge#description。

表 4-7 Acquire Valued Shoppers Challenge 的数据示例

	id	chain	dept	category	company	brand	date	productsize	productmeasure	purchasequantity	purchaseamount
0	86 246	205	7	707	1 078 778 070	12 564	2012-03-02	12.0	OZ	1	7.59
1	86 246	205	63	6 319	107 654 575	17 876	2012-03-02	64.0	OZ	1	1.59
2	86 246	205	97	9 753	1 022 027 929	0	2012-03-02	1.0	CT	1	5.99
3	86 246	205	25	2 509	107 996 777	31 373	2012-03-02	16.0	OZ	1	1.99
4	86 246	205	55	5 555	107 684 070	32 094	2012-03-02	16.0	OZ	2	10.38

在前面的介绍中已经提及，上述数据源是将每个具体产品的购买都看作序列中项，若直接应用该数据，并没有考虑在“同一个交易事件中各个项之间是没有先后顺序”的业务含义，即同一个 Transaction 中各个 Item 是没有先后顺序含义的。这种情况下，一般的做法是将同一个 Transaction 中各个 Item 按照字母排序，这样做的结果是避免了大量无意义的序列的被挖掘出来。序列规则和序列预测是预测下一个项是什么，所以在按照交易汇总的基础上还需要按照客户来进行汇总，将交易按照时间顺序来排列。图 4-12 所示为整个数据处理的过程。

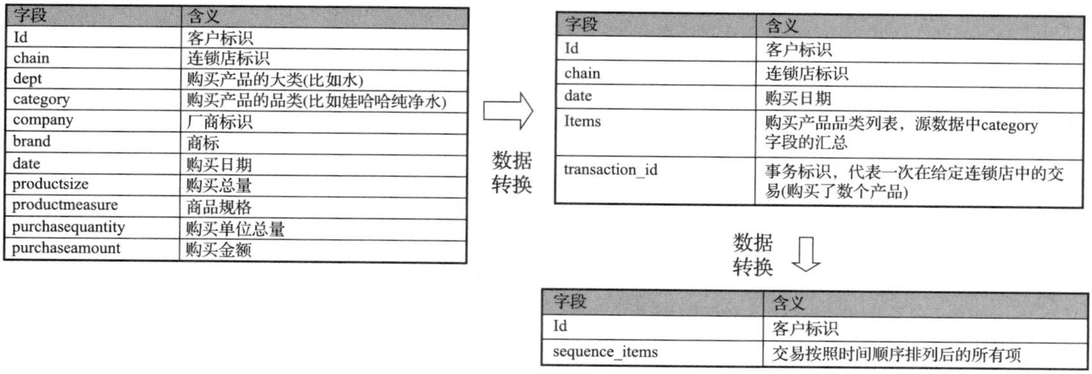

字段	含义
Id	客户标识
chain	连锁店标识
dept	购买产品的大类(比如水)
category	购买产品的品类(比如娃哈哈纯净水)
company	厂商标识
brand	商标
date	购买日期
productsize	购买总量
productmeasure	商品规格
purchasequantity	购买单位总量
purchaseamount	购买金额

数据转换

字段	含义
Id	客户标识
chain	连锁店标识
date	购买日期
Items	购买产品品类列表，源数据中category字段的汇总
transaction_id	事务标识，代表一次在给定连锁店中的交易(购买了数个产品)

数据转换

字段	含义
Id	客户标识
sequence_items	交易按照时间顺序排列后的所有项

图 4-12 序列分析的数据准备过程

由于源数据并不是按照交易来存放数据的，所以首先需要按照“客户”+“连锁店”+“日期”3 个主键来构建一个交易事件：给定日期下客户在连锁店购买了一系列的产品。下面就是上述第一步数据转换的过程。

```
import numpy as np
transaction_ids = np.random.randint(100000, data.shape[0], size=data.shape[0])

grouped=data.groupby(['date','id','chain'])

#convert raw data to transaction data, and the items in one transaction is sorted by alphabetical order
transaction_index = 0
id,chain,date,transaction,items=[],[],[],[],[]
for name, group in grouped:
    transaction_id = transaction_ids[transaction_index]
```

```
        transaction_index +=1
        id.append(group['id'].unique()[0])
        chain.append(group['chain'].unique()[0])
        date.append(group['date'].unique()[0])
        transaction.append(transaction_id)
        items.append(' '.join(group['category'].sort_values().values))

trans_data = pd.DataFrame({'id':id,'chain':chain, 'date':date,'transaction_id':transaction,'items':items})
trans_data.head(5)
```

上述代码的运行结果如表 4-8 所示，主要是生成了 transaction 列以及对应的每个 transaction 中的项的列表。

表 4-8　生成事务数据后的结果示例

	id	chain	date	transaction_id	items
0	12 262 064	95	2012-03-02	227 352	3628 3630 3631 3634 411 411 416 421 6318 7208···
1	12 524 696	4	2012-03-02	480 838	5833 5833 9901
2	12 682 470	18	2012-03-02	282 553	6408
3	13 179 265	14	2012-03-02	589 223	2804 3703 808 830 907 917 9753
4	13 251 776	15	2012-03-02	139 153	2301 2506 2509 2805 2906 3002 3101 3101 3204 3···

然后以客户为主键将交易按照时间排序，将所有交易中的项组成每个客户的序列，并根据算法的数据格式要求准备数据。

```
grouped=trans_data.groupby(['id'])

sequence_index = 0
sequence_id, sequence_items=[],[]
for name, group in grouped:
    sequence_id.append(name)

    group=group.sort_values(by=['date'], ascending=True)
    seqs=[]
    for seq in group['items'].values:
        seqs.append(seq + " -1 ")
    seqs.append("-2")
    sequence_items.append("".join(seqs))

sequence_data = pd.DataFrame({'id':sequence_id,'sequence_items':sequence_items})
sequence_data.head(5)
```

上述代码的运行结果如表 4-9 所示，每个客户的历史购买项都是按照交易的时间顺序来排序的。为了满足 SPAM 算法的要求，采用“－1”作为交易数据间的分隔标志，采用“－2”作为整个序列的结束标志。

基于数据处理的结果可以构建 SPMF Java 算法包的 Wrapper 类，实现在 Python 中调用 Java 并解析其结果的目的。

表 4-9 生成事务数据后的结果示例

	id	sequence_items
0	12 262 064	3628 3630 3631 3634 411 411 416 421 6318 7208…
1	12 277 270	2301 6401 708 805 9753 -1 0 2702 3601 5607 640…
2	12 332 190	3305 3601 418 5133 610 814 901 -1 2619 3402 36…
3	12 524 696	5833 5833 9901 -1 3611 5710 6315 6320 907 9904…
4	12 682 470	6408 -1 2301 2406 2706 2713 2928 2928 3601 361…

```
import pandas
from subprocess import Popen, PIPE
from shlex import split

class SPMFWrapper:

    def __init__(self):
        self.output_file = None

    #call SPMF jar and get the dataframe result
    def execute(self, command):
        # call SPMF jar
        print(command)
        args = split(command)
        p= Popen(args,stdout=PIPE)
        out = p.communicate ()
        print ("\n".join(str(out[0])[3:-3].split('\\n')))

    #get the the command line for calling SMPF jar
    def make_command(self, algorithm, input_file, output_file, parameters):
        self.output_file = output_file
        return "java -jar spmf.jar run " + algorithm + " " + input_file + " " + output_file + " " + " ".join(parameters)

    def get_output(self, output_file=None):
        if (output_file is not None): self.output_file = output_file
        # Parse the result into dataframe
        patterns, Support = [],[]
        with open(self.output_file) as fp:
            for line in enumerate(fp):
                result = line[1][:-1].split('#SUP: ')

                #Seqencen pattern
                patterns.append(','.join(result[0].split(' -1 ')))

                #Support
                Support.append(result[1].strip())
        df = pandas.DataFrame(data={'patterns': patterns, 'Support': Support})
        df = df.astype(dtype= {"patterns":"str","Support":"int64"})
        return df
```

通过上述构造好的 Wrapper 类，调用 SPAM 算法。

```
spmf = SPMFWrapper()

spmf.execute(spmf.make_command('SPAM', '/home/frank/Desktop/Develop/Code/Data/input_file_sequence_rule.txt',
                               'output_05.txt', ['75%', '5']))

java -jar spmf.jar run SPAM /home/frank/Desktop/Develop/Code/Data/input_file_sequence_rule.txt output_05.txt 75% 5
/home/frank/Desktop/Develop/Code/spmf.jar
=============  SPAM v0.97a- STATISTICS =============
 Total time ~ 24114 ms
 Frequent sequences count : 7410
 Max memory (mb) : 152.35202789306647410
minsup 788
===================================================
```

```
result_data = spmf.get_output('output_05.txt')
result_data = result_data.sort_values(by=['Support'], ascending=False)

import numpy as np
import matplotlib.pyplot as plt

def display(data,colname,head_count):
    #resize the plot
    plt.rcParams["figure.figsize"] = [16,9]

    data[colname].head(head_count).plot(kind='bar')
    plt.title('Squence Patterns')
    plt.xticks(np.arange(head_count), data['patterns'].head(head_count))
    plt.show()

display(result_data, 'Support', 30)
```

图 4-13 所示为支持度较高的序列模式，其中 X 轴是发现的序列模式，Y 轴代表它们的支持度。将序列分析的结果图形化展示，桑基图（Sankey diagram）是非常合适的选择。目前来看能够比较快速完成桑基图绘制的工具还不成熟，还需要人们通过代码来做比较多的数据处理才能满足桑基图的数据需求。图 4-14 所示是一个简单的桑基图。

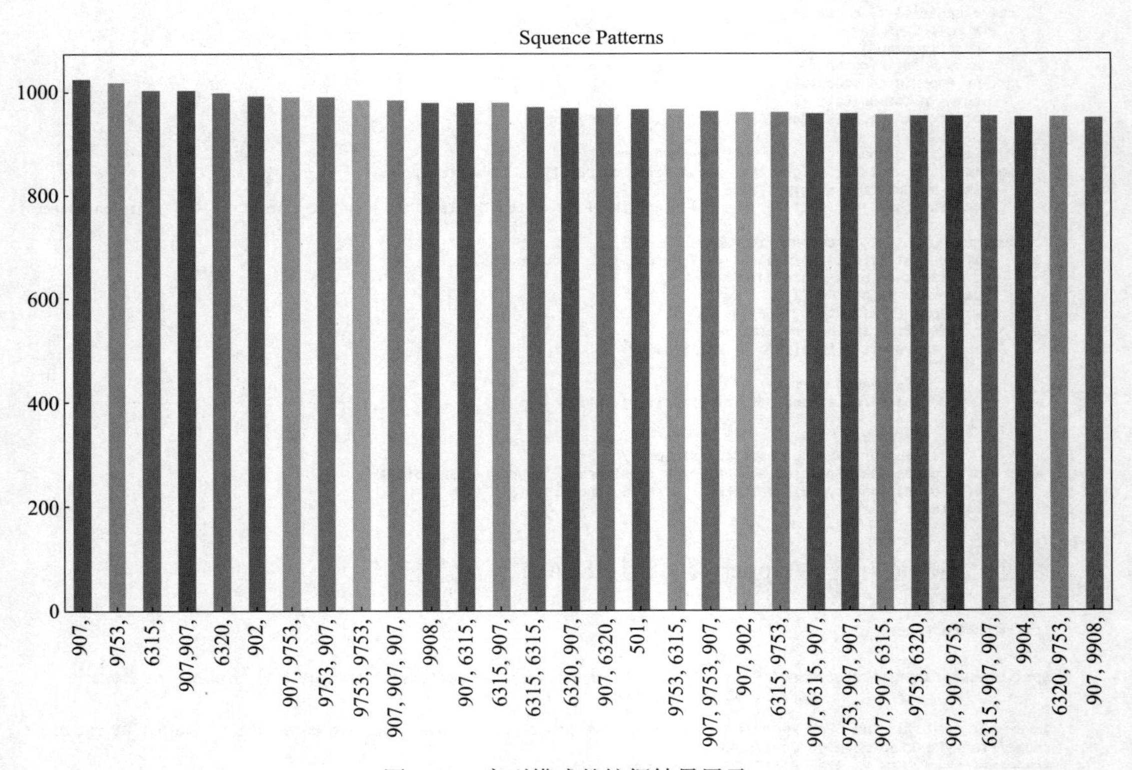

图 4-13　序列模式的挖掘结果展示

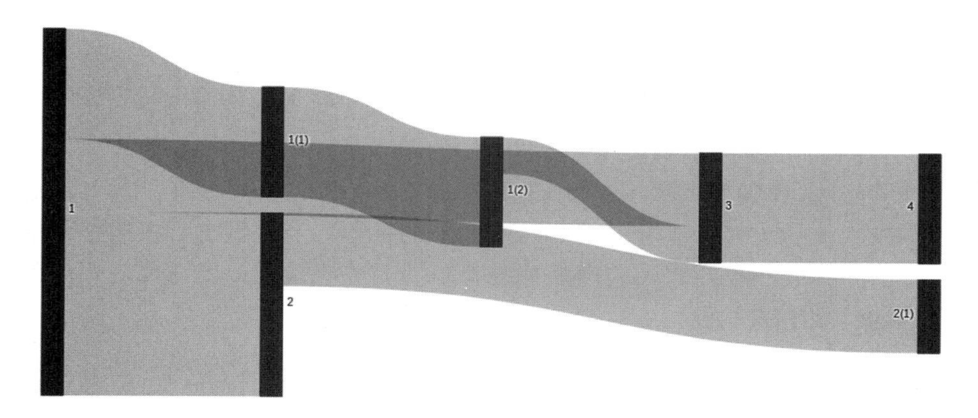

图 4-14　一个简单的桑基图的示例

4.4　序列规则的挖掘以及应用

序列模式挖掘能够发现最频繁出现的序列是什么。从实际业务应用的角度来看，至少可以提供两个层面的信息：通过对挖掘结果的展现，从业务角度进行总结归纳可以得到“最普遍的客户行为模式是什么”；针对给定的频繁序列，其代表的业务含义是什么，基于此如何改进服务水平才能使得客户行为向着更好的方向发展。

第一个层面的信息可以看作描述性分析，可以帮助管理者对全局的客户有较全面的认识；第二层面的信息帮助具体的服务人员制定或改善现有的服务。

4.4.1　将频繁序列通过业务解读转换为行动指南

当我们通过数据挖掘手段得到频繁的序列模式后，下一步的工作就比较有挑战性了：我们需要将模式进行解读，并试图将其转换为行动指南或行动计划。从本质上来讲，这是一个将数据洞察（Insight）转换为决策（Decision）的过程，也是将频繁序列转换为业务应用规则的过程。也就是说，我们需要非常明确地指定“当客户符合这种频繁序列时，我们应该如何对待”，这样才能让营销或服务人员据此进行实际操作。

将频繁序列模式转换为行动计划时，有几个经常遇到的问题需要解决。支持度较高的序列模式往往是常识（common sense），业务人员往往会说，这个不用进行挖掘从业务上判断都知道是如此，序列模式挖掘只是从数据洞察上再次佐证了业务判断而已。遇到这种情况，我们需要与业务人员一起重新确定一下要重点挖掘的方向。笔者曾经在给某银行做一个客户行为的挖掘模型时，首先通过其他的分析手段将客户进行了细分，分离出“资产流失”客群。然后重点研究该客群资产流出的行为模式，最后发现“资产流失趋势明显的大部分高端客户的资金是每月月末都有大额资金流出，而流入资金很小”。

这个发现与业务人员惯性理解的模式——资产流失都是理财产品到期然后大额转出，有明显的不同。这种数据洞察的获得，首先需要通过其他分析手段限定要分析客户的范围和分析结果的业务目标，然后再进行分析所获得的结果的业务含义就非常巨大。同时避免了序列行为模式所获得的结果被误认为是常识的误区。

"当客户符合这种频繁序列时，我们应该如何对待"的业务决策，既可以是服务水平的改善或流程的改善，也可以是产品或服务的推荐。当要做出"根据客户的频繁序列模式而预测其下一个要购买的产品并推荐"的业务决策时，就需要应用序列规则（Sequential Rule）的挖掘手段。

4.4.2 序列规则的挖掘实现行动指南

序列规则挖掘的实质是在序列间找到有前后关系的项集。其表现形式就是 $X \rightarrow Y$，其中X和Y都是项集，且 $X \cap Y = \varnothing$ 并且 $X, Y \neq \varnothing$。$X \rightarrow Y$ 的含义就是当序列X发生时，序列Y将随后发生。与关联规则挖掘类似，序列规则的支持度是指序列规则所命中的序列占所有序列的比例，置信度是指序列规则所命中的序列数与规则前半部分X所命中序列数之比。

$$\text{support}(r) = \frac{|\{s|s \in SDB \wedge r \subseteq s\}|}{|SDB|}$$

$$\text{conference}(r) = \frac{|\{s|s \in SDB \wedge r \subseteq s|}{|\{s|s \in SDB \wedge X \subseteq s|}$$

其中，SDB 是指要进行挖掘的序列数据集合，r 代表序列规则 $X \rightarrow Y$，s 是序列集。

以在关联规则部分介绍的内容为例，序列规则的表现形式与关联规则的表现形式是一致的：

实物贵金属，高流动性理财产品 => 账户贵金属（support = 2.5%, confidence = 60%）

但是关联规则的X内的项集间不考虑先后顺序，而序列规则的X内的项集有先后顺序的含义。基于上述的例子，其含义就是当客户首先购买了实物贵金属，然后再买了高流动性理财产品，则有部分客户（不是客户总数的2.5%，而是所有模式数量的2.5%，这需要具体来换算为实际业务数据）会有60%的概率继续购买账户贵金属。

4.4.3 序列规则的挖掘算法

序列规则的挖掘算法正在受到越来越多的关注。目前，已经有RuleGrowth[㊀]、Cmdeo[㊁]、

㊀ Fournier-Viger, P., Nkambou, R. & Tseng, V. S. (2011). RuleGrowth: Mining Sequential Rules Common to Several Sequences by Pattern-Growth. Proceedings of the 26th Symposium on Applied Computing (ACM SAC 2011). ACM Press, pp. 954-959。

㊁ Fournier-Viger, P., Faghihi, U., Nkambou, R., Mephu Nguifo, E. (2012). CMRules: Mining Sequential Rules Common to Several Sequences. Knowledge-based Systems, Elsevier, 25(1): 63-76。

CMRules㊀、ERMiner㊁等一系列算法。从算法性能的角度来讲，ERMiner 是性能相对比较高的一个算法。

ERMiner 本质上是按照模式增长的思路来设计算法过程的。为此，该算法应用规则等价类（Rule equivalence classes）、规则集合并等方式，使得序列规则的生成能够快速高效地完成。

1. 规则等价类

规则等价类是序列规则的一个抽象集合，又分为左等价类和右等价类。对于规则形式 $X \rightarrow Y$，所谓左等价类是指“左侧的序列相同但是右侧结论不同”的规则集，右等价类是指“左侧的序列不同但是右侧结论相同”的规则集。左等价类的表达是 $LE_{w,i} = \{W \rightarrow Y \mid Y \subseteq I \wedge |Y| = i\}$，其中，$W$ 是序列，I 是序列中的项集集合，Y 是结论，$|Y|$ 代表结论的长度。同样地，右等价类是 $RE_{w,i} = \{X \rightarrow W \mid X \subseteq I \wedge |X| = i\}$。左等价类和右等价类的示例如下，$LE_{\{c\},1} = \{\{c\} \rightarrow \{f\},\{c\} \rightarrow \{e\}\}$，$RE_{\{e,f\},1} = \{\{a\} \rightarrow \{e,f\},\{b\} \rightarrow \{e,f\},\{c\} \rightarrow \{e,f\}\}$。

2. 左 / 右合并

给定左等价类 $LE_{w,i}$ 有两个规则，$W \rightarrow Y_1$ 和 $W \rightarrow Y_2$，并且 $|Y_1 \cap Y_2| = |Y_1 - 1|$，左合并的过程就是合并 Y_1 和 Y_2，得到规则 $W \rightarrow Y_1 \cup Y_2$。相应地，给定右等价类 $RE_{w,i}$ 有两个规则，$X_1 \rightarrow W$ 和 $X_2 \rightarrow W$，并且 $|X_1 \cap X_2| = |X_1 - 1|$，右合并的过程就是合并 X_1 和 X_2，得到规则 $X_1 \cup X_2 \rightarrow W$。

左右合并的组合使用完成模式生长的过程。一个序列规则的获得都可以分解为一系列的左合并与右合并的组合使用过程。比如，规则 $\{a,b\} \rightarrow \{c,d\}$ 就可以分解为两个左合并 $LE_{\{a\},1}$ 和 $LE_{\{b\},1}$ 及一个右合并 $RE_{\{c,d\},1}$ 来完成。

规则等价类和左右合并是 ERMiner 的核心概念基础，如图 4-15 所示，ERMiner 算法就是通过左合并和右合并的组合应用发现序列规则。在整个计算过程中，每一次合并都会基于 Apriori 原则进行修剪，大幅减少搜索的空间。基于此，ERMiner 算法的过程如下：

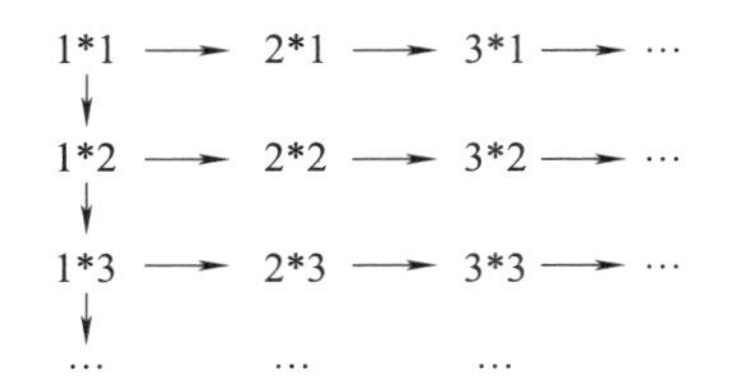

图 4-15 ERMiner 算法通过合并的方式发现序列规则

㊀ Fournier-Viger, P., Faghihi, U., Nkambou, R., Mephu Nguifo, E. (2012). CMRules: Mining Sequential Rules Common to Several Sequences. Knowledge-based Systems, Elsevier, 25(1): 63-76。

㊁ Fournier-Viger, P., Gueniche, T., Zida, S., Tseng, V. S. (2014). ERMiner: Sequential Rule Mining using Equivalence Classes. Proc. 13th Intern. Symposium on Intelligent Data Analysis (IDA 2014), Springer, LNCS 8819, pp. 108-119。

```
Algorithm 1: The ERMiner algorithm
input  : SDB: a sequence database, minsup and minconf: the two
         user-specified thresholds
output: the set of valid sequential rules
leftStore ← ∅ ;
rules ← ∅ ;
Scan SDB once to calculate EQ, the set of all equivalence classes of rules of
size 1*1;
foreach left equivalence class H ∈ EQ do
  | leftSearch (H, rules);                    // 执行左合并
end
foreach right equivalence class J ∈ EQ do
  | rightSearch (J, rules, leftStore);        // 执行右合并
end
foreach left equivalence class K ∈ leftStore do
  | leftSearch (K, rules);
end
return rules;
```

ERMiner 算法首先构建所有项的规则，并基于此执行左合并，将中间结果存放起来（如 leftstore），然后再执行右合并。由于在右合并时还有可能产生新的需要左合并的等价类，所以会再执行一次左合并。

```
Algorithm 2: The leftSearch procedure
input  : LE: a left equivalence class, rules: the set of valid rules found until
         now, minsup and minconf: the two user-specified thresholds
foreach rule r ∈ LE do
  LE' ← ∅ ;
  foreach rule s ∈ LE such that r ≠ s and the pair r, s have not been
  processed do
    Let c, d be the items respectively in r, s that do not appear in s, r ;
    if countPruning(c, d) = false then
      t ← leftMerge(r, s) ;                   // 合并过程中直接修剪
      calculateSupport(t, r, s);
      if sup(t) ≥ minsup then
        calculateConfidence(t, r, s);
        if conf(t) ≥ minconf then
          | rules ← rules ∪ {t};
        end
        LE' ← LE' ∪ {t};
      end
    end
  end
  leftSearch (LE', rules);
end
```

以上述左合并为例，ERMiner 算法在合并过程中直接进行修剪，以减少搜索空间，提升算法效率。

4.4.4 示例：通过客户购买产品的序列推荐合适的产品

在前面的小节中提到“当客户符合这种频繁序列时，我们应该如何对待”的业务决策的做出可以依赖于序列规则的挖掘。从客户购买产品的角度来看，当客户已经购买了若干产品的序列，“接下来可以推荐什么产品”的决策可借助于序列规则的挖掘来实现。

我们采用Kaggle上Acquire Valued Shoppers Challenge[1]的数据集作为数据源，应用ERMiner算法实现序列规则的挖掘。在本例中，数据预处理的过程与4.3.4节中介绍的完全一致，在此不再赘述，读者可以参考4.3.4节中的相关介绍。

数据处理结束，就可以构建SPMF Java算法包的Wrapper类了，实现在Python中调用Java并解析其结果的目的。具体的代码如下：

```
import pandas
from subprocess import Popen, PIPE
from shlex import split

class SPMFWrapper:

    def __init__(self):
        self.output_file = None

    #call SPMF jar and get the dataframe result
    def execute(self, command):
        # call SPMF jar
        print(command)
        args = split(command)
        p= Popen(args,stdout=PIPE)
        out = p.communicate ()
        print ("\n".join(str(out[0])[3:-3].split('\\n')))

    #get the the command line for calling SMPF jar
    def make_command(self, algorithm, input_file, output_file, parameters):
        self.output_file = output_file
        return "java -jar spmf.jar run " + algorithm + " " + input_file + " " + output_file + " " + " ".join(parameters)

    def get_output(self, output_file=None):
        if (output_file is not None): self.output_file = output_file
        # Parse the result into dataframe
        patterns, Support, conference = [],[],[]
        with open(self.output_file) as fp:
            for line in enumerate(fp):
                result = line[1][:-1].split('#SUP: ')
                #Seqencen rule
                patterns.append(result[0].strip())
                #Support
                Support.append(result[1].split('#CONF: ')[0].strip())
                # Conference
                conference.append(result[1].split('#CONF: ')[1].strip())
        df = pandas.DataFrame(data={'patterns': patterns, 'Support': Support, 'conference':conference})
        df = df.astype(dtype= {"patterns":"str","Support":"int64", "conference":"float"})
        return df


spmf = SPMFWrapper()


spmf.execute(spmf.make_command('ERMiner', '/home/frank/Desktop/Develop/Code/Data/input_file_sequence_rule.txt',
                    'output_03.txt', ['75%','50%']))

java -jar spmf.jar run ERMiner /home/frank/Desktop/Develop/Code/Data/input_file_sequence_rule.txt output_03.txt 75% 50%
/home/frank/Desktop/Develop/Code/spmf.jar
=============  ERMiner - STATS ========
Sequential rules count: 38286
Total time: 16274 ms
Candidates pruned (%)196 of 65717
Max memory: 1318.872787475586
==========================================
```

上述代码实现了调用ERMiner算法，并将支持度和置信度分别设置为75%和50%。ERMiner算法的效率非常高，能够在较短的时间内完成序列规则的挖掘。

[1] https://www.kaggle.com/c/acquire-valued-shoppers-challenge#description。

```
resulrt_data = spmf.get_output('output_03.txt')
resulrt_data.head(5)
```

	patterns	Support	conference
0	501 ==> 901	789	0.818465
1	902 ==> 501	885	0.893037
2	501 ==> 902	891	0.924274
3	902 ==> 901	805	0.812311
4	901 ==> 902	798	0.916188

上述代码实现了结果解析并返回一个 DataFrame 方便后续的处理。接下来我们将按照支持度和置信度降序排序，将最流行且概率最高的序列模式显示出来。实现代码如下，其运行结果如图 4-16 所示。

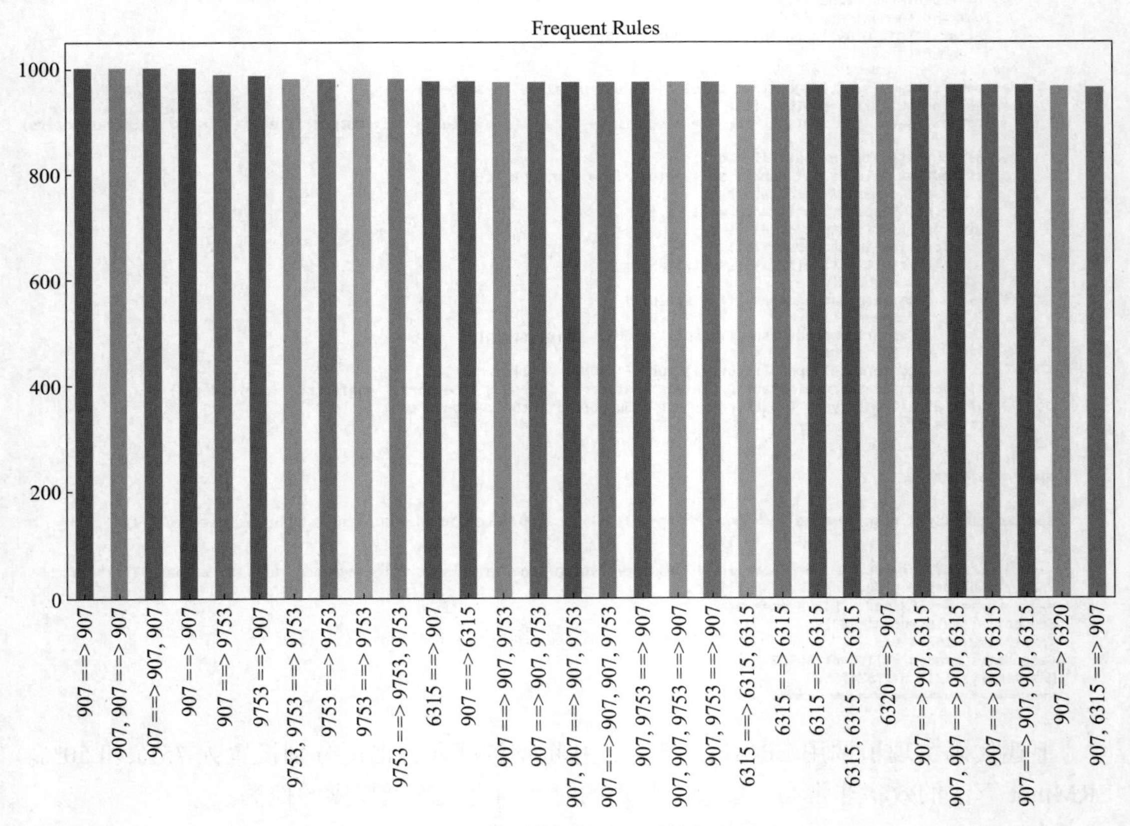

图 4-16　序列规则的挖掘结果展示

```
resulrt_data = resulrt_data.sort_values(by=['Support', 'conference'], ascending=False)

import numpy as np
import matplotlib.pyplot as plt

def display(data,colname,head_count):
    #resize the plot
    plt.rcParams["figure.figsize"] = [16,9]

    data[colname].head(head_count).plot(kind='bar')
    plt.title('Mining Frequent Itemsets')
    plt.xticks(np.arange(head_count), data['patterns'].head(head_count))
    plt.show()

display(resulrt_data, 'Support', 30)
```

在图 4-16 中，我们会发现有一些项在序列规则间频繁出现，这是一个必然的结果：注定存在流行的项，因此序列规则也会支持度较高。在实际应用中，可以通过业务解读将部分序列规则合并，根据业务特点应用最有价值的序列规则。从进一步分析的角度来讲，可以应用类似于文本相似性分析的技术，将序列规则看作一个个短文，在将项进行向量化处理的基础上计算序列规则的相似性，从而对实际业务应用给出有价值的提示。

4.5 序列预测的挖掘以及应用

序列预测（Sequential Prediction）就是预测给定序列中的下一个项，序列预测也称为 Sequence Labeling。序列预测与我们常见的基于观察期、表现期的预测是显著不同的。在第 7 章中，我们对比了两种建模方式的不同，读者可以参阅相关的描述。

4.5.1 序列规则与序列预测的关系

在实际应用中，人们试图通过数据分析得到“客户下一步会做什么”的洞察，并将此应用到业务决策中。序列规则与序列预测都可以对此发挥作用，如图 4-10 所示。

表 4-10 序列规则与序列预测输出形式以及使用场景的说明

客户已经发生的序列	客户下一步会做什么		业务应用
	基于序列规则	基于序列预测	
a,b,c,d	a,b,c,d → e（客户目前的行为可以被上述规则覆盖，且置信度较高）	a,b,c,d → e（预测下一个动作可能是 e）	给客户推荐 e（向上销售）或推荐相似产品（交叉销售）

序列规则与序列预测都是应用过往的历史数据进行学习。序列规则是找出共有模式（满足支持度条件）下发生概率较高的规则，如 A、B 发生后，C 也会发生。序列预测通过学习找到在已知序列的情况下，下一个事件会是什么，如已知 A、B 发生后，接下来会发生什么。

4.5.2 序列预测算法的介绍

隐马尔可夫模型（Hidden Markov Model, HMM）是序列预测中较早应用的算法之一。在很多的序列场景中，有一些事件是不被人们关注的，但确是伴随观察事件在发生。若将文本看作一个序列数据，每个词就可以看作一个个项，则每个词的词性则是一个隐信息（事件），同样是按照序列的方式伴随词出现的。应用隐马尔科夫模型进行词序列预测就是应用隐序列来预测观察量，即应用词性来预测下一个词汇。隐马尔科夫模型在词性标记、语音识别等领域被广泛使用。

马尔科夫链是马尔科夫相关模型的基础，马尔科夫链是指未来一系列可能状态的概率仅仅依赖于前一个状态的随机模型[⊖]。若将所谓“前一个状态”的定义放宽，由“仅仅是一个状态取值”扩展为“连续两个状态取值”，则构成所谓 second order Markov chain。Nth order Markov chain 就是指我们采用了多少个单个前状态来定义一个新的前状态。Nth order Markov chain 在 DNA 测序等应用场景有广泛的应用。

马尔科夫模型的应用前提是使用的场景符合其基本要求（有时又称之为马尔科夫假设）：“未来一系列可能状态的概率仅仅依赖于前一个状态”。若使用场景不符合这个要求，就无法使用马尔科夫相关算法。比如，客户购买日常消费品的序列就是一个不符合马尔科夫假设的问题。虽然 Nth order Markov chain 试图采用更多的前状态信息来预测下一个序列，但是并没有将过往的序列信息都采集在内，这也势必会丢失一些重要的预测信息。

近些年新算法的不断出现使得序列预测模型的性能大幅地提升。在我们第 7 章介绍的 RNN 算法，在序列预测方面在大多数情况下是超过马尔科夫、条件随机场（CRF）等传统算法的。在最近几年出现的 CPT（Compact Prediction Tree）算法的性能也超过了马尔科夫相关算法。CPT 算法需要从 3 个方面进行设计，以提升算法的整体性能：首先需要设计一个将所有序列信息存储起来的高效数据结构；这个结构能够非常高效地被更新；基于这个数据结构可以实现准确的预测。CPT 在训练阶段会将训练数据通过 3 个数据结构全部存储起来，它们分别是 Prediction Tree（PT）、Lookup Table（LT）和 Inverted Index。训练集中的每一个序列都会存储在 3 个结构中，图 4-17 所示为 CPT 算法中存储训练序列的过程及结果的一个示例。

⊖ 参见 5.6 节的介绍。

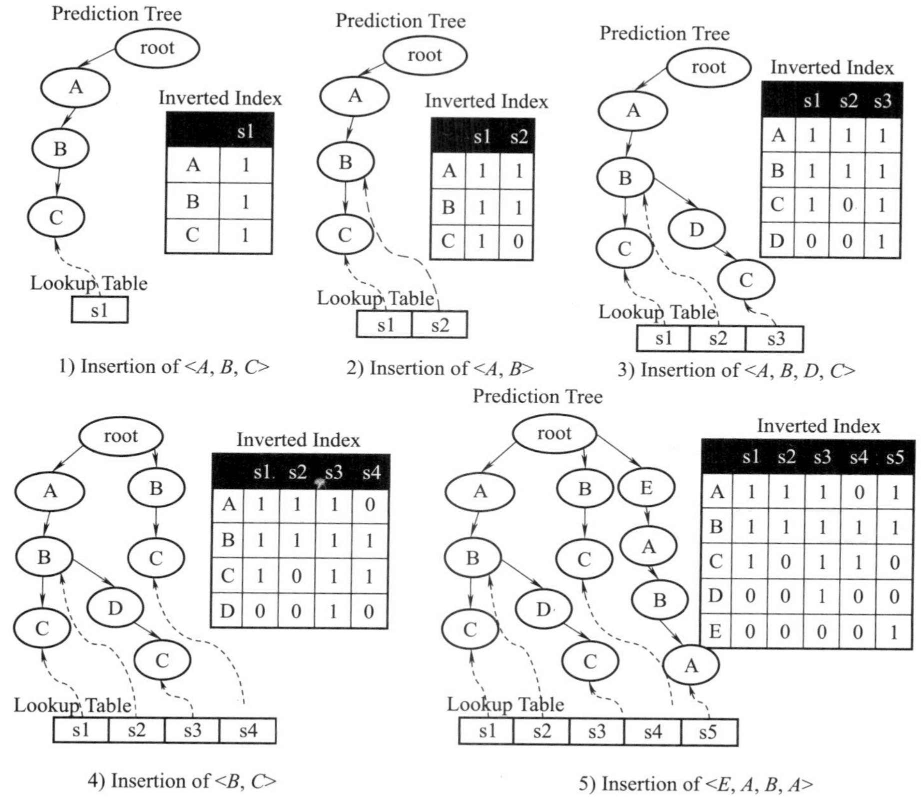

1) Insertion of <A, B, C>　2) Insertion of <A, B>　3) Insertion of <A, B, D, C>

4) Insertion of <B, C>　5) Insertion of <E, A, B, A>

图 4-17　CPT 算法中存储训练序列的过程和结果[⊖]

PT 数据结构保留了所有的训练序列中的信息，且树中的每一个节点就是序列中的一个项；从根节点到叶子节点间的所有路径构成了一个序列；对于前缀相同的序列，则是共用树中的节点和路径。Lookup Table 数据结构是为了能够还原出每个原始序列，并且确保每个序列被寻获的时间是相同的。Inverted Index 是一个稀疏的向量，其行是所有序列中项的集合，列是序列索引号，且当序列中包含某项时取值为 1，否则取值为 0。

CPT 的预测过程依赖于上述 3 个数据结构，并且主要寻找相似序列作为本序列的预测结论。给定序列 $s=<i_1, i_2, i_3\cdots i_n>$，令 $P_y(s)=<i_{n-y+1}, i_{n-y+2}, i_{n-y+3}\cdots i_n>$ 为序列 s 的后缀序列，其中 $1\leqslant y\leqslant n$。若对 s 序列的下一个项，就变成了寻找确定与 $P_y(s)$ 相似的序列，即包括 $P_y(s)$ 所有的项但是顺序可以是不定的。若序列 $u=<j_1, j_2, j_3\cdots j_m>$ 是与 s 序列相似的序列，则可以认为 u 序列中最长的子序列就是 s 序列的结论，最长子序列的表

⊖ Gueniche, T., Fournier-Viger, P., Raman, R., Tseng, V. S. (2015). CPT+: Decreasing the time/space complexity of the Compact Prediction Tree. Proc. 19th Pacific-Asia Conf. Knowledge Discovery and Data Mining (PAKDD 2015), Springer, LNAI9078, pp. 625-636。

达形式是 $\bigcup_{k=1}^{u-1}\{j_k\} \subseteq P_y(s)$ 并且 $1 \leqslant u \leqslant m$。将结论中的所有项的支持度做统计后，返回支持度最高的项作为 s 序列的下一个项的预测值。

CPT 算法的特点是构建一个高效的存储结构，并在此基础上根据序列间的相似性来进行预测。在构建存储结构的同时，也是在构建可以用来进行预测的树状结构以及其辅助信息。可以说，CPT 算法在训练阶段对训练集进行存储的同时也是在构建一个预测模型。为了进一步提升整体性能，CPT 算法通过减少树中枝干的长度（Frequent Subsequence Compression，FSC，即将频繁序列压缩为一个节点）、将没有分叉的枝干合并（Simple Branches Compression，SBC，即将只有一个叶子节点的枝干压缩为一个节点）两个策略，大幅减少了树的复杂度。图 4-18 中展示了 FSC 和 SBC 两种策略应用的效果。

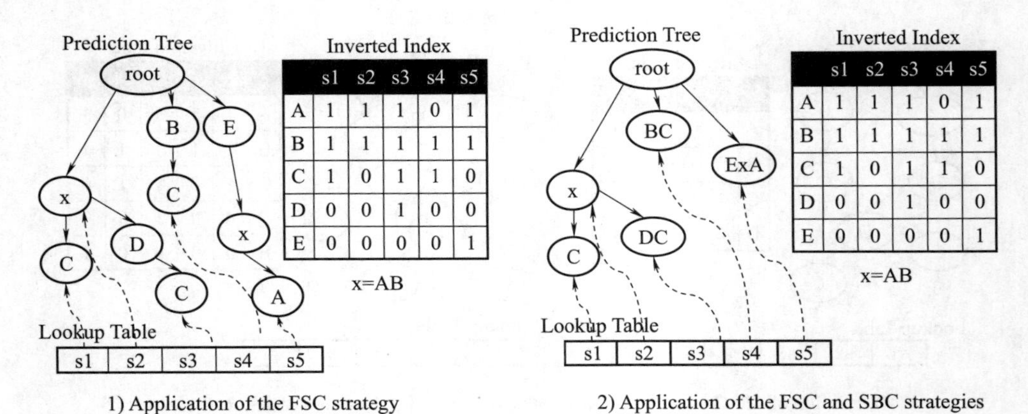

	s1	s2	s3	s4	s5
A	1	1	1	0	1
B	1	1	1	1	1
C	1	0	1	1	0
D	0	0	1	0	0
E	0	0	0	0	1

	s1	s2	s3	s4	s5
A	1	1	1	0	1
B	1	1	1	1	1
C	1	0	1	1	0
D	0	0	1	0	0
E	0	0	0	0	1

图 4-18　CPT 算法对树结构的压缩处理

通过前面介绍的频繁项集、序列规则等的实例代码，相信读者能发现，序列模式分析的结论非常多。CPT 算法试图在预测过程中将支持度较低的项作为噪音来处理，即按照 Prediction with Improved Noise Reduction 策略实现。

4.5.3 示例：客户下一步会做什么

与其他的预测模型的建模思路类似，序列预测模型的建模思路也是“从过往的历史中学习到模式，并在新数据集上进行对未来的预测”。基于传统分类算法做的预测模型，所谓历史是指“那些购买过产品的客户”，分类型预测模型通过监督的过程（算法中会在预测失败后让模型的损失函数取值较大）学习到“那些购买过产品的客户有什么样的共性，可以用来预测别的客户是否也会购买”。

CPT 算法是一个无监督的学习过程，在整个学习过程是“试图学习到历史中哪些序列是如何一起发生的，并用于预测给定序列后接下来会发生什么”。“历史中哪些序列是如何一起发生的”的学习过程是一个对数据的不断总结归纳的过程，如利用 FSC、SBC 策略来构建一个描述序列特征的树状结构。并不是所有的序列预测模型都是无监督的学习的过程，在第 7 章中介绍的 RNN 的相关算法就是典型的有监督的学习过程。

在实际应用预测类模型时，其实从业务角度有一个前提假设：客户间是类似的，所以可以应用购买过产品的客户的数据来训练模型，并应用于对另一批客户的预测。序列预测模型的实际应用也是如此，从一批客户身上学习到序列模式，并应用到另一批客户行为的预测上，这样做的前提假设是这两批客户是类似的。所以，为了提高序列预测模型的实际效果，需要从一开始就先审视一下这个前提假设是否成立。

在图 4-19 中，我们给出了应用序列预测技术的一个客户行为预测方案，该方案在实际的项目中取得了较好的效果。上述方案分为 3 个步骤：从业务的角度对客户进行分类；在第一步分类的基础上分析具有相同业务特征的人群中，尝试进行行为序列的挖掘和预测；将第二步得到的模型应用在对每个客户行为的预测场景中。

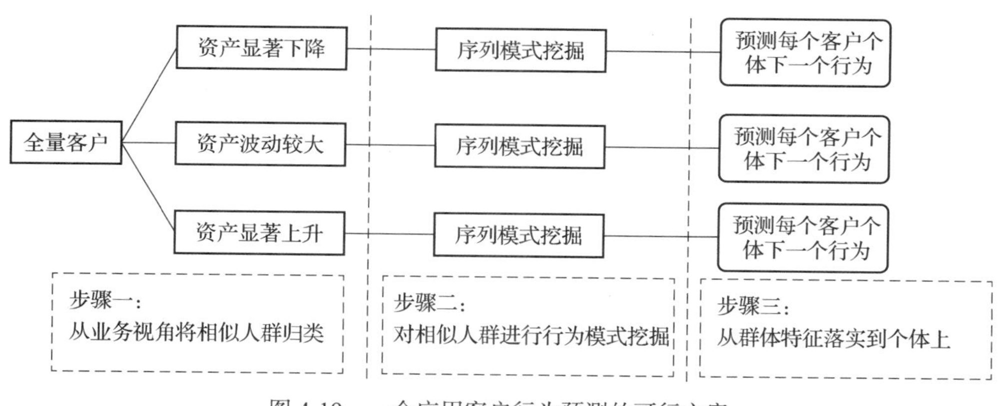

图 4-19 一个应用客户行为预测的可行方案

在本节中，我们将重点展示如何应用 CPT 算法实现客户行为序列的预测，但不讨论客户分类问题[一]。我们仍然采用 Kaggle 上 Acquire Valued Shoppers Challenge[二]的数据集作为数据源，应用 CPT 算法实现“客户下一步会做什么”的预测。同时使用 SPMF 开源算法库的 CPT 算法实现来完成该示例。

与在前面序列规则挖掘的小节中的介绍类似，序列预测也需要同样的处理过程。这里不再赘述，读者可以参考前面 4.3.4 节的相关介绍。

将数据处理结束后作为训练数据存储在硬盘，然后调用 SPMF 算法库中 CPT 算法实现模型的训练和预测。与之前的小节中介绍的内容不同，序列预测模型的构建是两个过程：训练和预测，为了能够使用由其发明者实现的 CPT 算法，我们使用了如下 Java 代码[三]。

[一] 在图 4-19 中，客户资产变化情况的分类是将客户在银行内的资产总额按照时间顺序做一个标准线性回归（standard linear regression），按照 β 系数的取值来判断客户行为的特征。这只是其中一种做法，读者可以参考。

[二] https://www.kaggle.com/c/acquire-valued-shoppers-challenge#description。

[三] 这是本书中唯一的 Java 代码，其他代码都是 Python 代码。

```java
public static String fileToPath(String filename) throws UnsupportedEncodingException{
    URL url = MainTestCPTPlus.class.getResource(filename);
    System.out.println(url.toString());
    return java.net.URLDecoder.decode(url.getPath(),"UTF-8");
}

public static void main(String [] arg) throws IOException{

    // Load the set of training sequences
    String inputPath = fileToPath("input_file_sequence.txt");
    SequenceDatabase trainingSet = new SequenceDatabase();
    trainingSet.loadFileSPMFFormat(inputPath, Integer.MAX_VALUE, 0, Integer.MAX_VALUE);

    // Print statistics about the training sequences
    SequenceStatsGenerator.prinStats(trainingSet, " training sequences ");

    String optionalParameters = "CCF:true CBS:true CCFmin:1 CCFmax:6 CCFsup:2 splitMethod:0 splitLength:4 minPredictionRatio:1.0 noiseRatio:0.4";
    // Here is a brief description of the parameter used in the above line:
    //  CCF:true  --> activate the CCF strategy
    //  CBS:true -->  activate the CBS strategy
    //  CCFmax:6 --> indicate that the CCF strategy will not use pattern having more than 6 items
    //  CCFsup:2 --> indicate that a pattern is frequent for the CCF strategy if it appears in at least 2 sequences
    //  splitMethod:0 --> 0 : indicate to not split the training sequences    1: indicate to split the sequences
    //  splitLength:4  --> indicate to split sequence to keep only 4 items, if splitting is activated
    //  minPredictionRatio:1.0  -->  the amount of sequences or part of sequences that should match to make a prediction, expressed as a ratio
    //  noiseRatio:0.4  -->   ratio of items to remove in a sequence per level (see paper).

    // Train the prediction model
    CPTPlusPredictor predictionModel = new CPTPlusPredictor("CPT+", optionalParameters);
    predictionModel.Train(trainingSet.getSequences());

    validating(fileToPath("input_file_sequence_test.txt"), predictionModel);

}


public static void validating(String csvFile, CPTPlusPredictor predictionModel) {
    BufferedReader br = null;
    String line = "";
    String cvsSplitBy = ",";
    List<Sequence> squence_list = new ArrayList<Sequence>();
    int cnt_customer = 0, cnt_hit_long_term = 0, cnt_hit_15 = 0, cnt_hit_10 = 0, cnt_hit_5 = 0;

    try {
        br = new BufferedReader(new FileReader(csvFile));
        while ((line = br.readLine()) != null) {

            cnt_customer += 1;

            line=line.replace("\"", "");
            String[] items = line.split(cvsSplitBy);

            // Use the five item to predict the next item
            Sequence sequence = new Sequence(0);
            sequence.addItem(new Item(Integer.valueOf(items[0])));
            sequence.addItem(new Item(Integer.valueOf(items[1])));
            sequence.addItem(new Item(Integer.valueOf(items[2])));
            sequence.addItem(new Item(Integer.valueOf(items[3])));
            sequence.addItem(new Item(Integer.valueOf(items[4])));

            // prepare the data
            squence_list.add(sequence);

            // Do the prediction
            Sequence thePrediction = predictionModel.Predict(sequence);

            // Print the prediction result
            String sequence_str = items[0] + " " + items[1] + " " + items[2] + " " + items[3] + " " + items[4];
            System.out.println("Prediction of sequence " + sequence_str + " is (the next symbol): " + thePrediction);

            // count the correct predictions
            String prediction_item = thePrediction.toString().substring(1, thePrediction.toString().indexOf(")"));
            for (int i = 5; i < items.length; i++)
            {
                if (i <10 && prediction_item.equals(items[i])) {cnt_hit_5 += 1; break;}
                if (i <15 && prediction_item.equals(items[i])) {cnt_hit_10 += 1; break;}
                if (i <20 && prediction_item.equals(items[i])) {cnt_hit_15 += 1; break;}
                if (prediction_item.equals(items[i])) {cnt_hit_long_term += 1; break;}
            }
        }


    } catch (FileNotFoundException e) {
        e.printStackTrace();
    } catch (IOException e) {
        e.printStackTrace();
    } finally {
        if (br != null) {
            try {
                br.close();
            } catch (IOException e) {
                e.printStackTrace();
            }
        }
    }
```

```
            System.out.println("Customers " + String.valueOf(cnt_customer));
            System.out.println("cnt_hit_5 " + String.valueOf(cnt_hit_5));
            System.out.println("cnt_hit_10 " + String.valueOf(cnt_hit_10));
            System.out.println("cnt_hit_15 " + String.valueOf(cnt_hit_15));
            System.out.println("cnt_hit_long_term " + String.valueOf(cnt_hit_long_term));

        }
    }
```

上述代码最后输出的模型验证的具体数值如下。

```
Customers 113
cnt_hit_5 9
cnt_hit_10 12
cnt_hit_15 21
cnt_hit_long_term 68
```

在训练模型和验证模型时，我们采用了两组数据，分别代表不同的客户。验证集的加工过程与训练集类似，相关代码不再重复。训练模型和验证模型效果的相关数据如图4-11所示。

表 4-11 模型效果的相关数据

统 计 指 标	取 值
训练集中交易流水数据量	100 000
验证集中交易流水数据量	100 000
训练集中客户数量	90
验证集中客户数量	113
验证集中预测正确的客户数量	100
预测正确客户的预测项在接下来 5 项中发生	9
预测正确客户的预测项在接下来 10 项中发生	12
预测正确客户的预测项在接下来 15 项中发生	21
预测正确客户的预测项在接下来项（大于 15）中发生	68

从整个模型的效果来看，整体的精度（Precision）达到了 $100 \div 113 = 97.3\%$，在实际业务中完全可以应用，即可以应用序列预测的结果做出相应的产品推荐。

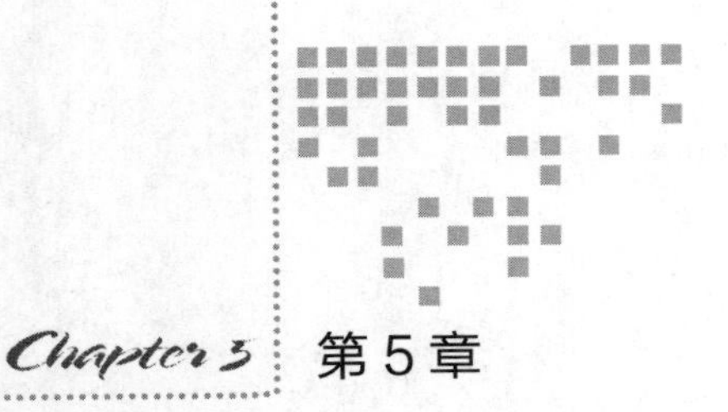

Chapter 5 第5章

应用数据分析做出最优决策

应用数据分析做出最优决策，必定是人工智能发展的下一个阶段的重点领域。目前市场上对最优决策的需求正在大量涌现。在笔者最近参加的一个大数据分析项目中，遇到了一个典型的Prescriptive分析的场景。其需求是银行现在越来越重视数据分析的工作，很多部门都做出了不同的数据挖掘的模型，如针对某产品的营销响应预测、根据客户特征而配套的营销活动等。当这些名单都发布出去的时候，是否要考虑客户是否会被多次营销而效果甚微？营销产品有无重要性的取舍？如何评判营销活动的优先级？其实，这些需求都是典型的Prescriptive分析的场景，分析的过程就是需要引入优化的技术，在满足各种限制的条件下，需求一个最优的推荐方案。所谓限制条件为“一个月内只能对客户营销一次，且一次只能推荐少数几个产品”，或如“花费在客户个体上的营销费用不能超过10元，且营销的总预算只用50万元”等；所谓最优的推荐方案是指在满足限制条件的基础上，寻求给定目标（如收益最大化）的推荐方案。

用于应用数据分析做出最优决策的Prescriptive Analytics的能力包括运筹优化、启发式搜索（Heuristic Search）、仿真（Simulation）等。本章通过深入讨论Prescriptive Analytics的相关技术及实例，与读者一起探讨优化决策的实现及应用。

5.1 Prescriptive分析概述

Prescriptive分析的中文字面意思容易与合规分析混淆。其实这是两个完全不同的概念：Prescriptive Analytics旨在应用数据分析的结果，提供决策建议，回答“应该是什么”或“应该怎么做”的问题；合规分析（Compliance Analytics）主要是监管公司和员工的行为是否符合政府或其他实体的要求。合规分析不是本书的讨论范围。

5.1.1　业务分析的 3 个层次

通过数据分析的实践，将数据分析得出的洞见应用于具体的业务中，并产生实际的效果，是数据分析的意义所在。这个过程不论称为数据分析、数据挖掘，还是业务分析（Business Analytics，BA），其工作的主要内容没有发生变化。在第 1 章中提到的数据分析的几个应用层次，其实也说明了数据分析必须解决实际的业务问题才能发挥作用。

业务分析就是指通过对业务数据继续迭代的研究和探查从而获得洞察、指导商业计划（决策）的一系列技术、方法和实践。相对来讲，业务分析所代表的内涵更贴近业务一些而已。一般认为 BA 包含了 3 个层次，各个层次的作用是不同的，如图 5-1 所示。

图 5-1　BA 的 3 个层次

BA 最为底层的分析是描述性分析，通过对历史数据的研究，获得“发生过什么”“为什么会发生”等洞见。预测性分析是利用数据分析的相关技术对未来做出预测，回答“将来会发生什么”这个问题。Prescriptive Analytics，对未来可能的情况提供解决办法，根据不断变化的现状随时改变策略，还包括评估每种预测从而选择最优决策方案。描述性分析是“事后”的分析，而 Prescriptive Analytics 是“事前”分析，从它们的英文前缀就可以看出端倪。但是中文对“Prescriptive Analytics”的翻译是比较难以体现出“事前”的含义的。

1. 描述性分析

描述性分析旨在回答“过去发生了什么”或“现在正在发生什么”。最为简单的描述性分析就是采用查询的方式来展示过去状态的报表。市面上比较常见的 BI&A 解决方案如 IBM Cognos 系列产品，支持对数据的多维建模、OLAP 服务，最终通过仪表盘和报表来展现统计分析数据。

2. 预测分析

预测分析这个名词在此处是个广义用法，其代表了“利用数据分析的方法寻找问题的原因或者预测未来”的一系列方法。而狭义的预测分析则仅仅是指预测，即利用数据分析的方法，从历史数据中学习模式，并据此来预测未来。狭义的预测分析按照其目标值的不同，可以分为分类型预测分析和估计型的预测分析等。

3. Prescriptive Analytics

如前所述，Prescriptive Analytics是个“事前的分析”，旨在回答“应当采用的最优决策是什么”或者“当采用某种决策时结果将会是怎样”。Prescriptive分析着眼于“应该是什么”或“应该怎么做”的问题，这些问题都是关乎未来的事情。可以说是“事前”（如英文的词根“pre”所表达的意思）的分析。

Prescriptive分析所涉及的技术，包括优化技术、模拟技术、搜索技术以及构建专家系统、构建知识管理系统等方面。实现Prescriptive分析，如同Prescriptive技术所处的分析的层次那样，需要数据、描述分析、预测分析等方面的输入，并且往往不是一个模型所能解决的。

5.1.2 为什么需要Prescriptive分析

从历史数据中应用数据分析的技术得到洞见，对后续的决策具有重大的参考或指导意义。比如，细分模型对客户群体的准确刻画，可以帮助企业设计更为精准的营销活动；响应预测模型可以使得“投入少量的营销资源而达到较好结果”成为现实；基于图分析的模型，使得客户间的关系网络得到准确的展现，这使得批量营销有了非常好的切入点；文本分析得到客户准确的态度和倾向，接下来如何对待客户的关切点可以变得更为精准。

但是，从洞见直接转换为行动（Action），需要做出决策才能继续。比如，针对响应预测模型给出的高响应率的营销名单，是否进行营销、何时营销、通过哪个渠道进行营销、营销时配套何种活动等问题，都需要做出决策。正如Gartner的一个图所显示的那样，Insight与Action之间需要Decision[⊖]，如图5-2所示。

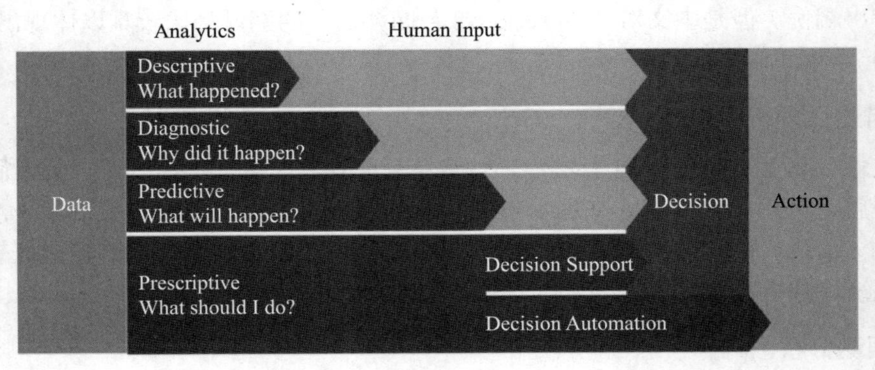

图5-2 Insight和Action之间需要Decision

如前所述，Prescriptive分析重点解决“应该怎么做”的问题，即得到各种分析的结

⊖ Gartner, Lisa Kart, Alexander Linden, W. Roy Schulte, “Extend Your Portfolio of Analytics Capabilities”, 2013/9/23。

论后（描述性分析、预测分析等），做出“下一步如何做”的决策。这是 Prescriptive 分析的重点和意义所在。

5.1.3 什么时候需要 Prescriptive 分析

Prescriptive 分析重点解决决策的问题，但是决策也可以分为 3 个级别，分别对应不同的重要性和服务对象，如图 5-3 所示。

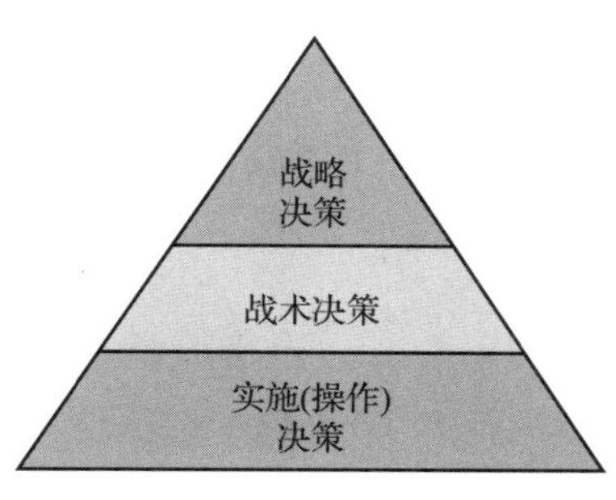

图 5-3 3 个不同级别的决策

1. 战略层级的决策

战略层级的决策往往有巨大的价值，影响也最大。在企业中，往往是由公司的最高管理层来做出。在做出这样的决策时，往往要考虑很多因素，但是决策一旦做出，在短期内就不会改变。比如说，公司的最高管理层制定年度增长目标为 5%。

2. 战术层级的决策

战术层级的决策主要是指在管理层面的决策。比如说，市场部经理为了实现年度 5% 的增长目标而制定了一系列的业务推广方式。某个产品的打折方式，就是一个典型的战术层的决策。战术层的决策的变化频率也较低，产品的打折方式不会每天都变，而是一段时期之后才会因调整而发生变化，这些调整或因公司政策的变化，或者经过数据分析发现之前的决策并不明智。

3. 实施层面的决策

实施层面的决策是最为底层、琐碎的决策，对单个客户或者单个交易具有影响。在实际情况中，给客户推荐哪种产品、针对给定的单笔交易是否有欺诈等都需要操作人员做出决策。

从决策的数量来讲，实施层面的决策每年可能会做出很多个，这些数量庞大的决策产生的累积效应最终决定了战略层决策的实现与否。所以说，虽然战略层的决策具有巨大的影响，但是实施层面的决策也非常重要。

操作层面的决策在无时无刻地被做出；战术层面的决策则是在一段时期内做出一些调整和改变，给操作层面的决策制定出新的标准和准则；战略层面的决策是操作决策和战术决策的总指导，其根据动态变化的市场环境和自身运行状况做出改变，以应对机遇和挑战。比如，根据竞争对手的一些策略，可以相应地做出一些战略决策。图 5-4[⊖]则体现了 3 种决策之间相互影响的关系。

⊖ 《Decision Management Systems: A Practical Guide to use Business Rules and Predictive Analytics》, James Taylor, IBM Press, 2012, page 54。

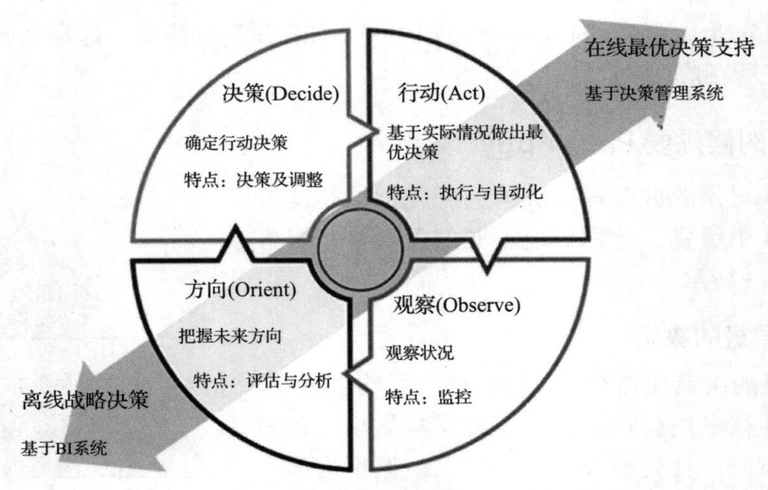

图 5-4　从战略决策到操作决策的决策周期

在图 5-4 中，最为主要的是体现了一个所谓 OODA 的模型。OODA 就是 Observe-Orient-Decide-Act 这样一个过程。这是一个非常容易理解的模型，在决定方向性（Orient）的问题之前，势必要观察（Observe）周边的情况然后再做出决定（Decide）。剩下的就是具体的实施（Act）了。

Prescriptive 分析服务的决策层级，比较容易实现的是操作决策，目前已经有相关的产品，如 IBM SPSS Analytical Decision Management。其次是战术层级，然后才是战略层级。在操作层面运用 Prescriptive 分析是非常容易马上看到效果的。战略层级的决策，目前较多可以依赖的是描述性分析，对于一个企业来说，实现精准和实时的报表，对于企业的决策至关重要。目前国内的很多企业都意识到了数据的重要性，并且期望首先实现传统的 BI 系统，然后在此基础上进一步做预测分析和描述性分析并服务于企业决策层。这是一个非常好的趋势，大数据的相关技术确保了其实现的可能性。

5.2　确定因素和非确定因素下的决策分析

日常生活中，人们总是无时无刻地做出决策。有些决策很简单，有些决策则需要认真考虑。所谓决策分析就是建立一个分析的流程和框架，使得人们可以基于此进行决策的排列、决策间的对比等，并最终能帮助人们选出一个最优的决策。比如，当有机会可以去外地工作且城市可选时，选哪一个城市较好？不同城市的工资收入是个考量因素，但同时还需要考虑生活成本、发展空间等。

针对这个例子，可以将决策时关心的标准和条件列出来，并且赋予其不同的分值来计算一下。比如有 3 个可选的城市，并且决策者同时关心工资收入、发展空间和生活成本，此时可以构建一个如图 5-5 所示的决策树。

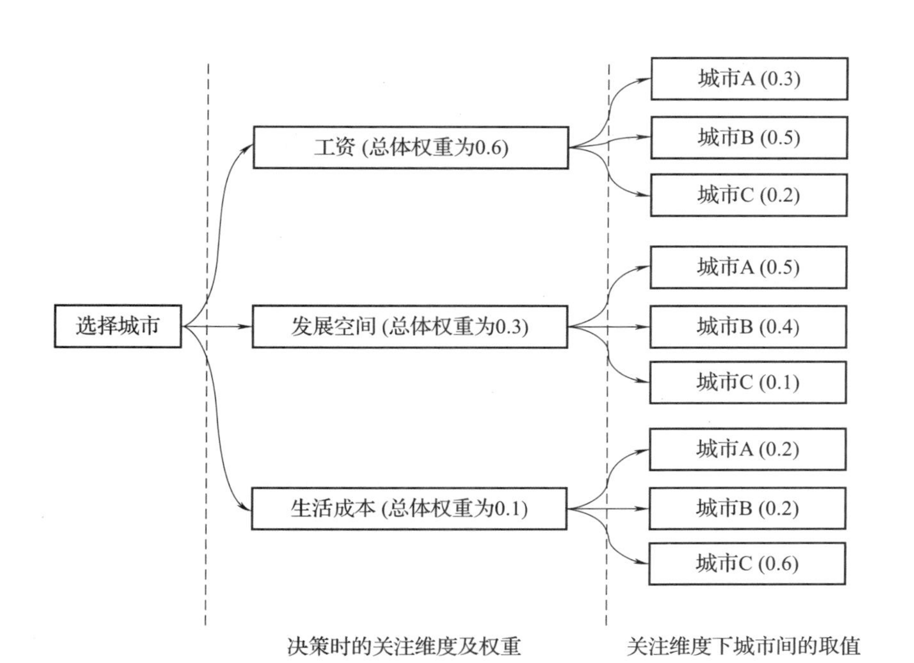

图 5-5　选择城市的决策过程

在构建上述决策树时，注意取值的总和为一个固定值。图 5-5 中的例子是 1（类似归一化的处理），这样做的原因是可以使得决策间的基准是一致的。还有一个就是如果最终决策分值都是按照加项来计算，那么明显的减分项“生活成本”在赋值时可以进行取反，即生活成本越低的城市取值越高。至此，可以计算 3 个城市的最终得分：

$$城市\ A = 0.6 \times 0.3 + 0.3 \times 0.5 + 0.1 \times 0.2 = 0.35$$

$$城市\ B = 0.6 \times 0.5 + 0.3 \times 0.4 + 0.1 \times 0.2 = 0.44$$

$$城市\ C = 0.6 \times 0.2 + 0.3 \times 0.1 + 0.1 \times 0.6 = 0.21$$

显而易见，选择城市 B 是个明智的决策。这个过程其实并没有用到高大上的算法，而是简单地将决策时的因素考虑进来，建立一个决策的框架并最终经过计算得出最优决策。这个决策的框架的名称即是层次化分析的过程（Analytical Hierarchy Process，AHP）。

将决策时用到的各种因素纳入 AHP 过程中，并不是所有的因素都是事前确定的。很多情况下，人们只能用概率来表示影响决策结果的因素。比如，在购买股票时，每次购买决定所带来的收益只能事后才知道，事前是无法精确知道的。这种情况下，概率被引入帮助估算未来的收益。所有因素事前能确定的称为确定因素下的决策制定（Decision Making Under Certainty）；需要用概率来计算的决策影响因素称为非确定因素下的决策制定（Decision Making Under Uncertainty）。

未来收益是衡量决策的一个标准，人们经常用 EMV（Expected Monetary Value）来表示。最大化 EMV 经常是决策选择的标准。图 5-6 所示的例子中，购买哪种股票最终所带来的收益最大，牛市或熊市的概率是重要的决定因素[⊖]。

$$\text{EMV（购买股票 A）} = 5\,000 \times 0.6 + (-2\,000) \times 0.4 = 2\,200\text{（元）}$$

$$\text{EMV（购买股票 B）} = 1\,500 \times 0.6 + 500 \times 0.4 = 1\,100\text{（元）}$$

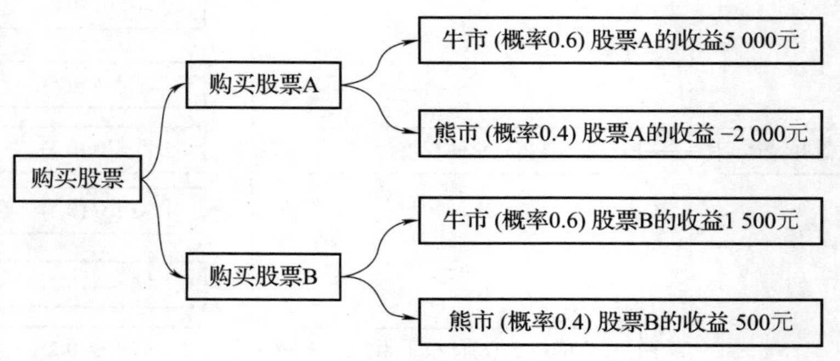

图 5-6　引入概率计算未来收益

牛市和熊市的概率是如何确定的？有很多种给定的方式，比如主观判断、依据历史数据来估算（所谓先验概率）等。上述例子中的牛市和熊市的概率 0.6 和 0.4 可以认为是先验概率。如果再引入一个判断的条件，即通过长期的观察，发现当是牛市时，某项经济指标 90% 的情况也是向好情况；当出现熊市时，某项经济指标向好的情况是 50%。那么根据贝叶斯的理论，就可以计算“当经济指标出现向好的情况时，牛市的概率是多少？”。首先给定变量说明：$v_{向好}$和 $v_{向坏}$分别代表经济指标的两种情况；$m_{牛市}$和 $m_{熊市}$分别代表市场的两种情况。据此，则有 $p(v_{向好} | m_{牛市}) = 0.9$，$p(v_{向坏} | m_{牛市}) = 0.1$，$p(v_{向好} | m_{熊市}) = 0.5$，$p(v_{向坏} | m_{熊市})=0.5$。

当经济指标出现向好的情况时，牛市的概率 $= p(m_{牛市} | v_{向好}) = \dfrac{p(v_{向好} | m_{牛市}) \times p(m_{牛市})}{p(v_{向好})}$。

首先计算组合概率 $p(v_{向好} | m_{牛市}) \times p(m_{牛市})$ 等的具体数值，如表 5-1 所示。

表 5-1　组合概率的计算

	$v_{向好}$	$v_{向坏}$	$P(m)$
$m_{牛市}$	0.9 × 0.6 = 0.54	0.1 × 0.6 = 0.06	0.6
$m_{熊市}$	0.5 × 0.4 = 0.2	0.5 × 0.4 = 0.2	0.4
$p(v)$	0.74	0.26	

据此，则有

$$p(m_{牛市} | v_{向好}) = \frac{p(v_{向好} | m_{牛市}) \times p(m_{牛市})}{p(v_{向好})} = \frac{0.54}{0.74} = 0.730$$

⊖ 该例子摘自 Operations research: an introduction, Hamdy A. 8th edtion. Pearson Prentice Hall, 2007, Page 501。

上述过程其实是利用贝叶斯理论构建了一个求后验概率的过程，并据此重新计算购买股票的收益。将其决策的过程更新为图 5-7 所示的决策树。

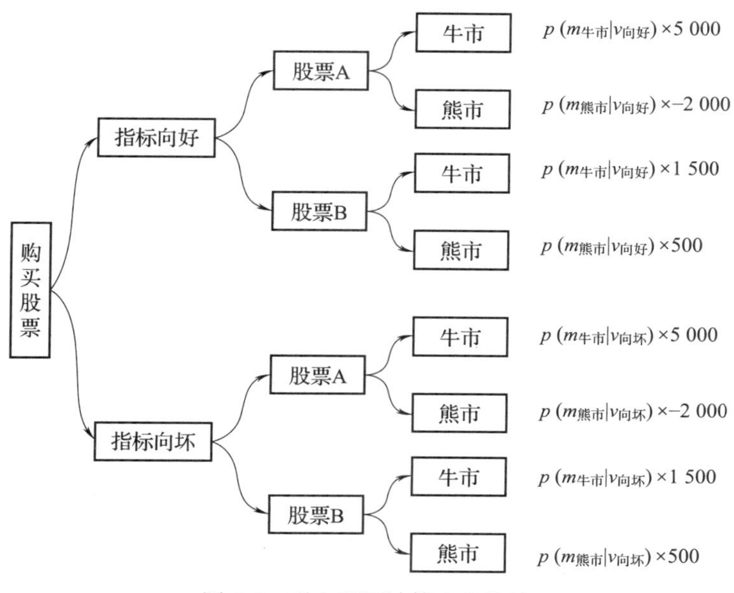

图 5-7　引入预测计算未来收益

根据这个决策树，可以更为准确地做出最优决策。这只是一个例子，预测股票市场的涨跌比较复杂，笔者曾经参与的一个项目就涉及类似的研究主题。可以做出预测的算法有很多，贝叶斯网络就是其中之一，其思想与图 5-7 所示的过程非常类似。除此之外，还可以将各种预测算法应用于此。只是上述的例子是人们在实际的工作中，手动利用贝叶斯的相关知识进行计算，其本质是做了一次后验概率（预测）的计算。总之，将不确定性因素按照发生的概率引入，以期得到更为准确的决策结果，即是所谓非确定因素下的决策分析。

5.3　What-If 分析和 Goal Seeking 分析

What-If 分析是决策分析中非常重要的一个方法，所谓 What-If 的含义就是当改变影响决策的某些变量取值时，其结果会发生什么样的变化。比如，从公司收益的角度来看，如果将推荐 A 产品更换为推荐 B 产品，会发生什么样的变化？假设在这种情况下，产品 A 和产品 B 的响应率、成本、收益都是不同的。

人们经常使用回归算法确定目标值与自变量之间的线性关系，这个关系体现了“什么样的投入会导致什么样的结果”：

$$\text{GDP} = -36.258 + 29.956 \times \text{NX} + 14.810 \times \text{NXPre} + 17.460 \times \text{INV} - 5.005 \times \text{INVPre} + 7 \times \text{IDN} - 5.488 \times \text{PEOPLE}$$

上述公式其实也是线性回归算法通过训练而得到的“模式”。通过这个公式，将其中一个自变量作为因变量，而原来的因变量变为自变量，来反推“当要达到预期的某个值时，需要多少投入”：

$$\text{INV} = \frac{\text{GDP} - (-36.258 + 29.956 \times \text{NX} + 14.810 \times \text{NXPre} - 5.005 \times \text{INVPre} + 7 \times \text{IDN} - 5.488 \times \text{PEOPLE})}{17.460}$$

这是一个典型的 Goal Seeking 的过程，“需要多少投入”这样的结果完全可以被反推计算出来。

5.4 优化技术介绍

优化（Optimization）的发端是运筹学（Operation Research)，在很多资料中，甚至是不区分这两个名词的。一个众所周知的故事就是在“二战”中，美军在运送战争物资的时候，发现可以通过数学的方式编排一个最优的物资运送计划。该计划能在运力给定的情况下，最大可能地保证不会有物资短缺情况的发生。战后，运筹学的应用范围逐步扩大，优化技术成为该学科更具概括性的名词。

优化关注的范围更广。比如，在数据挖掘的算法实现中，会用到优化的算法来确定模型的最优解。典型的例子就是在构建逻辑回归模型时，可以将极大似然估计作为目标函数，按照无约束（Unconstrained）的情况，求最优的模型参数。运筹学更多关注的是应用相关的算法，针对操作层面（Operation）的问题构建模型并求得模型的最优解。

5.4.1 数据挖掘算法中常用的优化技术

优化技术的分类较多，按照不同的维度可以分为不同的类型，如优化问题有无约束，目标函数和约束函数是否可导，优化问题是线性、二次还是非线性，优化方法是否是启发式，优化问题是单目标还是多目标。总之，优化技术研究的问题是在约束条件下或无约束条件下，寻找目标函数的最大值或最小值。本节将各种常用的优化技术做一个归纳总结，以供初学者参考。

1. 无约束优化

(1) 无导数的优化算法

无导数（Derivative-Free）优化是一类无须导数信息的优化算法，适用于目标函数非光滑、求导比较耗时或比较复杂的情况，本节介绍几种启发式的优化算法。

a）模拟退火算法

模拟退火算法是一种随机搜索方法，来源于固体退火原理，是一种概率能收敛于全局最优解的全局优化算法。模拟退火算法计算过程简单、通用、鲁棒性强，可用于求解非线性优化问题。模拟退火算法的一个经典案例是旅行商问题，是哈密尔顿回路的实例化问题。

b）粒子群算法

粒子群算法是一种进化算法，来源于鸟群捕食的行为，通过初始化为一群随机粒子，然后通过多次迭代，每次迭代都追随最优粒子的方向，直到集中在最优。粒子群算法优化速度快、效率高、算法简单。粒子群算法被广泛应用在数据挖掘的诸多领域，如神经网络训练、聚类分析、网络社区发现等。

c）遗传算法

遗传算法是一种模拟自然进化的算法，是一种随机搜索方法，包括遗传、突变、自然选择和杂交等过程，优化过程为通过交叉变异产生子代，若子代个体的适应度符合标准则输出最佳个体，否则选择适应度高的个体作为父母，重新产生子代。遗传算法适用范围广，容易得到全局最优解，适用于复杂的优化问题。遗传算法被广泛应用在工程设计、交通与船运路线等场景中。

（2）一阶导数优化算法

一阶导数优化算法就是通过利用目标函数的一阶梯度来寻找最优解，按照不同的优化策略可以大致分为固定学习率和自适应学习率。

a）固定学习率的优化算法

SGD：该方法在概率意义下收敛。SGD 的最大缺点是下降速度慢，而且可能在沟壑的两边持续震荡，容易停留在一个局部最优点。

Momentum：带有动量项的 SGD，为了加快梯度下降法的收敛速度、减少震荡，所以引入了动量项。动量项累计了之前迭代时的梯度值，使得本次迭代时沿着之前的惯性方向走。

Nesterov Acceleration Gradient：带有 Nesterov 加速梯度的 SGD，是在 SGD 和 SGD-Momentum 的基础上的进一步改进，防止算法速度过快。动量法是每下降一步时由前面的累计和当前的梯度组合而成，而 NAG 的改进点在于按照历史梯度向前一小步，在靠前一点的位置看到梯度后，然后按照那个位置来修正当前梯度的方向。如此就有了超前眼光，会变得更“聪明”。

b）自适应学习率的优化算法

AdaGrad：自适应梯度，是梯度下降法的改进。梯度下降法的缺点在于很难设置一个合适的学习率，AdaGrad 算法是根据前几轮迭代的历史梯度值来动态地调整学习率。但这种方法的缺点在于随着时间的累积，会导致学习率趋向于 0，参数无法有效更新，并且需要手动设定全局学习率。

RMSProp：Root Mean Square Prop 算法是对 AdaGrad 的改进，AdaGrad 会累加之前所有梯度的平方，而 RMSProp 仅仅是计算平均值，因此避免了长期累计梯度值所导致的学习率趋向于 0 的问题。但该方法同样需要手动设定全局学习率。

AdaDelta：AdaDelta 算法也是对 AdaGrad 的改进，除了可以避免学习率趋向于 0 外，还不需要手动设定全局学习率。相比于 AdaGrad，不累计全部历史梯度，而是只关注一段时间内窗口的下降梯度，这也是 Delta 名字的由来，从而解决了学习率变化过激的问题。

Adam：Adam 算法整合了自适应学习率和动量项，它是之前方法的集大成者，Adaptive 加上 Momentum 就是 Adam 名字的由来。

Nadam：虽说 Adam 是集大成者，但它遗漏了 Nesterov，Nadam 就是 Nesterov 加上 Adam。经常有人说 Adam 和 Nadam 是目前最主流和最好用的优化算法。

（3）二阶导数优化算法

二阶导数优化是通过利用目标函数的一阶梯度和二阶矩阵（Hessian）来寻找最优解，其中二阶矩阵分为近似二阶导数和二阶导数。因为在求解二阶导数时，存在矩阵过大、计算复杂和时间过长的问题，所以引入了近似二阶矩阵的方法。

a）Newton

牛顿法（Newton）属于二阶优化技术，利用目标函数的一阶导数和二阶导数直接寻找梯度为 0 的点。牛顿法因为是真实二阶导数的信息，具有更快的收敛速度，但每次迭代的运算量大。常与牛顿法搭配的学习率搜索方法为线搜索（Line Search）。牛顿法存在 Hessian 矩阵不可逆的缺点。牛顿法之所以收敛速度快，是因为二阶梯度反映的是曲率信息，在曲率大的地方会自适应地调小步长，在曲率小的地方会调大步长。

b）Quasi-Newton

拟牛顿法（Quasi-Newton）也属于二阶优化技术，其二阶导数是近似求法，避免了计算量大和不可逆的问题。其中 BFGS 和 L-BFGS 是两种常用的拟牛顿方法。

BFG 名字是由四个创始人的名字构成的，是通过梯度向量和优化参数向量构造的 Hessian 矩阵，计算量相比牛顿法少了很多，而且不易变为奇异矩阵，BFGS 的优点在于计算中数值的稳定性强。常与其搭配的学习率搜索方法为线搜索。

L-BFGS 是对 BFGS 的改进，BFGS 需要存储 Hessian 矩阵，当矩阵很大时，需要耗费很多资源。L-BFGS 不再存储完整的 Hessian 矩阵，而是存储最新的 m 个向量，m 可自由设定，这就是 Limited-memory BFGS 名字的由来。

（4）共轭梯度法

共轭梯度法仅需要一阶导数，不仅克服了最速下降法收敛慢的缺点，又避免了牛顿法存储 Hessian 矩阵的缺点。其优点是存储量小、较快的收敛速度、二次终止性等。共轭梯度是典型的共轭方向法，在求搜索方向时与该点的梯度有关，故叫作共轭梯度法。共轭梯度法是指每次的搜索方向与之前每次的方向保持共轭关系，保证了最多经过 n 次寻优就可以找到二次函数的最优值点。

2. 有约束优化

（1）无导数的优化算法

在有约束优化问题中，存在着一类特殊的优化问题，其中目标函数和约束函数都是线性函数，求解这类优化问题时不涉及使用导数信息，本节介绍几种常见的线性规划问题。

a）线性规划

在人们提到优化问题时，经常会想到线性规划。所谓线性（linear），是指量与量之间按比例、呈直线的关系，在空间和时间上代表规则和光滑的运动。从数学角度来讲，变量间的线性关系必须满足以下两个条件：

- 可加性：$f(x+y)=f(x)+f(y)$；
- 均匀度是 1：$f(ax)=a\times f(x)$。

线性规划是研究线性约束条件下线性目标函数的极值问题的数学理论和方法。一般情况下，约束条件也是线性的。线性规划的数学表现形式是：

$$\begin{aligned}\min\quad & c_1x_1+c_2x_2+\cdots+c_jx_j+\cdots+c_nx_n\\ \text{s.t.}\quad & a_{11}x_1+a_{12}x_2+\cdots+a_{1j}x_j+\cdots+a_{1n}x_n=b_1\\ & a_{21}x_1+a_{22}x_2+\cdots+a_{2j}x_j+\cdots+a_{2n}x_n=b_2\\ & \cdots\cdots\\ & a_{m1}x_1+a_{m2}x_2+\cdots+a_{mj}x_j+\cdots+a_{mn}x_n=b_m\end{aligned}$$

其中，a，b，c 均是常数。

线性规划约束可以为等式约束或者不等式约束。由线性约束条件组成的区域为可行域，优化问题即为在可行域内求目标函数的最优值。求解线性规划问题的基本方法是单纯形法。基于单纯形法又出现了改进的单纯形法、对偶单纯形法、下山单纯形法等。单纯形法的大概求解过程为：在给定一个初试可行解下，不断迭代寻找使目标函数值更优的可行解，直到满足最优性条件。用单纯形法求解线性规划问题的性能，主要取决于约束条件的个数。

b）整数规划

若线性规划中的变量限制为整数，则被称为整数规划。当所有变量都被限制为整数，则称为纯整数规划；当一部分变量被限制为整数，则称为混合整数规划。求解整数规划问题的流行方法有分支定界法和割平面法。分支定界法的大致思路是把全部可行解空间不断分割为越来越小的子集，缩小搜索范围，直到找出可行解。割平面法是先利用单纯形法找到非整数的最优解，再构造一系列平面来切割掉不含有任何整数可行解的部分，最终获得一个具有整数顶点的可行域，即为最优解。

c）0-1 规划

若整数规划中的变量限制为 0 或 1，则被称为 0-1 规划。求解 0-1 规划问题的一般方法有变换法、穷举法和隐枚举法。其中隐枚举法即为分支定界法。穷举法是检查变量取值为 0 或 1 的每一种组合，比较目标函数值来找到最优解。隐枚举法则是通过检查变量取值组合的一部分找到最优解。

（2）导数优化算法

导数优化算法是指使用目标函数的一阶导数和或二阶导数来求解有约束优化问题，本节介绍两种求解非线性约束优化问题的算法，有效集法（Active set）和交替方向乘子法（ADMM）。

a）有效集法

有效集法常用来求解二次规划问题，有效约束是指某个可行点使得该不等式约束满足相等条件，所有的有效约束组成的集合叫作有效集。有效集法的大致思路是以已知的可行点为起点，把该点起作用的约束作为等式约束，删掉其他约束，在此等式约束下最小化目标函数，再将新的可行点重复以上做法，直到某个可行点满足 KKT 条件为止，那么该可行点就是最优解。此处，KKT 条件的作用是将约束优化转化为无约束的对偶优化问题，满足 KKT 条件即满足对偶变量大于等于 0，表示找到了原问题的最优解。

b）交替方向乘子法

交替方向乘子法用来求解等式约束的凸优化问题，是一种求解优化问题的计算框架，适用于求解分布式优化问题，它采用分治的思想，将大的全局问题分解为多个小的容易求解的局部子问题，并通过协调子问题的解而得到原问题的解。交替方向乘子法是一个优化框架，可以加上正则化方法，如 LASSO、Ridge、Elastic Net，也可以使用牛顿法或拟牛顿法，灵活适配即可。交替方向乘子法擅长求解宽维度、大规模的分布式优化问题。

（3）转换为无约束优化求解

a）投影法

投影法用于求解线性等式约束优化，该方法比较简单和容易理解。先用无约束优化问题的迭代法来更新优化参数，当更新后的优化参数满足约束条件时，则保持不变；当更新后的优化参数不满足约束条件时，则将其投影到约束范围。投影算子用于将优化参数投影到约束范围内，将投影算子引入梯度法中，则称为投影梯度法。先使用梯度法更新参数，再将其投影到约束区间。

b）拉格朗日法

拉格朗日法既能解决等式约束，又能解决不等式约束，使用拉格朗日乘子将约束优化问题转化为无约束优化问题，该无约束优化的目标函数称为拉格朗日函数。然后使用求解无约束优化的迭代法分别更新优化参数和拉格朗日乘子，使得拉格朗日函数关于优化参数极小化，使得拉格朗日函数关于拉格朗日乘子极大化。当优化参数使得拉格朗日函数极小时，必须满足拉格朗日条件。对于等式约束，即为拉格朗日函数对优化参数和拉格朗日乘子的偏导分别为 0；对于不等式约束，即为要满足 KKT 条件，KKT 条件保证了优化问题能收敛到最优解。

c）罚函数法

罚函数法是一种通过惩罚因子将约束优化问题转换为无约束优化问题的方法，然后就可以使用无约束优化问题的求解方法。其中，当惩罚因子越大，无约束优化问题的解越接近于原问题的真实解，当惩罚因子趋于无穷大时，罚函数法得到的解就是约束优化的解。该方法的关键在于如何选取惩罚因子的值。

（4）多目标优化

多目标优化问题是指优化问题包含多个目标函数，这些目标函数往往存在冲突，即改进一个目标会使另一个目标恶化。多目标优化问题分为三种类型：最小化所有目标函数，最大化所有目标函数，最小化部分目标函数以及最大化其余目标函数。在求解多目标优化时，当目标函数处于冲突状态时，就不会存在同时满足所有目标函数的最优解，于是只能寻找非劣解（又称帕累托解）。非劣解是指找不到比这组解更好的其他解。

在求解多目标优化问题时，有以下几种方法：线性加权法，把多个目标函数通过线性加权进行求和运算，转化为单目标优化问题；理想点法，对每个目标函数设定一个期望值，通过比较实际值和期望值的偏差来选择问题的解；极大极小法，若某一个目标函数能给出一个取值范围，则该目标函数就可以变为一个约束条件，从而可以减少目标函数的个数；分层序列法，即把目标函数按其重要性给出一个序列，每次都在前一目标最优解集内求下一个目标的最优解，直到求出共同的最优解。

5.4.2　优化问题求解工具介绍

人们在优化问题的求解工具开发上倾注了大量的资源，使得出现了非常丰富的优化问题的求解工具。图 5-8 所示为各种凸优化问题求解的解算器（Solvers）和工具（Tools）列表。

V·T·E	Mathematical optimization software [hide]
Data formats	LP · MPS · nl · OptML · OSiL · sol · xMPS
Modeling tools	AIMMS · AMPL · APMonitor · CMPL · CVX · CVXOPT · CVXPY · ECLiPSe-CLP · GEKKO · GAMS · GNU MathProg · JuMP · LINDO · OPL · MPL · OptimJ · PICOS · PuLP · Pyomo · ROML · TOMLAB · Xpress-Mosel · YALMIP · ZIMPL
LP, MILP* solvers	ABACUS* · APOPT* · Artelys Knitro* · BCP* · BDMLP · BPMPD · BPOPT · CLP · CBC* · CPLEX* · CSDP · DSDP · FortMP* · GCG* · GIPALS32 · GLPK/GLPSOL* · Gurobi* · HOPDM · LINDO* · Lp_solve · LOQO · MINOS · MINTO* · MOSEK* · OOPS · OOQP · PCx · QSopt · SAS/OR* · SCIP* · SoPlex · SOPT-IP* · Sulum Optimization Tools* · SYMPHONY* · XA* · Xpress-Optimizer*
QP, MIQP* solvers	APOPT* · Artelys Knitro* · BPMPD · BPOPT · BQPD · CBC* · CLP · CPLEX* · FortMP* · GloMIQO* · Gurobi* · IPOPT · LINDO* · LSSOL · LOQO · MINOS · MOSEK* · OOPS · OOQP · OSQP · QPOPT · QPSOL · SCIP* · XA Quadratic Solver · Xpress-Optimizer*
QCP, MIQCP* solvers	APOPT* · Artelys Knitro* · BPMPD · BPOPT · CPLEX* · GloMIQO* · Gurobi* · IPOPT · LINDO* · LOQO · MINOS · MOSEK* · SCIP* · Xpress-Optimizer* · Xpress-SLP*
SOCP, MISOCP* solvers	CPLEX* · DSDP · Gurobi* · LINDO* · LOQO · MOSEK* · SCIP* · SDPT3 · SeDuMi · Xpress-Optimizer*
SDP, MISDP* solvers	CSDP · DSDP · MOSEK · PENBMI · PENSDP · SCIP-SDP* · SDPA · SDPT3 · SeDuMi
NLP, MINLP* solvers	ALGENCAN · AlphaECP* · ANTIGONE* · AOA* · APOPT* · Artelys Knitro* · BARON* · Bonmin* · BPOPT · CONOPT · Couenne* · DICOPT* · FilMINT* · FilterSQP · Galahad library · ipfilter · IPOPT · LANCELOT · LINDO* · LOQO · LRAMBO · MIDACO* · MILANO* · MINLP BB* · MINOS · Minotaur* · MISQP* · NLPQLP · NPSOL · OQNLP* · PATHNLP · PENNON · SBB* · SCIP* · SNOPT* · SQPlab · WORHP · Xpress-SLP*
GO solvers	BARON · Couenne* · LINDO · SCIP
CP solvers	Artelys Kalis · Choco · Comet · CPLEX CP Optimizer · Gecode · Google CP Solver · JaCoP · OscaR
Metaheuristic solvers	OptaPlanner · LocalSolver
List of optimization software · Comparison of optimization software	

图 5-8　用于求解凸优化的解算器和工具[⊖]

⊖ https://en.wikipedia.org/wiki/Comparison_of_optimization_software。

在本书中，我们采用了 CVXPY 作为优化问题的求解工具。关于 CVXPY 的安装及使用的信息读者可以在其官网[⊖]上看到详细的说明，这里不再赘述。CVXPY 具有非常简洁的语法结构，使得人们在使用时可以更多专注于问题的定义，而不是具体 Solver 的特征。

利用 CVXPY 可以非常轻松地构建优化问题的求解过程。如下面的例子就是求优化问题的过程。

Max：$(x-y)^2$

Subject to:

$x+y=100$

$x-y>=10$

这个优化问题是一个二次规划（Quadratic Programming）的问题，因为虽然限制函数是线性的，但是目标函数中却包括变量的高次表达式。

在代码中，可以直接定义限制条件和目标函数，然后将它们作为参数交给解算器进行计算。Max 是指目标函数，意思是优化的结果使得函数表达式 $(x-y)^2$ 能够取得最大值；Subject to（有时写作 s.t.）的意思是 Subject to Condition，即“服从条件”的意思，也就是说，在求得目标函数的取值时需要满足的限制条件（Condition）。

```
import cvxpy as cvx

x = cvx.Variable()
y = cvx.Variable()

constraints = [x + y ==100, x - y >= 10]

obj = cvx.Minimize((x - y)**2)

prob = cvx.Problem(obj, constraints)
prob.solve()

print("Status", prob.status)
print("Optmial Value", prob.value)
print("Optimal var", x.value, y.value)


Status optimal
Optmial Value 100.00000000000001
Optimal var 55.0 45.0
```

CVXPY 包含一系列经典开源解算器，包括 CVXOPT、GLPK 等，使用者还可以根据实际需求增加不同的解算器。开源解算器的相关信息，读者可以根据图 5-8 中的列表进行相关的查询，在互联网上有大量的相关信息，此处不再赘述。下面的代码就是查看

⊖ http://www.cvxpy.org/tutorial/intro/index.html#。

CVXPY 安装了哪些解算器的过程。

```
from cvxpy.reductions.solvers.defines import INSTALLED_SOLVERS
print (INSTALLED_SOLVERS)
```

```
['ECOS', 'ECOS_BB', 'CVXOPT', 'GLPK', 'GLPK_MI', 'SCS', 'OSQP']
```

在人们提到优化问题时，经常会想到线性规划。所谓线性（linear），是指量与量之间按比例、成直线的关系，在空间和时间上代表规则和光滑的运动；非线性（non-linear）则指不按比例、不成直线的关系，代表不规则的运动和突变。从数学角度来讲，变量间是否是线性关系必须满足以下两个条件：

- 可加性：$f(x+y)=f(x)+f(y)$
- 均匀度是1：$f(ax)=a*f(x)$

线性规划是研究线性约束条件下线性目标函数的极值问题的数学理论和方法，一般情况下，约束条件也是线性的。线性规划的数学表现形式是：

$$
\begin{aligned}
\min \quad & c_1x_1+c_2x_2+\cdots+c_jx_j+\cdots+c_nx_n \\
\text{s.t.} \quad & a_{11}x_1+a_{12}x_2+\cdots+a_{1j}x_j+\cdots+a_{1n}x_n=b_1 \\
& a_{21}x_1+a_{22}x_2+\cdots+a_{2j}x_j+\cdots+a_{2n}x_n=b_2 \\
& \cdots\cdots\cdots\cdots\cdots\cdots \\
& a_{m1}x_1+a_{m2}x_2+\cdots+a_{mj}x_j+\cdots+a_{mn}x_n=b_m
\end{aligned}
$$

其中，a，b，c 均为常数。

下面就是一个典型的线性优化的问题，因为目标函数是线性函数。

Min：$-4x-5y$

Subject to:

$2x+y<=3$

$x+2y<=3$

$x>=0, y>=0$

利用 CVXPY 来求解，也非常简单，直接写出目标函数和限制条件，其他交给 Solver 即可。

```
import cvxpy as cvx

x = cvx.Variable()
y = cvx.Variable()

constraints = [2*x + y <=3, x + 2*y <= 3, x>=0, y>=0]

obj = cvx.Minimize(-4*x-5*y)

prob = cvx.Problem(obj, constraints)
```

```
prob.solve()

print("Status", prob.status)
print("Optmial Value", prob.value)
print("Optimal var", x.value, y.value)

Status optimal
Optmial Value -9.000000000000002
Optimal var 1.0 1.0000000000000002
```

有了如 CVXPY 等工具的支持，我们求解优化问题的手段大大改善。使用者可以不必关心该问题属于线性规划还是二次规划，只需要将目标函数和限制条件定义清楚，CVXPY 就可以调用解算器进行求解。

5.4.3 CVXPY 优化工具在机器学习算法中的应用

在很多的机器学习算法中，会用到优化算法来寻求最优的模式或参数。比如针对线性回归模型的训练就是通过优化算法寻求损失函数最小的解。对于线性回归，构建预测函数 $f(x)$，使得

$$f(x) = wx + b + \text{loss}(x)$$

其中，$\text{loss}(x)$ 是损失函数，可以用 $wx_i + b - y_i$ 来计算每一个 x_i 对应的损失，则损失函数可以定义为

$$\text{loss}(x) = \sum_{i=0}^{n}(wx_i + b - y_i)^2$$

若采用优化算法来计算 w 和 b 的具体取值，则是求优化问题

$$\text{Min: } \sum_{i=0}^{n}(wx_i + b - y_i)^2$$

的解，即 w 和 b 的取值使得损失函数的取值最小。上述过程其实在很多的预测算法中都是相似的，只是损失函数的定义各有差别。应用优化算法的工具来求解的话，可以先构造数据。

```
# Initialize the data with gaussian random noise
x = np.arange(40)
y = 0.3 * x + 5 + np.random.standard_normal(40)

#make the data with more noise
for i in range(40):
    if np.random.random() < 0.1:
        y[i] += 10

plt.scatter(x, y)
```

数据生成后的形式如图 5-9 所示：

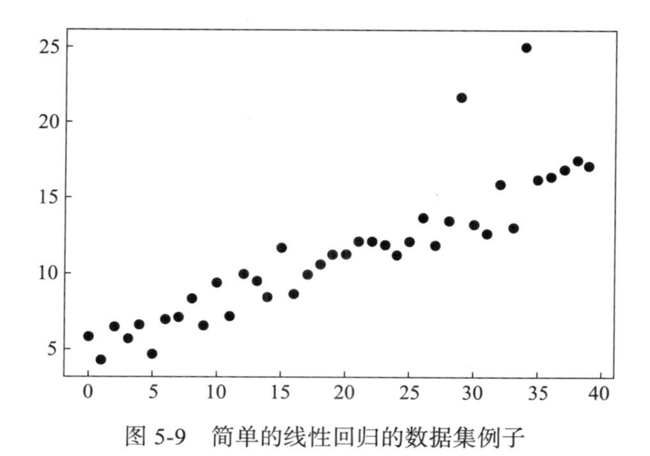

图 5-9　简单的线性回归的数据集例子

利用 CVXPY 构建优化问题的求解过程，代码如下：

```
w = cvxpy.Variable();
b = cvxpy.Variable()
obj = 0

#for eache x[i], it has a loss value.
for i in range(40):
    obj += (w * x[i] + b - y[i]) ** 2

# ther linear regression loss function should minmize the sum of all x[i] loss
cvxpy.Problem(cvxpy.Minimize(obj), []).solve()
w = w.value;
b = b.value

plt.scatter(x, y)
plt.plot(x, w * x + b)

print(w)
print(b)
```

经过计算，w 和 b 的值分别是 0.343 957 720 111 951 1 和 4.650 641 662 819 617，这与我们在生成样本数据时 $w = 0.3$ 与 $b = 5$ 已经非常接近，可以认为得到了较好的结果。在图 5-10 中画出回归模型的最终结果。

在支持向量机（SVM）的模型训练过程中，可以通过优化技术来实现变量的取舍，也就是 L1 Regularization 的过程。对于线性 SVM，其模型的表达如下：

$$\hat{y} = \text{sign}(\beta^{\text{T}}x - v) + l(x)$$

其中，$y \in \{-1,1\}$、x 为特征向量，$l(x)$ 是损失函数。损失函数可以采用 L1 Regularization 的方式：

$$f(\beta, v) = (1/m)\sum_{i}(1 - y_i(\beta^{\text{T}}x_i - v)) + \lambda \|\beta\|$$

其中，λ 就是在第 3 章 3.3.2 节中提到的 turning parameter，用于调节惩罚的力度。利用 CVXPY 构建求解 β，v 的过程分为两个步骤：

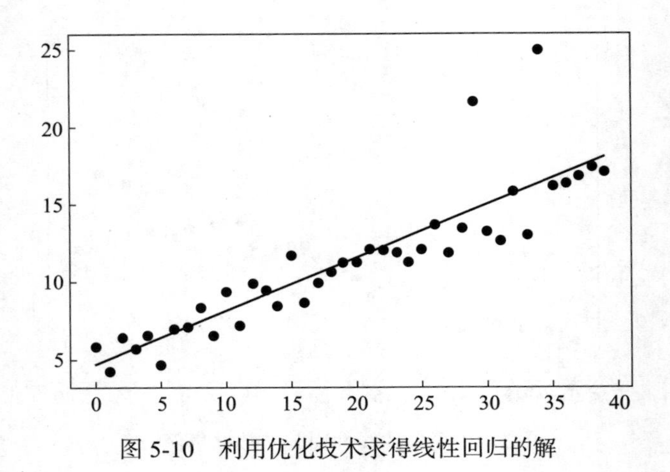

图 5-10 利用优化技术求得线性回归的解

(1) 构建优化求解过程

利用 CVXPY 构建损失函数及其求解的过程很简单，只需要明确相关的表达即可。

```
from cvxpy import *
beta = Variable(n)
v = Variable()

# loss function
loss = sum(pos(1 - multiply(Y[:,0], X*beta - v)))
reg = norm(beta, 1)
lambd = Parameter(nonneg=True)
prob = Problem(Minimize(loss/m + lambd*reg))
```

在上述代码中，首先定义好要求解的两个参数；然后定义损失函数的部分表达式，即 1 与 $y_i(\beta^T x_i - \upsilon)$（利用 multiply 函数来计算两个表达式之间的乘积）差值取正（利用 pos 函数来实现）后在所有观察值中求和（利用 sum 函数来实现）；β 的范数通过 norm 函数来实现；最后构造求最小化损失函数的优化问题表达式。

(2) 通过调节 λ 来尝试找到合适的 β, υ 的取值

有了求最小化损失函数的优化问题表达式，还需要通过不断进行调节惩罚力度来寻找最终合适的 β，υ 取值。

```
TRIALS = 100
lambda_vals = np.logspace(-2, 0, TRIALS)
beta_vals = []
for i in range(TRIALS):
    lambd.value = lambda_vals[i]
    prob.solve()
    beta_vals.append(beta.value)
```

上述代码通过 100 次的尝试，分别计算优化问题的解。惩罚力度的取值范围从 0.01 开始直到 1：

```
[0.01       0.01047616 0.01097499 0.01149757 0.01204504 0.01261857
 0.01321941 0.01384886 0.01450829 0.01519911 0.01592283 0.01668101
 0.01747528 0.01830738 0.0191791  0.02009233 0.02104904 0.02205131
 0.0231013  0.02420128 0.02535364 0.02656088 0.02782559 0.02915053
 0.03053856 0.03199267 0.03351603 0.03511192 0.0367838  0.03853529
 0.04037017 0.04229243 0.04430621 0.04641589 0.04862602 0.05094138
 0.05336699 0.0559081  0.05857021 0.06135907 0.06428073 0.06734151
 0.07054802 0.07390722 0.07742637 0.08111308 0.08497534 0.08902151
 0.09326033 0.097701   0.1023531  0.10722672 0.1123324  0.1176812
 0.12328467 0.12915497 0.13530478 0.14174742 0.14849683 0.15556761
 0.16297508 0.17073526 0.17886495 0.18738174 0.19630407 0.20565123
 0.21544347 0.22570197 0.23644894 0.24770764 0.25950242 0.27185882
 0.28480359 0.29836472 0.31257158 0.32745492 0.34304693 0.35938137
 0.37649358 0.39442061 0.41320124 0.43287613 0.45348785 0.47508102
 0.49770236 0.52140083 0.54622772 0.57223677 0.59948425 0.62802914
 0.65793322 0.68926121 0.7220809  0.75646333 0.7924829  0.83021757
 0.869749   0.91116276 0.95454846 1.        ]
```

经过 100 次的计算，那么到底哪个结果比较好呢？最佳的确定方法是通过验证集来验证每一次结果应用后的实际预测效果。

在 3.3.2 节我们提到了 L1 Regularization 的结果可以帮助确定哪些自变量可以用于最终的模型，而不重要的自变量对应的系数会因为取值为零而被淘汰。这个过程可以通过展示 Regularization Path 的方式来使得建模者更清楚其过程。

```
for i in range(n):
    plt.plot(lambda_vals, [wi[i,] for wi in beta_vals])
plt.xlabel(r"$\lambda$", fontsize=16)
plt.xscale("log")
```

运行上述代码会展现图 5-11 所示的图表：

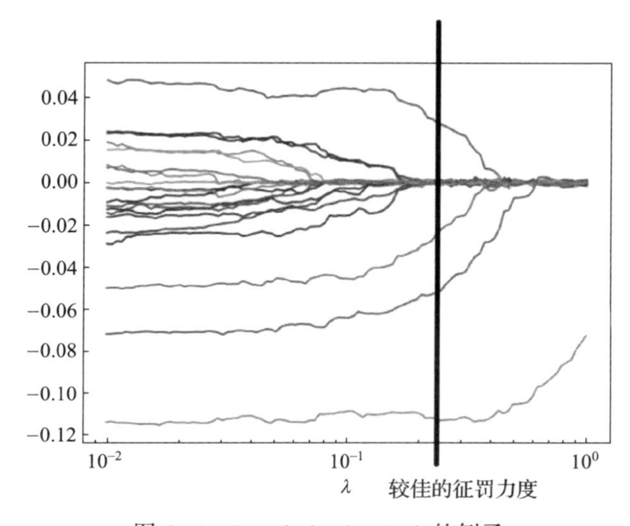

图 5-11　Regularization Path 的例子

Regularization Path 说明随着惩罚力度的加强自变量参数的变化情况。随着惩罚力度从 0.01 逐步增加，各个自变量的系数 β 逐步会变成 0；惩罚力度小而自系数为零的变量对预测的贡献很小，不重要；惩罚力度已经较大而系数仍然不为 0 说明对预测的贡献较大，变量比较重要。据此还可以重新选择变量，再次构建预测模型。之前人们经常会提到利用 Lasso（其实就是 L1 Regularization）惩罚来选择变量，其过程和上述描述基本一致。图 5-11 中画竖线的部分可以认为保留该惩罚力度，对应的自变量进行预测模型的效果是比较好的（从稳定性和效果两个方面都是如此）。

5.4.4 应用优化技术寻找最优产品推荐

人们在实际营销的过程中，经常会遇到这些典型问题：当可以对一个客户同时推荐多个产品时，推荐哪（几）个产品才是最佳推荐？当营销资源有限的情况下，如何做出最佳的营销决策？所谓最佳推荐或最佳推荐的标准又是什么？在本章的开篇其实也提出了类似问题。

目前很多金融机构都是以“产品为中心”的模式在运营，当转换到以“客户为中心”运营模式上时往往需要解决多部门产品营销的冲突问题。所谓产品营销的冲突问题就是针对同一个客户可能会有两个及以上的推荐，如果没有任何限制地进行营销，结果就是客户会收到多个推荐（甚至来自不同的渠道）。这种情况下客户体验就会比较差。目前常见的做法是制定一些规则来避免这些冲突，如图 5-12 所示，但是这些规则也往往是业务人员根据经验得来，未见得能得到各部门普遍认可。

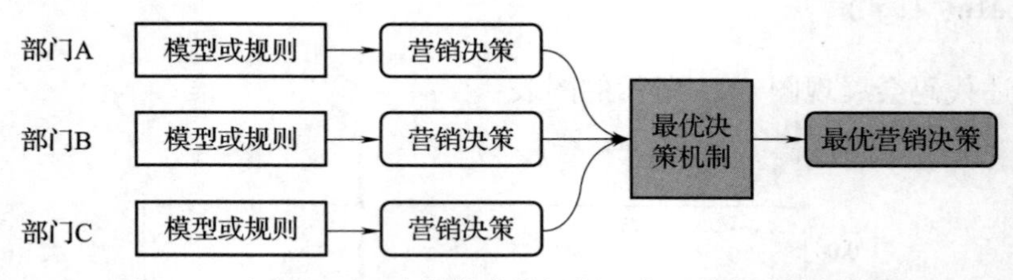

图 5-12　人们需要一个最优决策机制以实现最优决策的输出

从实践的角度确实需要一个决策机制来输出最优决策。那么，什么是最优呢？这是一个很开放的话题，从营销领域总结下来所谓最优是既能满足企业的利益诉求（收益最大化）也能满足客户需求。单纯只关注企业利益诉求是粗暴的，单纯只看重客户需求也是片面的。通过本节前面的介绍，最优问题可以通过优化技术来解决。

```
import cvxpy as cp

# x the final decsion for each existed decision
x = cp.Variable(df.shape[0])

# define the object function and constraints
# the objective function is maximizing benifit
```

```
objective = cp.Maximize(cp.sum(x * benifit))

# the constraints is meeting marketing buget
constraints = [0<= x, x <= 1, cp.sum(x * cost) <= CONTRAINTS_TOTAL_BUGET]

# call optimization solver to findout best decisions
prob = cp.Problem(objective, constraints)
result = prob.solve()

# make sure the solver working correctly
print('Get it done? ' + prob.status)

# the final decsion is x.value.T
x.value.T
```

通过优化技术输出最优决策，就是在给定限制条件下寻求使得目标函数取值最大（最小）时决策要素的取值。上述代码其实是一个在给定营销预算的限制条件下，如何最大化收益的例子。其中，关于收益，可以通过销售产品带来的收益、产品响应概率等来综合计算；关于费用，则需要考虑营销成本等诸多因素来计算。

5.5　仿真分析

依据当前的数据做出决策在实际部署中的效果到底如何，要么通过后期的检验，要么可以通过仿真分析在事前知道。仿真分析就是模拟实际部署后的情况来检验模型的实际效果。最为常用的仿真算法是蒙特卡洛方法（Monte Carlo Method），是 20 世纪 40 年代中期由于科学技术的发展和电子计算机的发明而被提出的一类以概率统计理论为指导的非常重要的数值计算方法。

5.5.1　蒙特卡洛的介绍

蒙特卡洛方法虽然需要首先生成数据，但是该方法的真正意义在于基于随机生成的数据做仿真计算，试图“通过将模拟实际情况的数据应用在给定场景中，得出一个可以帮助决策的结果”。

我们可以通过一些例子来展示一下这个过程。在掷骰子的游戏中，若规定每次掷出的值大于 3 代表赢，小于或等于 3 代表输。在这种公平的规则中，赢和输的概率是一样的，所以投掷的次数越多时，赢或输的概率会越趋于一致。但是，若将游戏规则改一下：

- 假设每次投出的数字在 [1, 100] 区间；
- 当投出的数字在 [1, 50] 区间代表输；
- 当投出的数字在 [51, 99] 区间时代表赢；
- 当投出特别数字 100 时，也代表输。

上述规则只是“稍微”不公平，输和赢比例的对比是 51/49。在这种情况下，对做这个游戏人的输赢影响有多大呢？从人们直观的感觉上好像不大，因为只是“稍微”不公平而已。我们可以采用蒙特卡洛方法来模拟试算一下。

```
def rollDice():
    # get the random data
    roll = random.randint(1,100)

    if roll == 100:
        return False   # lose
    elif roll <= 50:
        return False   # lose
    elif 100 > roll > 50:
        return True    # win
```

按照这个规则，假设让 100 个人分别由 10 000 点开始玩，每次输赢的点数是 100，每个人玩的次数是 1 000 次，结果会怎样呢（这个过程非常基础，读者可以自己编写）？经过多次的模拟计算，发现结果基本上是 70% 的人都是输。

```
print("loser ratio:",  losers / 100, "  lose money:", lose_money, " average lose: ", lose_money / losers)
print("winner ratio:",  winners / 100, " win money:", win_money, " average win:  ",  win_money / winners)
```

上述代码的结果输出如下。

```
loser ratio: 0.75   lose money: 241600  average lose:  3221.3333333333335
winner ratio: 0.25  win money: 47000  average win:  1880.0
```

我们通过记录每一次输赢的结果，可以画出图 5-13 所示的图表，形象地表达这个过程和人群整体输赢的趋势。

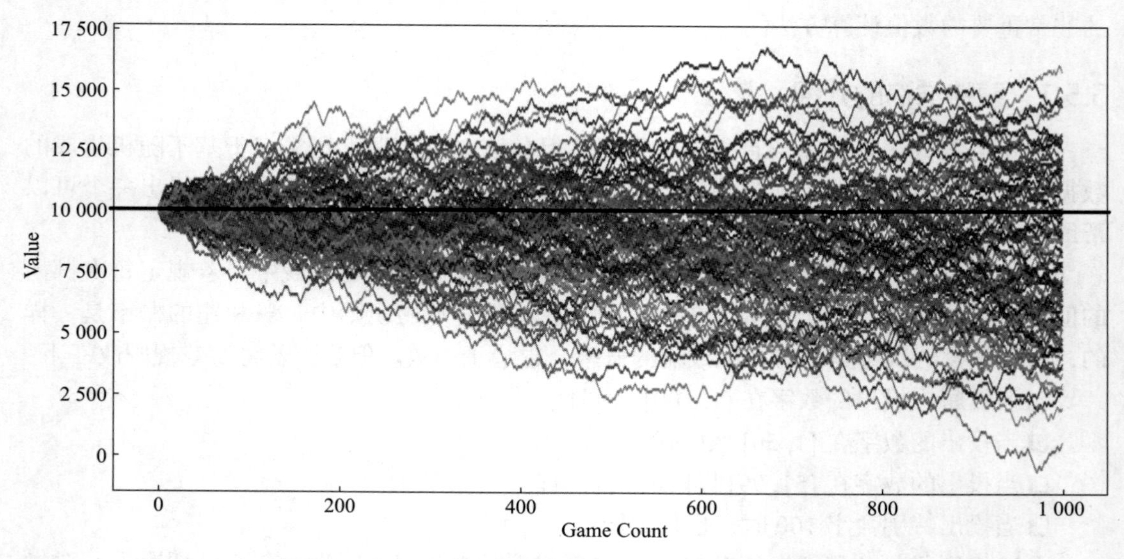

图 5-13　100 人在不公平的规则下 1 000 次游戏的结果

若其他条件不变，将每个人游戏的次数改为 10 000 次，会是什么情况呢？如图 5-14 所示，结果是基本上所有人都会输！

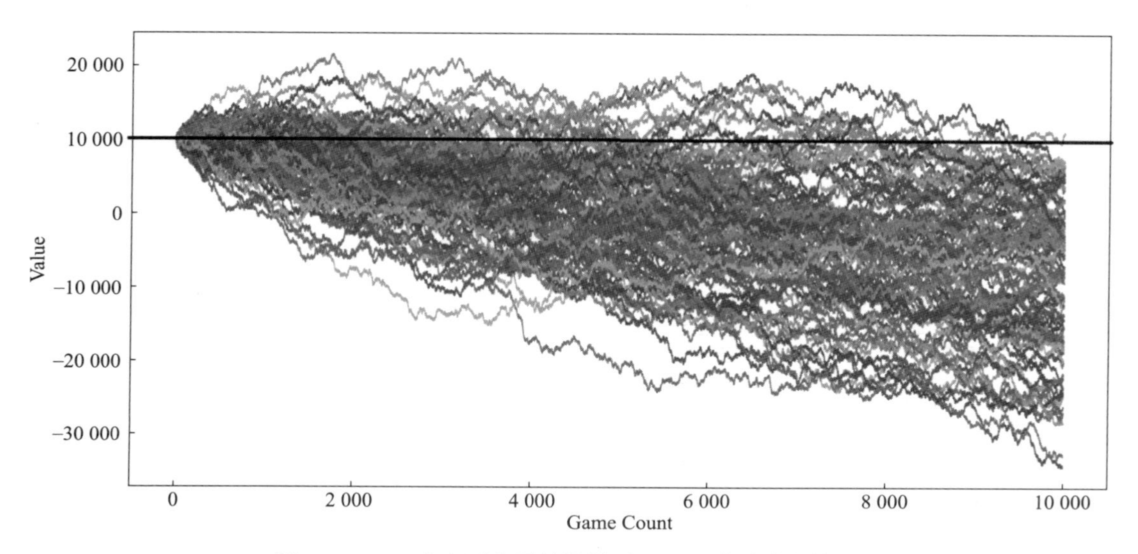

图 5-14　100 人在不公平的规则下 10 000 次游戏的结果

应用蒙特卡洛的方法进行模拟计算后，我们发现运气在不公平的游戏规则面前是多么微不足道！

5.5.2　采用蒙特卡洛方法进行重采样

在大数据环境下，仿真分析会经常被质疑，即已经拥有了大量的数据，为什么还要进行仿真？其实，利用数据仿真的技术生成新数据可以被“从海量的数据中提取新一批数据”所代替。这二者并不矛盾，仿真技术可以应用在“利用新的数据来验证和测算决策的影响，比如是否将出现只有少数的产品一直被推荐，而其他的产品一直不会被推荐的情况？产品推荐后的整体收益会达到哪种程度？”等这些场景中。

在数据挖掘领域，蒙特卡洛方法的常见使用场景是按照少量的数据模拟生成大量的数据，用于模型的训练或者验证。特别是当客户的数据比较敏感，不适合交给数据分析者进行分析时，则可以通过蒙特卡洛方法模拟生成与敏感数据分布类似的脱敏数据。除此之外，就是根据当前的数据情况生成一批数据用以验证未来部署后模型的实际效果。这个过程可以称为重采样（Resampling）。

若数据挖掘时采用了包含多列的数据集，能不能随机生成每一列的数据然后将其合并为新数据集作为训练集或验证集呢？这显然是不行的。因为数据挖掘时大多时候列之间是有相关关系的，如正相关或负相关。随机生成每一列数据然后拼装为一个数据集，显然是没有考虑列之间的相关关系，这样的数据是不能作为训练集或验证集的。那该怎么做呢？一般可以借助解决类不平衡的方法来解决。

关于采样，数据分析人员必须谨慎对待，重采样也不例外。并不是说给定样本随便应用进行蒙特卡洛的方法进行重采样即可，我们还需要关注样本的来源和质量。一般来说，在采样时最常见的问题如表 5-2 所示。

表 5-2　两个典型的采样问题

情　况	描　述
类别不平衡（Class Imbalance）	正例或者反例的数量是极其少的
负样本不明确（Positive and Unlabeled）	正例的含义很明确，但是反例的情况比较复杂（包含真正的反例，还包含漏掉的正例），很多种原因都造成反例的出现

这是两种完全不同的情况，我们需要区别对待。针对类别不平衡问题，可以采用的应对方式分为以下几个种类：

1. 样本方式

样本方式是调节样本的正负样本的比例，具体的方法如下：

（1）过抽样（Over Sampling）

抽样处理不平衡数据的最常用方法，基本思想就是通过改变训练数据的分布来消除或减小数据的不平衡。过抽样方法通过增加少数类样本来提高少数类的数据量，最简单的办法是简单复制少数类样本。这种方式适用于正样本极其少量的情况。

（2）欠抽样（Under Sampling）

欠抽样方法通过减少多数类样本来提高少数类的分类性能，最简单的方法是通过随机地去掉一些多数类样本来减小多数类的规模。这种情况适用于正负样本都具有一定的数量，只是比例失调的情况。

（3）过抽样和欠抽样结合

过抽样和欠抽样结合以达到调节正负样本比例的效果。一般情况下，不论欠抽样还是过抽样，或者二者的结合，都是将少数类和多数类的比例人为控制为 1∶1 或 4∶6。这样做的原因是，大多数的算法都是在正负样本的比例接近于 1∶1 时效果最好。

（4）SMOTE

SMOTE（Synthetic Minority Over-sampling Technique）方法是十几年前提出的一个较新的过抽样方法，其基本的思路不像普通过抽样方法那样对正样本进行简单的复制，而是采用了以下过程（如图 5-14 所示）：

1）针对正例中每一个实例 X_i；

2）寻找其最近相邻的 k 个邻居（neighbors=Get KNN(k)）；

3）随机抽取任意一个邻居 X_n；

4）利用 X_i 和 X_n 的特征向量构建新的实例 X_{new}，如 $X_{new} = X_i + (X_i - X_n) \times \text{rand}\ (0,1)$。

简单的正例复制更易引起过拟合的问题，而 SMOTE 方法则能很大程度上避免过拟合的问题。

图 5-15 所示为 SMOTE 的过程。

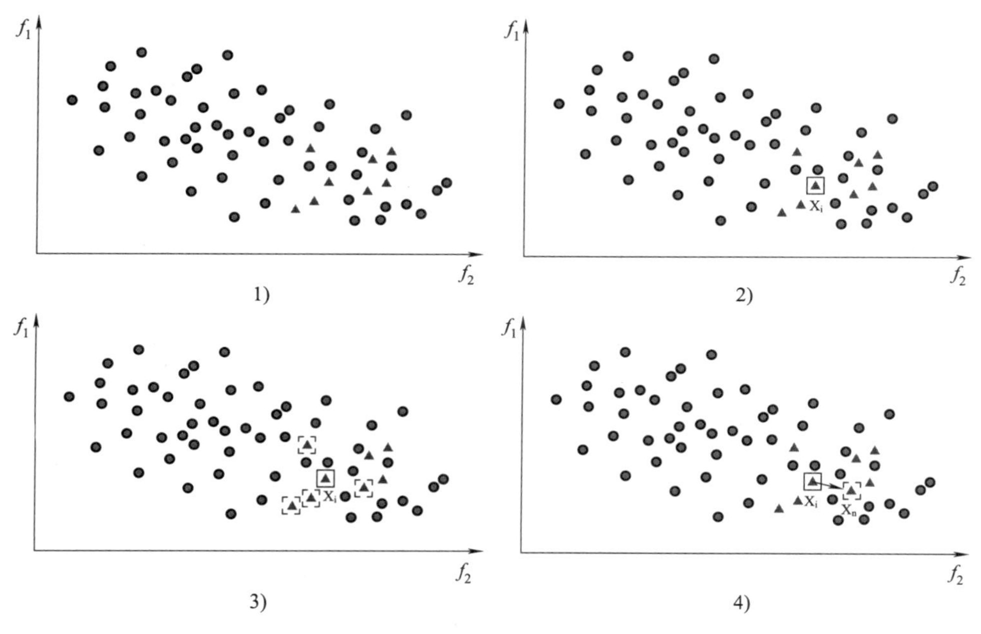

图 5-15　SMOTE 的过程图示

2. 惩罚方式

假设在总数是 1 000 的样本中，有 10 个是正样本，其余都是负样本。如果模型判断失误了 7 个正例和 13 个负例，模型的整体准确率为 98%；如果模型判断失误了 2 个正例和 18 个负例，模型准确率还是 98%。那么这两种模型那个更好呢？在正例的价值很大时（比如癌症判断），肯定是第二种远远胜过第一种。

为了使算法在训练模型时避免过多正例的判断失误，可以在算法中加入惩罚机制，即当正例的判断失误时会付出更多的代价。比如，针对支持向量机的算法，其公式一般为：

$$\frac{|W|^2}{2} + C\sum_{i=1}^{n}\xi_i$$

其中，W 是超平面的向量，ξ_i 是每个实例的误差，C 是误差常数。如果加入惩罚机制，就可以将其修改为如下形式：

$$\frac{|W|^2}{2} + C^+ \sum_{\{i|yi=+1\}}^{n_+} \xi_i + C^- \sum_{\{j|yj=-1\}}^{n_-} \xi_j$$

其中，C^+ 是正例的误差常数，C^- 是负例的误差常数。如果增大正例的误差常数值，使得 SVM 的算法在进行训练时，一旦出现正例的判断失误就会大幅影响准确性，那么其在构建超平面时就要尽量避免过多正例的判断失误。

数据质量问题在任何系统中都或多或少地存在：数据集成时的字段值丢失；已有系统的错误导致错误记录等。这样看来，貌似数据分析者需要对所有的数据都保持高度的怀疑和戒备之心才可以。其实实际情况并非如此，因为我们需要从另一个角度来看待这个问题：如果“错误”的数据是大量的，则完全可以充分利用它。数据分析对数据的需求是“表现事物的表征”即可，而不像会计系统中那样需要对其进行精算。数据中字段的取值是 1 还是 100，对数据分析都是有用的，因为这个值在诉说事物的表征。取值 1 是正确的还是取值 100 是正确的，其实并不那么重要，因为当给事物 A 判断错时，给事物 B 也判断错了；大家都判断错的情况下，其实就是对的。很多算法都会在内部将这些值进行标准化或归一化等，所以，所谓错误数据并不总是那么至关重要。

负样本不明确从根本上来说是个数据质量问题，其特点是目标值的取值出现错误。这个与预测变量的错误数据是稍有不同的：目标值的错误影响了对事物重要属性的基本判断，而且与“大家都被错误处理”不同的是有被正确处理（正样本）的事物。这种情况下，就需要对未取值的负样本重新进行处理。处理的方式就目前来看，没有一个被广泛使用的简单方法，不过一个可行的方式是：

- 抽取正样本和负样本；
- 通过计算样本中变量与目标值的相关关系确定一个相关性从高到低的指标列表；
- 然后采用这些变量进行聚类分析，按照聚类分析的结果确定不明确的负例取值；
- 进行预测模型的训练和学习。

在实际项目中，要避免“正样本过少”和“负样本不明确”两个问题同时出现。特别是采样时，要尽量避免数据同时出现这两种情况。

通过上述介绍，其实若采用蒙特卡洛的方法进行数据模拟，可以采用类似 SMOTE 的方法依照已有数据生成新数据。在开源世界已经有非常好的支持重抽样的工具，Imbalanced-learn[⊖]就是一个典型的代表。Imbalanced-learn 是一个开源的 Python 工具箱，由 Fernando Nogueira 于 2004 年发起，专门用来解决机器学习和模式识别中大量存在的数据不均的问题。Imbalanced-learn 的实现被划分为 4 类：过抽样、欠抽样、过抽样和欠抽样结合以及组合学习。下面的例子主要关注其中的 SMOTE 方法。

我们采用 2.1.4 节中的数据集进行 SMOTE 方法的实践。通过观察源数据中目标变量的分布，如图 5-16 所示，我们可以发现是这一个典型的类不平衡的数据。

通过观察图 5-16 中的数据的特征，发现 no 的数量是 yes 的数量的近 8 倍。因此可以应用 SMOTE 对该数据进行过抽样，形成一个类均衡的数据集。

⊖ https://imbalanced-learn.readthedocs.io/en/stable/index.html。

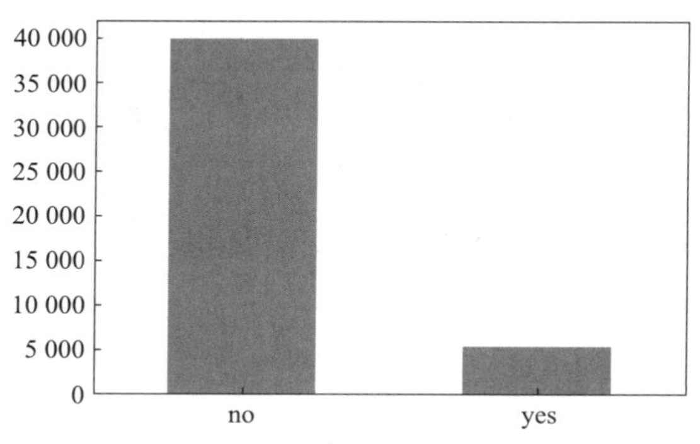

图 5-16 源数据目标字段的分布

```
predictor = bank[bank.columns[:bank.columns.size-1]]
target = bank.本次营销结果
categorical_predictor_columns = (predictor.dtypes == 'object').values
smotenc = SMOTENC(random_state=0, categorical_features=categorical_predictor_columns)
predictor_res, target_res = smotenc.fit_resample(predictor.values, target.values)
```

这里使用的是 SMOTE 中可以同时处理连续型数据和离散型数据的 SMOTENC（Synthetic Minority Over-sampling Technique for Nominal and Continuous）方法。

从 SMOTE 的结果可以看到，no 和 yes 的数量是相同的，处理后的数据成为一个均衡样本（如图 5-17 所示）。均衡样本的统计指标到底如何，我们可以通过数据探索来观察。

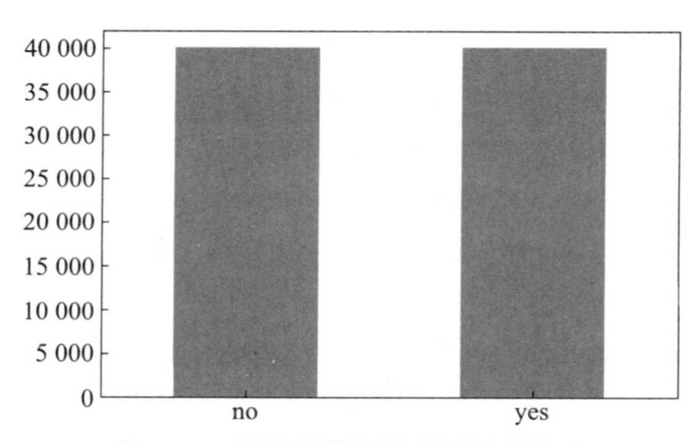

图 5-17 抽样后数据目标字段的分布

对于连续型变量分别统计均值、标准差、最大值、最小值以及四分位数等指标观察数值变化的情况，表 5-3 和表 5-4 分别显示了进行 SMOTE 前后的统计指标具体取值。

通过对比这些字段的统计指标可以发现数据集间的变化很小，可以认为 SMOTE 方法成功地保证了连续型变量的取值特征。

SMOTE 保证了连续型变量的取值特征，那么能否也保证变量间的相关性呢？通过比较应用 SMOTE 方法前后变量间的相关性特征，如表 5-5 和表 5-6 所示的结果，来判断其变化大小。

表 5-3 SMOTE 前数据的基本统计

	年龄	年收入	已联系日期	已联系时长	本次营销联系次数	联系间隔	之前营销联系次数
count	45 211.000 000	45 211.000 000	45 211.000 000	45 211.000 000	45 211.000 000	45 211.000 000	45 211.000 000
mean	40.936 210	1 362.272 058	15.806 419	258.163 080	2.763 841	40.197 828	0.580 323
std	10.618 762	3 044.765 829	8.322 476	257.527 812	3.098 021	100.128 746	2.303 441
min	18.000 000	−8 019.000 000	1.000 000	0.000 000	1.000 000	−1.000 000	0.000 000
25%	33.000 000	72.000 000	8.000 000	103.000 000	1.000 000	−1.000 000	0.000 000
50%	39.000 000	448.000 000	16.000 000	180.000 000	2.000 000	−1.000 000	0.000 000
75%	48.000 000	1 428.000 000	21.000 000	319.000 000	3.000 000	−1.000 000	0.000 000
max	95.000 000	102 127.000 000	31.000 000	4 918.000 000	63.000 000	871.000 000	275.000 000

表 5-4 SMOTE 后数据的基本统计

	年龄	年收入	已联系日期	已联系时长	本次营销联系次数	联系间隔	之前营销联系次数
count	79 844.000 000	79 844.000 000	79 844.000 000	79 844.000 000	79 844.000 000	79 844.000 000	79 844.000 000
mean	40.933 057	1 559.202 370	15.315 152	377.590 151	2.348 392	50.850 934	0.753 244
std	10.908 551	3 237.232 188	7.811 497	347.140 740	2.568 461	106.272 668	2.210 270
min	18.000 000	−8 019.000 000	1.000 000	0.000 000	1.000 000	−1.000 000	0.000 000
25%	33.000 000	122.000 000	9.000 000	145.000 000	1.000 000	−1.000 000	0.000 000
50%	39.000 000	553.000 000	15.000 000	260.000 000	2.000 000	−1.000 000	0.000 000
75%	48.000 000	1 732.000 000	21.000 000	506.000 000	3.000 000	42.000 000	1.000 000
max	95.000 000	102 127.000 000	31.000 000	4 918.000 000	63.000 000	871.000 000	275.000 000

表 5-5 SMOTE 前连续型字段的相关性

	年龄	年收入	已联系日期	已联系时长	本次营销联系次数	联系间隔	之前营销联系次数
年龄	1.000 000	0.097 783	−0.009 120	−0.004 648	0.004 760	−0.023 758	0.001 288
年收入	0.097 783	1.000 000	0.004 503	0.021 560	−0.014 578	0.003 435	0.016 674
已联系日期	−0.009 120	0.004 503	1.000 000	−0.030 206	0.162 490	−0.093 044	−0.051 710
已联系时长	−0.004 648	0.021 560	−0.030 206	1.000 000	−0.084 570	−0.001 565	0.001 203
本次营销联系次数	0.004 760	−0.014 578	0.162 490	−0.084 570	1.000 00	−0.088 628	−0.032 855
联系间隔	−0.023 758	0.003 435	−0.093 044	−0.001 565	−0.088 628	1.000 000	0.454 820
之前营销联系次数	0.001 288	0.016 674	−0.051 710	0.000 1 203	−0.032 855	0.454 820	1.000 000

表 5-6　SMOTE 后连续型字段的相关性

	年龄	年收入	已联系日期	已联系时长	本次营销联系次数	联系间隔	之前营销联系次数
年龄	1.000 000	0.117 596	−0.002 502	−0.014 492	−0.002 459	0.000 290	0.021 231
年收入	0.117 596	1.000 000	0.008 808	0.011 517	−0.020 786	0.008 781	0.022 381
已联系日期	−0.002 502	0.008 808	1.000 000	−0.025 595	0.151 038	−0.073 066	−0.053 091
已联系时长	−0.014 492	0.011 517	−0.025 595	1.000 000	−0.060 566	−0.043 635	−0.041 651
本次营销联系次数	−0.002 459	−0.020 786	0.151 038	−0.060 566	1.000 000	−0.108 996	−0.058 460
联系间隔	0.000 290	0.008 781	−0.073 066	−0.043 635	−0.108 996	1.000 000	0.479 884
之前营销联系次数	0.021 231	0.022 381	−0.053 091	−0.041 651	−0.058 460	0.479 884	1.000 000

通过比较变量间的相关性，可以发现应用 SMOTE 方法前后变量间的相关性特征变化很小。完全可以认为 SMOTE 方法是可以保证变量间的相关性的。

上述数据探索重点关注了连续型变量在应用 SMOTE 方法前后的特征对比，对于分类型变量我们通过柱状图的形式直观地进行观察。如图 5-18 所示。

从数据前后的变化上来看，SMOTE 基本上没有改变原始数据的分布，也基本上保留了原始数据字段之间的关系。这样的数据模拟方式比较好地解决了数据分布不均衡以及没有大量真实数据等问题，用户可以利用数据仿真获得的数据进行模型的训练和验证。有兴趣的读者可以自己尝试 SMOTE 和 Imbalanced-learn 中提供的其他抽样方法。

5.6　马尔可夫链及马尔可夫决策过程

人工智能的研究目标是让计算机能识别自身所处的环境，并能够理性地做出各种决策，这些决策能够最大限度地增加实现目标的可能性。人工智能包含的领域非常广泛，如原因探索（reasoning）、知识表达及知识工程（knowledge）、规划（planning）、自然语言处理、感觉（perception）以及搬运和控制物体等。

人工智能领域的规划分支主要回答“下一步应该采取哪种行动”的问题。从技术实现的角度来看，主要有 3 个不同的方法。第一个方法就是以编程为基础的方法，即编程者在程序中预先设置了问题的解决方案。比如，当机器人在房间中移动时，当距墙太近时，就需要停止移动以避免碰撞；当机器人要离开房间时，首先要找到门。第二个方法是基于机器学习的方法，即从失败或者成功中学习模式，并应用于新的实践。这个方法大家都比较熟悉，我们之前讨论的各种有监督、无监督的建模方法都可以算作属于这个领域。第三个方法就是基于模型的方法，即给定目标、输入及可以采用的行动列表，模型会自动输出下一步应该采用的行动是什么。

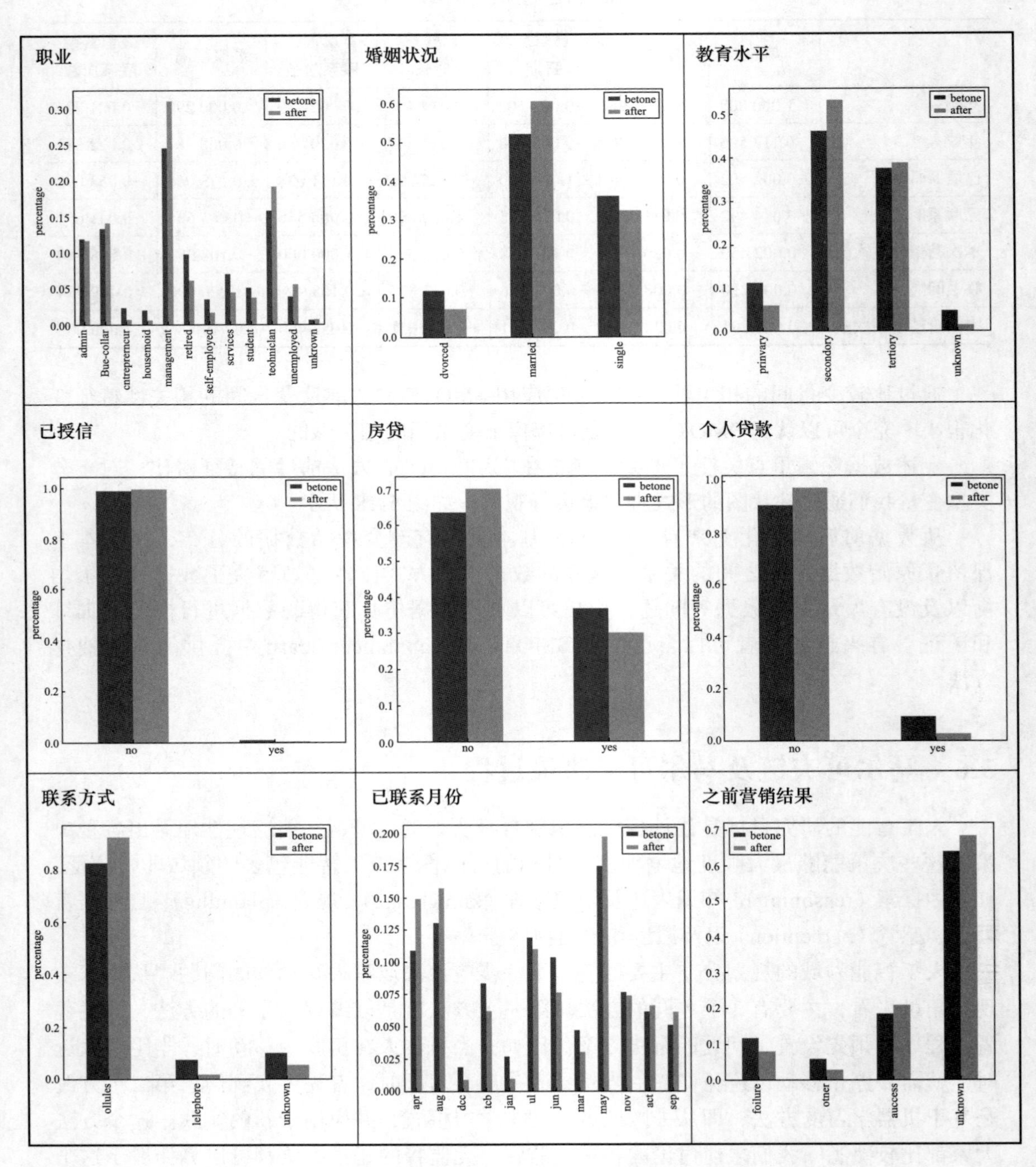

图 5-18　SMOTE 前后离散型字段的分布

在基于模型的规划领域，启发式（Heuristics，又称试探法）搜索是经典的规划方法。所谓启发式的含义就是指根据一些标准、方法或者原则决定从众多可能行动中挑选最有效率的行动。启发式的概念和方法并不是最近几年才提出的，早在 1983 年，J. Pearl 就出版了专著《Heuristics》，专门描述了其概念、基本原则等。后来的研究者在此基础上继续发展出了大量成果。总体来说，启发式搜索能较其他的算法更快地找到一个可行解。

马尔可夫链、马尔可夫决策过程是启发式搜索的相关技术中比较经典的方法。本节主要讨论马尔可夫过程、马尔可夫链、马尔可夫决策过程等内容。

5.6.1　马尔可夫过程及马尔可夫链

马尔可夫过程（Markov Process）及马尔可夫链（Markov Chain）是马尔可夫决策过程（Markov decision Process）的基础知识。在研究马尔可夫决策过程之前，有必要回顾一下马尔可夫过程和马尔可夫链的相关知识。

令 X_t 是一个随机变量，表示在时间 $t=1$，2，…，T 离散点上的系统状态，则随机变量族 $\{X_t\}$ 就形成了一个随机过程（Stochastic Process）。具有马尔可夫特性（Markov Property）的随机过程是指 $t+1$ 的系统状态取决于 t 的系统状态，这个随机过程称为马尔可夫过程。图 5-19 所示就是一个马尔可夫过程的例子。

图 5-19　在赛车过程中汽车状态间的迁移构成马尔可夫过程

马尔可夫链是指未来一系列可能状态的概率仅仅依赖于前一个状态的随机模型。在具有 n 个完全和互斥状态的马尔可夫过程中，在给定时间上的一步转移概率（One-step Transition Probability）可以定义如下：

$$p_{ij}=P(X_t=j\mid X_{t-1}=i),\ i,\ j=1,\ 2,\ \cdots,\ n,\ t=0,\ 1,\ 2,\ \cdots,\ T$$

其中，$\sum_j p_{ij}=1$，$i=1$，2，…，n，

$p_{ij}\geqslant 0$，i，$j=1$，2，…，n，

将一步转移概率按照矩阵方式表达就构成了马尔可夫链，也称之为转移矩阵。

$$P=\begin{pmatrix} p_{11} & \cdots & p_{1n} \\ \vdots & \ddots & \vdots \\ p_{n1} & \cdots & p_{nn} \end{pmatrix}$$

马尔可夫链中若每一步的状态转移没有外界的干预则转移概率都是固定的，与具体

的时间无关。也就是说，状态之间的迁移概率是固定不变的，不随着时间的变化而变化。可以通过一个例子来说明马尔可夫链的过程[⊖]。根据实验结果，可以将土壤划分 3 个状态：1 良好；2 一般；3 较差。并且发现当前的土壤条件会影响下一年的土壤条件，影响的概率如表 5-7 所示。

表 5-7 土壤状况及施肥对下一年的土壤条件的影响概率

		下一年的土壤情况		
		1	2	3
当前的土壤情况	1	0.2	0.5	0.3
	2	0	0.5	0.5
	3	0	0	1

至此，可以构建一个马尔可夫链如下。

$$P=\begin{pmatrix}0.2 & 0.5 & 0.3\\ 0 & 0.5 & 0.5\\ 0 & 0 & 1\end{pmatrix}$$

这个概率说明如果今年的土壤条件较好，则在下一年只有 20% 的概率仍然保持较好的土壤条件，但是有 50% 的可能性会使得土壤条件变得一般，有 30% 的概率使得土壤变得较差。如果今年土壤条件一般，则来年有 50% 的可能性土壤条件仍然保持一般状态，但也有 50% 的可能性是土壤条件变差。如果今年土壤条件较差，来年肯定还是较差。

假设今年的土壤状态是 $a^{(0)}$，则来年的土壤状态 $a^{(1)}$ 的概率是通过转移矩阵计算而来的。

$$a^{(1)}=a^{(0)}P$$

后年土壤状态 $a^{(2)}$ 的概率则是依赖于前一年的土壤状态计算而来的。

$$a^{(2)}=a^{(1)}P=a^{(0)}PP=a^{(0)}P^2$$

以此类推，可以得到

$$a^{(n)}=a^{(0)}P^n$$

其中，将 P^n 称为 n 步转移矩阵，而 $a^{(i)}$ 称为状态 i 的绝对概率。在上述过程中不难发现状态间的迁移取决于转移矩阵的取值。不同的转移矩阵，对后续的状态影响是巨大的；改变转移矩阵的取值，也会影响后续状态的取值。

转移矩阵根据概率的取值可以将马尔可夫链分为几个类型，包括吸收的（Absorbing）

⊖ 该例子摘自《运筹学导论高级篇》，Hamdy A. Taha 著，薛毅、刘德刚、朱建明、侯思祥译，人民邮电出版社 2008 年版，第 627 页。

和周期性的（Periodic）等。吸收马尔可夫链（Absorbing Markov Chain）是指随机状态最终会进入吸收状态（Absorbing State）。当进入吸收状态时，不论经过多少次的状态转移，下一个状态的绝对概率是不会变的。也就是说，一旦进入吸收状态便无法逃离。吸收马尔可夫链的判断条件如下：

- 至少存在一个吸收状态；
- 随机过程不论从何种状态开始，经过有限步骤的状态转变最终都会进入吸收状态。

若令 π 为稳定状态的绝对概率，则稳定状态再经过一次转换仍然还是稳定状态：

$$\pi = \pi P$$

基于稳定状态的计算方法，可以快速计算稳定状态的绝对概率，以及通过多少次可以到达某状态。对给定上述施肥的例子，两个施肥的方案对土壤条件（状态）的转移矩阵分别如下：

$$P_1 = \begin{pmatrix} 0.3 & 0.6 & 0.1 \\ 0.1 & 0.6 & 0.3 \\ 0.05 & 0.4 & 0.55 \end{pmatrix}$$

$$P_2 = \begin{pmatrix} 0.35 & 0.6 & 0.05 \\ 0.3 & 0.6 & 0.1 \\ 0.25 & 0.4 & 0.35 \end{pmatrix}$$

构建方程 $\pi = \pi P_1$，$\pi = \pi P_2$，求两个方案的吸收状态的绝对概率。针对第一种方案其方程如下：

$$(\pi_1\pi_2\pi_3) = (\pi_1\pi_2\pi_3)\begin{pmatrix} 0.3 & 0.6 & 0.1 \\ 0.1 & 0.6 & 0.3 \\ 0.05 & 0.4 & 0.55 \end{pmatrix}$$

由此，得出一组方程组：

$$\pi_1 = 0.3\pi_1 + 0.1\pi_2 + 0.05\pi_3$$
$$\pi_2 = 0.6\pi_1 + 0.6\pi_2 + 0.4\pi_3$$
$$\pi_3 = 0.1\pi_1 + 0.3\pi_2 + 0.55\pi_3$$
$$\pi_1 + \pi_2 + \pi_3 = 1$$

该方程组的解为 $\pi_1 = 0.101\,7$，$\pi_2 = 0.525\,4$，$\pi_3 = 0.372\,9$。该方程组解的含义是不论之前的土壤情况是如何的，经过多次的转化后，按照方案 1 的施肥方法，有 10% 的概率土壤会是较好的状态，52% 的可能性会是一般的状态，37% 的可能性会是较差的状态。采用同样的方法计算方案 2 的稳定概率，得出 $\pi_1 = 0.31$，$\pi_2 = 0.58$，$\pi_3 = 0.11$。不难发现方案 2 明显较好，所以，方案 2 应当是被采用的。

5.6.2 马尔可夫决策过程及应用工具

马尔可夫链中若在状态迁移间引入干预，则状态间的迁移概率就会不同。马尔可夫决策过程是指马尔可夫链的状态转换依赖于目前的状态和应用在该状态上的干预。还是以赛车时的汽车状态为例介绍马尔可夫决策过程。假设汽车有 3 种状态：正常、温度过高、抛锚；而驾驶员有 3 个动作：减速、匀速、加速。这几个要素可以构成一个最简单的马尔可夫决策过程，如图 5-20 所示。

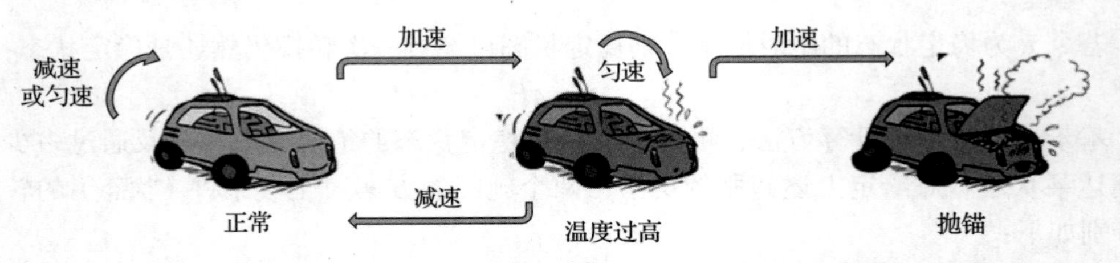

图 5-20　在赛车过程中汽车状态间的迁移加入动作干预构成马尔可夫决策过程

马尔可夫决策过程的完整定义包含 5 个要素构成：有限的状态集 S；有限的干预动作集 A；转移概率 $P_a(s', s) = P(s_{t+1} = s' \mid s_t = s, a_t = a)$，即时点 t+1 的状态概率由 t 时点的状态 s 和施加在该状态上的动作 a 来决定；发生状态迁移而获得的收益 R；折扣系数 γ，即将现在的收益换算为将来的收益。马尔可夫的具体表达为：

$$MDP = (S, A, P, R, \gamma)$$

迁移概率和收益都是以矩阵的形式来表达的。比如针对前面介绍的土壤施肥问题，除了迁移概率矩阵外，还可以明确收益矩阵。收益矩阵的明确是通过实际测算而来的，它只是马尔可夫决策过程的重要输入，不是决策过程的输出。

$$R = \begin{pmatrix} 7 & 6 & 3 \\ 0 & 5 & 1 \\ 0 & 0 & -1 \end{pmatrix}$$

上述收益矩阵的含义就是土地状态从良好迁移到良好，收益是 7；从良好迁移到一般，收益是 6；从良好迁移到较差，收益是 3。

马尔可夫决策过程的研究意义在于输出最优策略（Policy），也就是伴随状态迁移的一系列动作序列。比如，为了赢得比赛，赛车车手的动作序列可以是加速、匀速、减速、加速等。

马尔可夫决策过程的求解过程是用向后归纳（Backward Induction）的方法来计算的。也就是说，在对第 i 次状态迁移的最大期望价值，是由 $i, i+1, \cdots, N$ 次状态迁移中最大的收益来确定的。而状态的迁移又与具体的动作相关，所以马尔可夫决策过程就是不断计算收益值并通过收益最大化来选择具体的动作，作为最终的决策输出的过程。

$$V(s)=\sum_{s'}P_{\pi(s)}(s,s')(R_{\pi(s)}(s,s')+\ \ V(s'))$$

$$\pi(s)=\arg\max_a\left\{\sum_{s'}P_a(s,s')(R_a(s,s')+\gamma V(s'))\right\}$$

其中 π 为给定状态 s 的最佳决策。我们通过图 5-21 所示的过程来说明计算过程。

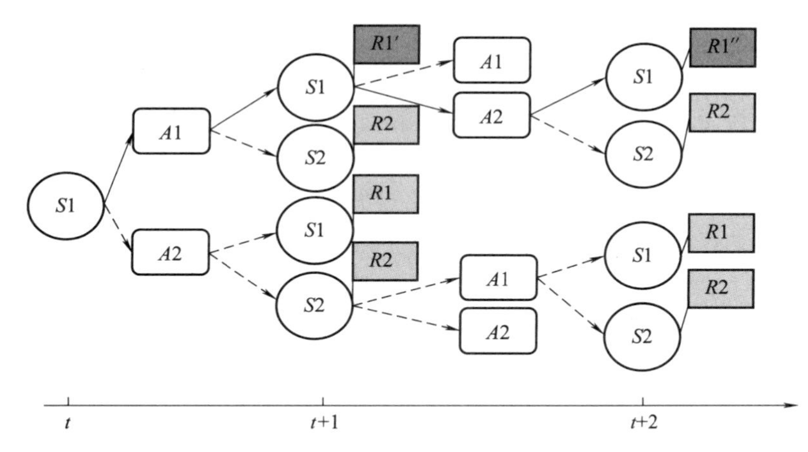

图 5-21 “两种状态、两个动作”的马尔可夫决策过程通过期望收益确定最终的决策

在图 5-21 中，假设期望收益 $R1'$ 是 $R1''$ 在时点 t 的后续时点 $t+1$ 和 $t+2$ 中所有预期收益的最大值，则可进一步确定最佳决策输出应该是动作序列 [$A1$, $A2$]。t 时点 $S1$ 的最大预期收益是自身的收益加上 $t+1$ 和 $t+2$ 时点可能的最大收益。

在计算过程中，首先计算 $t+2$ 时点的预期收益。由于 $t+2$ 时点是最后一个时点，所以预期收益就是转移矩阵 $P\times$ 收益矩阵 R。以土壤施肥问题为例，

$$P\times R=\begin{pmatrix}0.2 & 0.5 & 0.3\\ 0 & 0.5 & 0.5\\ 0 & 0 & 1\end{pmatrix}\times\begin{pmatrix}7 & 6 & 3\\ 0 & 5 & 1\\ 0 & 0 & -1\end{pmatrix}=\begin{pmatrix}5.3\\ 3\\ -1\end{pmatrix}$$

通过计算得出在 $t+2$ 时点的收益，并根据最大值确定 $t+2$ 时点的动作应该是什么(如是施肥还是不施肥)。在下一步计算 $t+1$ 时点的期望收益时需要累加 $t+2$ 时点的预期收益，并根据最大预期收益值确定 $t+1$ 时点的动作；以此类推，确定 t 时点的预期收益及对应动作。从这个计算过程中我们可以看出，最优解的确定是“站在未来的一个较优的状态，向后计算至当前位置，以确定通过哪些路径可以到达”的过程。

在开源世界已经有非常好的工具可以支持马尔可夫决策过程。在本节中，我们将采用 Markov Decision Process (MDP) Toolbox for Python[⊖]工具进行示例。我们采用 MDPtoolbox 来解决施肥问题的最优决策求解问题。

⊖ https://pymdptoolbox.readthedocs.io/en/latest/index.html。

```
import mdptoolbox
import numpy as py

# transition probability matrix for two actions: not fertilization or fertilization
P=py.array([[[0.2,0.5,0.3],
    [0,0.5,0.5],
    [0,0,1]],
    [[0.3,0.6,0.1],
     [0.1,0.6,0.3],
     [0.05,0.4,0.55]]])

# reward matrix for two actions: not fertilization or fertilization
R=py.array([[[7,6,3],
    [0,5,1],
    [0,0,-1]],
    [[6,5,-1],
     [7,4,0],
     [6,3,-2]]])

# discount = 0.9, Number of periods = 5
fh = mdptoolbox.mdp.FiniteHorizon(P, R, 0.9, 5)
fh.run()

# backward induction value
print(fh.V)

# optimal solution
print(fh.policy)
```

上述代码输出的期望收益矩阵如图 5-22 所示。每一个阶段的预期收益的取值过程是：分别计算采取施肥或不施肥两种行动下的收益，取最大值作为本阶段的预期收益。比如，在第一阶段若不施肥收益要比施肥收益低，则应该采取施肥行动，且将施肥后的收益作为本阶段的收益。

```
[[13.09855103 11.60019988  9.886655    7.841       5.3         0.        ]
 [10.35597655  8.87734503  7.226725    5.359       3.1         0.        ]
 [ 6.71787232  5.25256386  3.6485725   1.9525      0.4         0.        ]]
```

图 5-22 期望收益矩阵

最终输出的行动序列如下：

```
[[1 1 1 1 0]
 [1 1 1 1 1]
 [1 1 1 1 1]]
```

该矩阵说明不论土地的初始状态如何，在 5 个状态转移阶段中，前 4 个阶段都应该采取施肥策略；而当初始状态是良好时，在第 5 个阶段可以不用施肥，其他土地初始状态都需要施肥。

若给定状态转换的次数，则是一个有限阶段（finite-stage）问题。若求解最优问题时无法确定有多少个阶段，就属于无穷阶段（infinite-stage）问题。无穷阶段的求解一般用线性规划的方法比较直接。上述例子也可以用 MDPtoolbox 提供的 LP、PolicyIteration 等方法按照无穷阶段的方式来求解。

```
fh = mdptoolbox.mdp._LP(P, R, 0.9)
fh.run()
print(fh.V)
print(fh.policy)

(34.58438961851419, 32.17418995905785, 28.71527630693642)
(1, 1, 1)


fh = mdptoolbox.mdp.PolicyIteration(P, R, 0.9)
fh.run()
print(fh.V)
print(fh.policy)

(26.389225374561704, 23.638189352884943, 19.994580809690813)
(1, 1, 1)
```

无论采用何种方法来求解，求解的结果都是相似的，即不论土地是何种初始状态，在下一个阶段最佳的行动决策都是施肥。

5.6.3　应用马尔可夫决策过程研究营销策略及客户生命周期价值

随着大数据相关技术的广泛应用，人们越来越相信通过机器学习的手段计算出 Next Best Offer 或 Next Best Action 是完全可行的。人们也越来越愿意在这方面进行尝试，其实这个过程就是将机器学习的技术深入应用到营销领域而已。

应用马尔可夫链的相关知识来计算最优的营销方案或最优客户提升方案，在最近几年已有越来越多的实例。本节参考相关学者的研究成果[⊖]，结合近几年较多参与的营销实践，尝试探讨一下马尔可夫链、马尔可夫决策过程等技术在客户生命周期、最优营销提升策略方面的应用。

在营销领域应用马尔可夫链，首先要明确客户状态和状态间迁移的概率矩阵。若从客户购买产品或使用服务的角度对客户的状态进行划分，是一个清晰明了的研究方式。因为购买产品或服务本身就是一个随机事件，这些事件的组合构成了随机过程。比如，客户首先使用活期存款服务，然后在某个时期又购买理财产品或使用某个服务，或者在将来某个时期会不使用任何的产品和服务。通过这个过程可以将客户的状态识别出来，并使用群体统计的方法来明确客户状态由 i 转变为 j 的概率，构成“未来的一系列可能客户状态概率取决于前一个客户状态”的马尔可夫链，如图 5-23 所示。

⊖ Customer lifetime value: Stochastic optimization approach,Wai-Ki Ching, Michael K.Ng, Ka-Kuen Wong,Eitan Altman, Journal Of The Operational Research Society, 2004, v. 55 n. 8, p. 860-868。

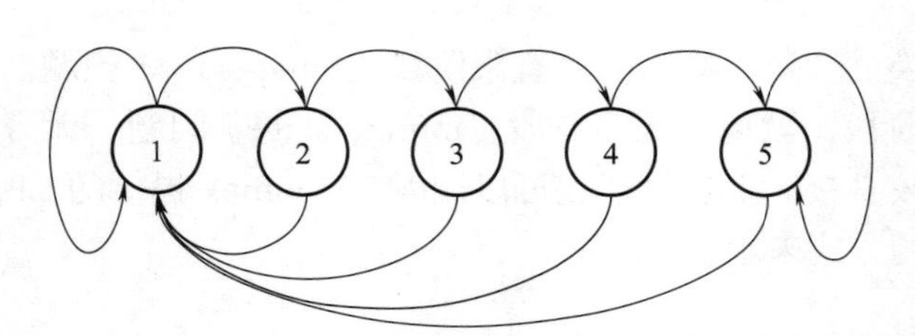

图 5-23　将企业与客户的关系定义为客户状态

在定义客户状态时有很多种做法，比如将客户与企业间的紧密关系划分为几个档次，每个档次就是一个客户状态[㊀]。从银行的角度来观察，紧密关系又可以从持有产品数量、资产数量、与银行的交往时长、过往的贡献等方面来衡量。笔者也看到有部分银行为了精确地刻画客户贡献，已经做了不少综合评价客户质量的指标。

有人将客户购买行为作为客户状态，比如使用“已经有多长时间没有购买，截至目前共购买了多少个”来定义客户状态。这个定义可以想见：必须给定观察时长；客户状态的划分比较多；客户在状态间的迁移比较频繁。有人将客户购买给定产品的数量作为定义客户状态的维度，即按照购买的多寡分为几个档次，按照这个档次将客户分为几个状态。

如何定义客户状态最终取决于研究的目标。若研究的是具体产品的营销，可以单纯考虑该产品客户群的购买状态；若研究是的客户生命周期等比较宏观的主题，则需要从综合统计的角度来确定客户状态。不论采用何种方法，总是少不了一个最普适的状态：客户离开。

客户状态确定后，就可以通过观察群体在给定的一段时间内状态间迁移的统计作为马尔可夫链中的迁移概率矩阵。统计的过程就是观察期初和期末原来属于 i 状态的客户最后在期末属于其他类的比例。这个统计过程与聚类分析结果的评价过程完全一致，本质上都是计算迁移率。

表 5-8 来自笔者给银行客户做的项目的真实数据[㊁]。客户细分在评价时强调细分结果的稳定性，原因是基于客户细分制定的群体策略的执行、评估需要一段时间，若大部分客户的迁移率比较高，那么基于群体制定的营销策略就不能满足客户实际的需求。客户已经从一个群体迁移到另一个群体，他若还收到上个群体给他的策略，体验是不好的。但是从长远的客户关系管理及客户成长角度来说，又鼓励客户从价值低、不活跃的客户群迁移到价值高、活跃的客群，并且期望能在客群迁移的过程中给出相应的营销手段，加速客户迁移，那么这就需要用到马尔可夫决策过程的技术，寻求状态迁移的 Next Best Action。

㊀ https://pdfs.semanticscholar.org/121e/b7d1b3351f8d9c6c63305905bad669a66de7.pdf。

㊁ 感谢同事仇敏讷在客户细分及数据统计方面所做的努力。

表 5-8　客群细分（客户状态）迁移率的示例

	新Clus1	新Clus3	新Clus5	新Clus7	新Clus8	新Clus其他	合计
原 Clus1	**77.1%**	1.9%	0.5%	20.0%	0.3%	0.1%	100%
原 Clus3	30.2%	**35.6%**	11.8%	17.9%	2.6%	2.0%	100%
原 Clus5	8.7%	4.9%	**61.9%**	19.5%	1.8%	3.2%	100%
原 Clus7	32.1%	2.0%	1.2%	**64.4%**	0.3%	0.1%	100%
原 Clus8	18.0%	4.6%	8.5%	6.9%	**55.5%**	6.5%	100%
原 Clus 其他	8.1%	5.3%	30.4%	2.4%	10.1%	**43.6%**	100%

马尔可夫决策过程中另一个重要的参数收益矩阵，其实只需要明确状态迁移间所带来的收益即可。从银行的角度来看，客户不同的状态带来收益可能是不同的，如就单单以资产状况来看，不同的资产的数额带来的收益就大不相同。

若期望马尔可夫决策过程输出具体的营销措施是否执行、执行哪个营销措施等这样的输出，那么从一开始在定义状态迁移矩阵、收益矩阵时就需要围绕给定的营销措施来计量。比如，对于给定产品服务，先确定客户状态，然后确定不同营销措施下的客户状态迁移矩阵。

$$P^{(1)}=\begin{pmatrix} 0.4230 & 0.0992 & 0.0615 & 0.4163 \\ 0.3458 & 0.2109 & 0.2148 & 0.2285 \\ 0.2147 & 0.2034 & 0.4447 & 0.1372 \\ 0.1489 & 0.0266 & 0.0191 & 0.8054 \end{pmatrix} \quad P^{(2)}=\begin{pmatrix} 0.4146 & 0.0623 & 0.0267 & 0.4964 \\ 0.3837 & 0.1744 & 0.1158 & 0.3261 \\ 0.2742 & 0.2069 & 0.2809 & 0.2380 \\ 0.1064 & 0.0121 & 0.0053 & 0.8762 \end{pmatrix}$$

通过业务统计明确在不同营销措施下的收益矩阵，如表 5-9 所示。

表 5-9　不同营销措施下的收益矩阵

State	1	2	3	0
Promotion	6.97	18.09	43.75	0.00
No-promotion	14.03	51.72	139.20	0.00

此时就可以应用马尔可夫决策过程来计算最优的营销策略了，如图 5-24 所示。

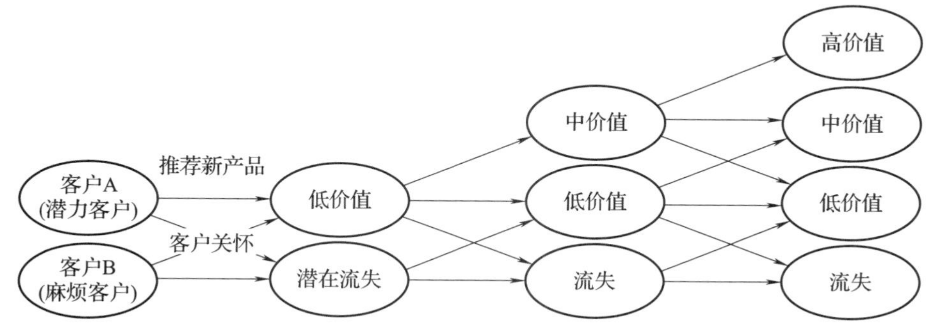

图 5-24　利用马尔可夫的方法促使客户由低价值向高价值成长，同时努力避免客户流失

若客户状态中包含客户流失状态，则可以通过计算稳定状态下的绝对概率判断客群流失的概率。分别计算上述两个迁移矩阵的绝对概率

$$\pi = \pi P$$

计算的结果如下：

$P^{(1)} = (0.230\,6, 0.069\,1, 0.073\,8, 0.626\,5)$　　$P^{(2)} = (0.169\,2, 0.028\,5, 0.016\,7, 0.785\,6)$

这个例子中第 4 个状态是客户流失，由这个结果来看，客户流失的概率还是挺高的。

一旦对客户流失概率有了计算，那么就能进一步计算客户生命周期价值。客户生命周期价值是客户关系管理领域的重要指标，也是与客户生命周期有关的重要指标。客户生命周期（Customer Life Cycle）是指客户关系生命周期，用来对应客户接触、购买、忠诚、流失的全过程和所有阶段。客户生命周期价值（Customer Lifetime Value）是个预测值，用于计算未来客户生命周期中的收益，其本质上是一种衡量客户未来价值的手段。客户生命周期价值的计算方式有很多种，如：

$$\mathrm{CLV} = \mathrm{GC} \cdot \sum_{i=1}^{n} \frac{r^{i}}{(1+d)^{i}} - M \cdot \sum_{i=1}^{n} \frac{r^{i-1}}{(1+d)^{i-0.5}}$$

其中，GC 意指客户当前的年收益；r（Retention Rate）是保留率，是指客户在未来一段时间内继续购买产品或服务的可能性；d（Discount Rate）是折算率，用于折算客户未来收入成本的指标，一般采取当前的利率作为简单的近似估值；n 意指年限的长度，这里特指客户未来可能带来金融价值的年限；M 意指单客户的年保留成本。

不论采用何种计算方式，客户流失率都是一个非常重要的指标。客户个体的流失概率可以通过构建流失预测模型求得，但是由于对客户行为掌握不足、数据不足等各方面的原因，预测模型的准确率不会太理想。客户群体的流失概率可以通过统计“该群体的客户在期末成为流失客户的比例”来确定。马尔可夫链的方法对此提供了另一个群体流失概率的计算方式。

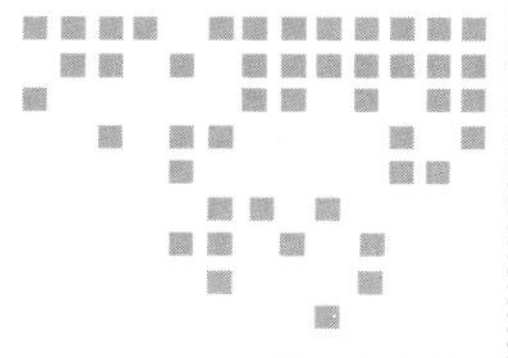

第6章 Chapter 6

深入探讨 CNN

大数据的发展极大地促进了智能技术的发展，因为大数据技术可以提供更为宽广的数据，也可以提供强大的计算能力。对一个企业而言，并不是必须通过深度学习、人工智能等手段才能体现大数据的价值。深度学习、人工智能等技术只是升华数据价值的手段之一。

以银行为例，智能投顾目前成为一个非常热门的研究主题。所谓智能投顾就是根据客户的特征、交谈内容等数据，采用一系列数据分析模型，实时给客户推荐合适的投资理财产品组合。这个过程是很复杂的，本书之前谈到的很多技术，如实时计算、预测及细分模型、决策自动化技术、文本分析技术等都会被整合进来，成为一个整体的解决方案。那么，客户所体验到的智能化，其实是一系列技术的组合结果，人机对话只是其中一个环节而已。

在目前认为 AI 将在很多领域取代人的风潮下，人们对于深度学习更加痴迷，认为深度学习可以解决很多前人无法解决的问题。其实，我们需要冷静地应用深度学习的相关知识和工具，以能解决实际问题作为出发点来思考如何应用深度学习的相关技术。相信读者从各种媒体上看到过，人工智能其实已经经历过好几次的起伏，最近几年在 IBM Watson、Google Alpha Go 等明星应用，以及 CNN、DNN 等各种深度学习算法的助推下，人工智能又开始经历新一波发展。或许再过几年，人们又会说“其实人工智能的相关技术还不成熟，要实现强人工智能还需时日”。笔者试图通过基本原理的探讨和通过一些有价值的实例，与读者共同探讨下深度学习的相关内容。

6.1 换个角度讨论 CNN

CNN（Convolutional Neural Network，卷积神经网络）由于其在图片分类、Alpha

Go、文本分类等诸多方面有非常亮眼的表现，得到了人们的热切关注。介绍 CNN 原理、用法的书籍、材料可以说非常丰富，本节笔者并不希望按照“什么是 CNN”这样的逻辑开始说起，而是希望首先介绍一下 CNN 出现之前典型的图片处理、降维、分类等做法，试图通过对比使得大家对此有一个较为清晰的认识。这也是本节标题“换个角度讨论 CNN”的命名原因。

6.1.1 卷积是在做什么

卷积并不是图像处理的特有概念，在很多领域都有非常广泛的应用，如在电子工程与信号处理中，任意一个线性系统的输出都可以通过将输入信号与卷积内核（Convolution Kernel）做卷积获得；在声学中，回声可以用源声与一个反映各种反射效应的函数（本质上还是卷积内核）的卷积计算而来。之所以卷积被广泛应用，是因为从数学角度来说，所谓卷积就是用两个函数来产生出第三个函数，并且第三个函数体现了这两个函数中一个函数被另一个函数所影响的结果[⊖]。这个概念说起来有点拗口，我们可以先从信号处理的相关概念说起。

连续输入的信号经过信号系统的处理，可以得到不同的信号处理结果。信号系统对其的处理方式，就是“信号系统打算用哪种脉冲响应（Impulse Response）的方式处理信号”。

在图 6-1 中，可以看到对于相同的信号，经过信号系统的不同脉冲响应的处理得到不同的输出信号。从信号处理的过程来说，对于给定时间 t 上的输入信号，其输出信号既考虑当前信号的取值，也需要考虑之前信号输入的累积效果。卷积计算的一般过程定义如下：

$$[f*g](t)=\int_0^t f(\tau)g(t-\tau)\mathrm{d}\tau$$

其中，f 代表输入信号，g 代表脉冲响应，而 $f*g$ 就是卷积的结果，代表了输入信号、脉冲反应和输出信号三者之间的关系。请注意这里的“*”代表卷积，不是乘法的意思。

从一个抽象的角度理解卷积的含义：我们可以将数据看作伴随众多其他因素（如空间、时间等）的事物表象，而卷积则是代表透过表象看本质时的模式，这种模式能够将“事物应该是什么样”的结果通过计算表达出来。

在不同的领域，信号系统中的脉冲响应具有不同的名字，在图像处理中，称之为滤波器内核（Filter Kernel）、卷积内核（Convolution Kernel）、卷积矩阵（Convolution Matrix）或内核（Kernel）。图像处理中的边缘检测、噪音过滤等过程都属于卷积的范畴，可以说卷积在图像处理中被大量使用。

图像处理的卷积计算过程就是首先确定卷积内核，在整个卷积的过程中，内核的取值是不变的。具体的计算过程通过 4 个步骤完成，如图 6-2 所示：

⊖ https://en.wikipedia.org/wiki/Convolution。

- 将内核的锚点（Anchor Point，也就是中心点）与输入图像中的一个像素对齐；
- 计算该像素周边的像素点与内核乘积的和；
- 将该像素的取值更新为和；
- 依次移动内核到下一个像素，直至所有像素均计算完成。

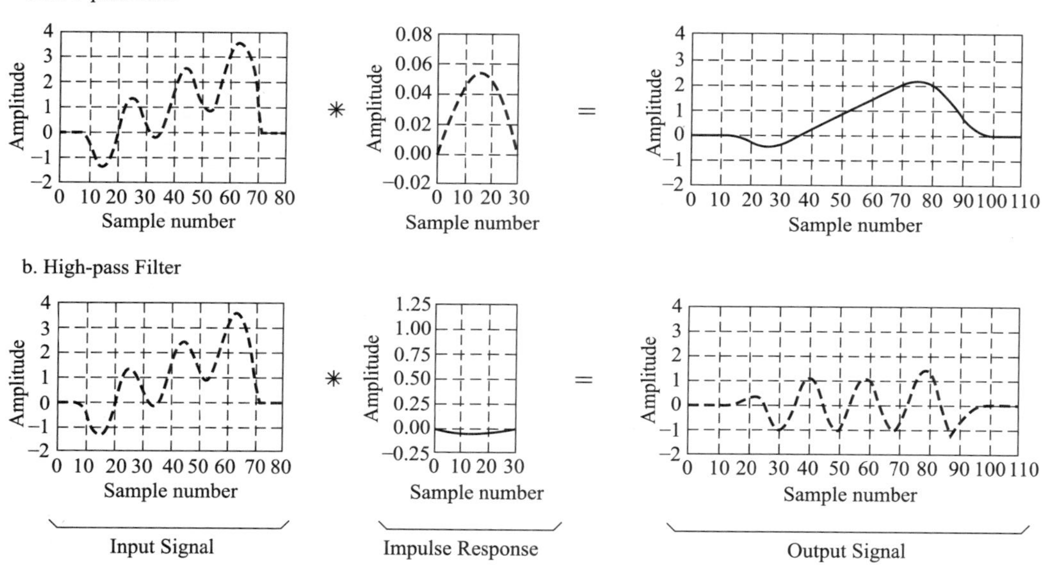

图 6-1 同一个输入信号经过不同的脉冲响应得到不同的输出信号[⊖]

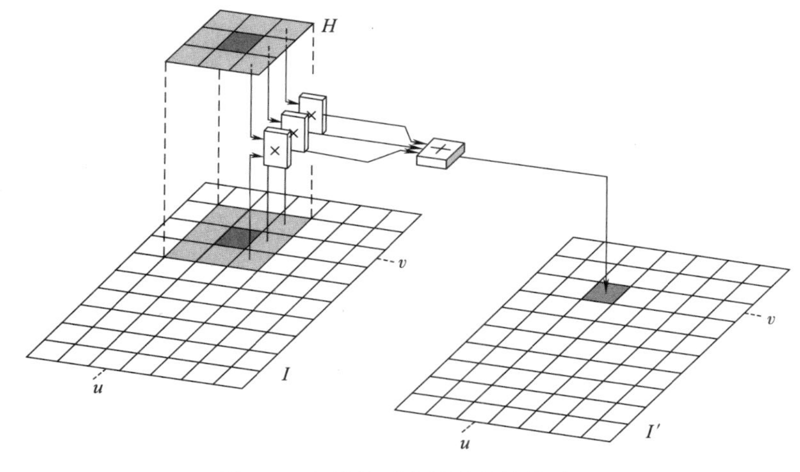

图 6-2 图像处理中的卷积计算过程

⊖ http://www.dspguide.com/ch6/2.htm。

那么，选用何种内核来进行卷积呢？或者说卷积的结果应该是什么？在图像分析领域，人们已经总结出很多非常有用的卷积内核，如表 6-1 中所列的经典卷积内核及效果。

表 6-1 采用 OpenCV 实现不同的卷积效果[㊀]

目的	Kernel	OpenCV 的核心代码	最终效果
原图展示	3 × 3 的内核，见右侧代码	import cv2 import numpy as np img = cv2.imread('Lena Söderberg.jpg') kernel_identity = np.array([[0,0,0], [0,1,0], [0,0,0]]) output = cv2.filter2D(img, -1, kernel_identity) cv2.imshow('Lena Söderberg', output) cv2.waitKey()	
浮雕效果	3 × 3 的内核，见右侧代码	img = cv2.imread('Lena Söderberg.jpg') kernel_emboss_3 = np.array([[1,0,0], [0,0,0], [0,0,-1]]) gray_img = cv2.cvtColor(img,cv2.COLOR_BGR2GRAY) output = cv2.filter2D(gray_img, -1, kernel_emboss_3) + 128	
锐化效果	5 × 5 的内核，见右侧代码	img = cv2.imread('Lena Söderberg.jpg') kernel_sharpen = np.array([[-1,-1,-1,-1,-1], [-1,2,2,2,-1], [-1,2,8,2,-1], [-1,2,2,2,-1], [-1,-1,-1,-1,-1]]) / 8.0 output = cv2.filter2D(img, -1, kernel_sharpen)	
模糊效果	49 × 49 的内核，见右侧代码（kernel size 变大会显著增加模糊效果）	img = cv2.imread('Lena Söderberg.jpg') kernel_blur = np.ones((49,49),np.float32)/2401 output = cv2.filter2D(img, -1, kernel_blur)	

在表 6-1 中，我们采用 OpenCV 来实现不同的卷积效果。OpenCV 是图像处理领域非常知名的开源项目，具有强大、丰富的 API 和高效的运算能力。OpenCV 的安装和其他详细信息读者可以参考其官方网站[㊁]中的介绍，本节对此不再赘述。

通过上述的例子，我们不难发现，采用不同的卷积内核进行卷积计算会产生截然不

㊀ 上述表格的例子中采用了知名的 Lena Söderberg 的图片作为素材进行各种效果的尝试。

㊁ https://opencv.org/。

同的效果。所以，卷积计算的关键在于为了达到某种目标而确定卷积内核。

6.1.2 人脸检测与人脸识别

图像工程的相关研究和应用已经发展了很多年，在深度学习被广泛应用之前，已经在很多领域发挥了巨大的作用。完整的关于图像的研究领域，其实包括图像处理、图像分析和图像理解 3 个层次。清华大学的章毓晋教授在其著作《图像工程》[㊀]中给出了图像工程的 3 个层次的示意图，如图 6-3 所示。

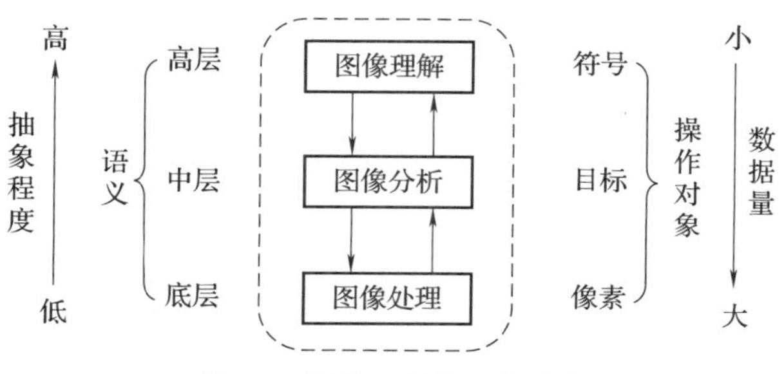

图 6-3　图像工程的 3 个层次

图像处理的主要目标是对图像进行各种加工以改善图像的视觉效果，或者对图像进行压缩编码以减少图像所占的存储空间或传输时间；图像分析就是对图像中感兴趣的目标进行检测和测量，以获得它们的客观信息从而建立图像和目标的描述；图像理解是在图像分析的基础之上，进一步研究图像中各个目标的性质和它们之间的关系，并通过对图像内容的理解得出对原来客观场景的解释。

在上一小节，我们介绍了卷积的相关概念以及如何使用工具来完成卷积操作。从图像工程的角度来看，其实卷积可以认为是图像处理的阶段，而类似于目标识别等相关应用则属于图像分析的阶段。在深度学习出现之前，人们是如何做目标识别的，效果如何呢？在本节我们从人脸检测、人脸识别的角度回顾一下相关的成熟技术。

人脸检测（Face Detection），顾名思义，就是在给定的图片中找出人脸的位置；人脸识别（Face Recognition or Face Identification）则是给定图片后模型能够直接输出人名。人脸检测的技术相对比较成熟，在 OpenCV 的发布中提供了利用 Haar feature-based cascade classifiers 实现的人脸识别的模型，人们只需要加载相关的模型即可实现人脸检测。下面代码实现的就是直接加载模型实现人脸识别的过程。

```
import cv2

face_cascade = cv2.CascadeClassifier('haarcascade_frontalface_alt.xml')
eye_cascade = cv2.CascadeClassifier('haarcascade_eye.xml')
```

㊀ 章毓晋著：《图像工程（上册）图像处理》，清华大学出版社 2006 年版，第 7 页。

```
img = cv2.imread('Lena Söderberg.jpg',cv2.COLOR_RGB2GRAY)

# Detect face
faces = face_cascade.detectMultiScale(img, 1.3, 5)

# Mark the objects
for (x,y,w,h) in faces:
    cv2.rectangle(img,(x,y),(x+w,y+h),(255,0,0),2)
    roi_color = img[y:y+h, x:x+w]
    #detect eye
    eyes = eye_cascade.detectMultiScale(roi_color, 1.3, 5)
    for (ex,ey,ew,eh) in eyes:
        cv2.rectangle(roi_color,(ex,ey),(ex+ew,ey+eh),(0,255,0),2)

cv2.imshow('Lena Söderberg',img)
cv2.waitKey(0)
cv2.destroyAllWindows()
```

上述代码实现的效果如图 6-4 所示。

图 6-4　人脸检测的例子

Haar feature-based cascade classifiers 是一个非常著名的目标检测分类器，除了人脸检测，OpenCV 中还提供了肢体检测、笑脸检测等模型。我们通过提供训练集还能训练出给定目标的检测模型，比如笔者在多年前就通过提供简单的汽车图片作为正例、以其他图片作为反例训练出汽车检测的模型，并应用于在视频中实时捕捉汽车的数量和速度，如图 6-5 所示。

图 6-5　通过对汽车目标的识别实现交通状况的监控

上述例子属于非常初级的应用，旨在说明可以应用 Haar feature-based cascade classifiers 做出很多有意义的应用，若引入边界检测等手段，在上述例子中还可以做到对汽车进行精细的框定，除此之外对训练集进行进一步的处理，还能提高目标检测的准确性。

在前面的例子中，我们侧重从实际的效果和应用的角度来阐述。其实目标识别相关技术已经发展得较为成熟，但是从一般的图像目标检测的流程来看，我们有必要再深入了解一下具体的实现过程。

图像目标检测本质上是一个构建分类器的过程，即利用相关的技术能够将目标的特征识别出来并通过分类器判断其是否属于给定类别。整个过程与所谓数据挖掘过程非常相似，如图 6-6 所示。

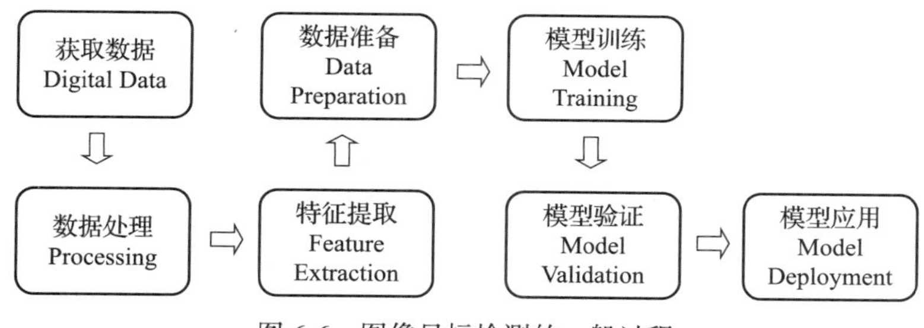

图 6-6 图像目标检测的一般过程

图像都是矩阵形式的数据结构，每个矩阵中一个点代表一个像素的取值。一般情况下，若是灰度图则一个像素取值只需要一个字节，即 [0, 255]；若是彩色图片如 RGB，一个像素的数据由多个字节组成，每个字节代表一个颜色通道（channel）。在实际应用中，图像的具体格式有很多种，且大都是通过压缩来存储的，但是经过解码器解码后，则又会还原为矩阵形式的数据结构。

图像中每个像素的取值是图像的原有的数据特征和维度。例如，针对一个 80 × 80 像素的图片，可以认为其有 6 400 个数据维度。特征提取就是要从这些维度中总结归纳、提取有用的特征、能够代表研究目标的特性。一般都是从纹理、颜色、形状等各方面进行特征提取，手段也非常灵活。读者若感兴趣，可以查阅相关的专业材料。从人脸识别的角度，有一个比较流行的做法就是通过 PCA 的相关技术，将高维度的图像通过降维，得到其显著特征。

主成分分析（PCA）是一种减少数据集维数的统计方法，所保留的特征是数据集中对方差贡献最大的特征，即通过几个少数主成分来表达原始变量的信息。PCA 的主要思想是将原始的 n 维特征映射到 k 个正交的特征上，k 个正交特征对应 k 个正交的坐标轴，每个坐标轴依次代表方差最大的方向，这 k 个坐标轴包含了几乎所有的方差，这样就实现了特征降维的处理。PCA 的实现过程比较简单，通过计算数据矩阵的协方差矩阵，然后计算其特征值和特征向量，选择特征值最大的 k 个特征向量，特征向量与数据矩阵相乘得到降维后的数据。

PCA 可以用于数据压缩，对于结构化数据，可以减少特征的维数，降低模型的复杂度；对于图像数据，可以做图像压缩，并且得到显著特征。

Eigenfaces 是通过 PCA 生成关于人脸的特征向量，这种向量代表了计算机在做人脸识别时处理数据的“视角”。人类在认识一个人时关注的是族裔、年龄、肤色、五官位置、五官特征等方面，而计算机在“认识”一个人时则是从特征向量的角度来识别。这种特征向量是人类无法直接理解的。我们采用了 Labeled Faces in the Wild（LFW）人脸数据库[一]，通过 PCA 转换得到 Eigenfaces 的向量矩阵[二]。LFW 人脸数据库提供事先处理好图片大小并且人脸位置明确的“对齐”的数据库，这给 Eigenfaces 的学习带来了不少便利。

生成 Eigenfaces 的过程需要通过几个步骤来完成，首先下载图片库并加载，为了处理高效一般只采用一个颜色通道的灰度图。图 6-7 所示是我们采用的 LFW 人脸数据库的部分图片示例。

图 6-7　LFW 提供的一万多张人脸图像中的部分示例

[一] http://vis-www.cs.umass.edu/lfw/。

[二] 本例子参考了 scikitlearn 中的相关例子，并做了一些改进：https://scikit-learn.org/stable/auto_examples/applications/plot_face_recognition.html#sphx-glr-auto-examples-applications-plot-face-recognition-py。

加载数据之后需要调用 PCA 的相关算法生成给定数量（eigenfaces_components_num）的 Eigenfaces，计算结束后可以通过展示看到 Eigenfaces 向量的结果。

```
from scipy._lib.six import xrange
from sklearn.datasets import fetch_lfw_people
from sklearn.decomposition import PCA
from sklearn.model_selection import train_test_split
from sklearn.svm import SVC

import matplotlib.pyplot as plt
import pandas as pd

eigenfaces_components_num = 20

lfw_people = fetch_lfw_people(data_home = '/home/frank/Desktop/Develop/Code/Sample/Deloitte')

# introspect the images arrays to find the shapes (for plotting)
n_samples, h, w = lfw_people.images.shape

X = lfw_people.data
n_features = X.shape[1]

# the label to predict is the id of the person
y = lfw_people.target
target_names = lfw_people.target_names
n_classes = target_names.shape[0]

# split into a training and testing set
X_train, X_test, y_train, y_test = train_test_split(
    X, y, test_size=0.25, random_state=42)

pca = PCA(n_components=eigenfaces_components_num, svd_solver='randomized',
          whiten=True).fit(X_train)

eigenfaces = pca.components_.reshape((eigenfaces_components_num, h, w))
```

从一万多张图片中经过 PCA 处理，得到给定数量 Eigenfaces。其实 Eigenfaces 就是一张张“模糊”的脸型，代表脸型中比较普遍的模式，如图 6-8 所示。Eigenfaces 的数量设置得越多，对图片的特征把握得越精细。

Eigenfaces 代表了计算机学习到的关于人脸的总结归纳，用这样的模式就可以对给定的图片进行转换，每个 Eigenfaces 代表了一个新的维度。

```
X_train_pca = pca.transform(X_train)
X_test_pca = pca.transform(X_test)

transfered_data = pd.DataFrame(X_train_pca, columns= ['eigenface' + str(n) for n in xrange(eigenfaces_components_num)])
transfered_data.head(10)
```

所谓的转换，其实就是利用 PCA 学习到的模式对原来的维度进行评分，以达到降维的目的。

降维之前，图片中的一个像素就是一个维度；降维之后，一个 Eigenfaces 就是一个维度。表 6-2 所示为 Eigenfaces 的部分结果。

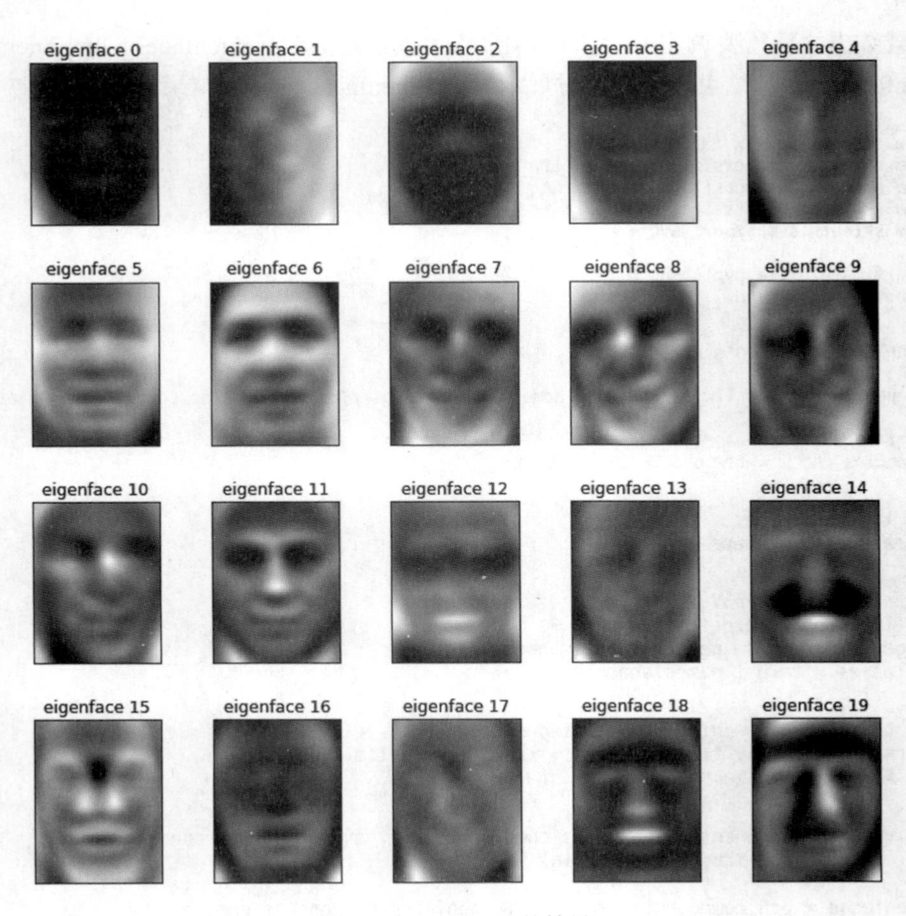

图 6-8 Eigenfaces 的结果

表 6-2 Eigenfaces 部分结果展示

	eigenface0	eigenface1	eigenface2	eigenface3	eigenface4	eigenface5	eigenface6	eigenface7	eigenface8	eigenface9	eigenface10
0	−0.056 045	2.626 526	0.780 864	0.687 247	−0.327 057	0.263 392	−0.198 289	−0.769 613	0.390 399	1.267 109	−0.869 922
1	−0.206 292	0.697 561	1.587 035	0.008 255	−0.858 138	0.617 918	1.199 330	−0.468 708	0.187 257	0.747 969	−0.993 197
2	0.365 845	1.968 028	−0.821 952	−0.363 208	−0.822 265	−0.078 469	1.434 840	1.396 429	−0.341 474	1.602 125	−1.270 804
3	0.928 312	1.012 535	0.829 670	1.166 019	1.086 077	−1.365 529	−0.424 480	1.378 756	−1.999 280	−1.605 758	1.449 934
4	−0.817 876	1.387 397	−0.235 461	0.603 106	−0.727 715	−0.385 900	0.737 224	−1.536 903	−0.131 082	0.747 784	−1.233 030
5	0.551 323	−1.620 740	−1.272 662	−0.897 760	0.959 755	−0.603 699	0.271 406	1.308 702	−0.907 976	0.218 938	−0.537 476
6	−0.794 176	0.869 668	0.041 522	0.469 606	−0.459 598	−0.343 890	−0.238 532	−1.571 513	0.132 154	0.164 617	−0.273 367
7	−0.345 170	−1.208 841	−0.037 778	−0.536 520	−0.854 344	0.595 396	−1.258 443	−0.462 237	0.270 005	−0.141 247	0.324 139
8	0.395 169	0.567 199	−0.442 370	−0.244 234	0.151 380	−0.197 786	−0.441 023	−0.175 209	0.513 499	−0.338 926	−0.010 498
9	−0.968 629	−0.282 837	−0.148 546	0.296 330	0.821 903	0.752 829	2.155 051	0.037 272	−0.362 231	0.481 804	−1.461 903

假设图片是 100 × 100 的像素，则是 10 000 个维度；假设设定 10 个 Eigenfaces，通过 PCA 降维生成 Eigenfaces 后，则只剩下 10 个维度。通过对每个图片进行 PCA 评分，则每个图片只剩下 10 个维度的数据，而不再是一个二维矩阵的形态。表 6-1 中每个“eigenface”列中的值代表了图片在该维度上特征取值。

PCA 只是图片降维（Decompose）的方法之一。图片降维后，相似图片的检索就变得容易一些了，只需要在 Eigenfaces 的取值范围内进行传统的数据检索就能快速确定范围。电影中那种常见的“给定嫌疑人照片，在已有数据库中搜索”进行人脸检索的场景，其实在现实中是可以比较快地实现的。

若将转换后的数据与目标变量进行组合，则构成一个典型的适用于数据挖掘的数据集。其中自变量就是每个 Eigenfaces 上的取值，而因变量则是一个个具体的人。通过应用该数据集训练模型，就能得到“给定具体的人物照片，模型输出该人物的名字”的效果，也就是真正意义上的 Face Recognition 的效果。

```
param_grid = {'C': [1e3, 5e3, 1e4, 5e4, 1e5],
              'gamma': [0.0001, 0.0005, 0.001, 0.005, 0.01, 0.1], }
clf = GridSearchCV(SVC(kernel='rbf', class_weight='balanced'),
                   param_grid, cv=3)

clf = clf.fit(X_train_pca, y_train)

y_pred = clf.predict(X_test_pca)
```

上述代码中，采用 SVM 的相关算法和 Grid Search 的方法试图建立一个更为鲁棒的模型。Grid Search 的相关介绍请参见 3.4 节的内容。我们构建了目标约 100 人的分类模型，在图片像素为 50 × 37、数量为 2 200 的训练集中进行训练，在约数量为 800 的验证集中进行测试，模型整体的准确性能达到 0.65 左右，部分结果如图 6-9 所示。显著减少目标数量，同时增加目标人物的图片数量，也会显著增加模型预测的准确性。

笔者深信上述介绍的是一个非常初级的例子，在很多地方如图片像素大小、人脸检测后精准分割、Eigenfaces 的数量、结合其他识别算法等都还有很大的改进空间。然而举这个例子的目的是展示图片降维的经典做法、如何应用常见分类器进行预测两个重要的典型做法。

6.1.3 深度学习意味着什么

深度学习（Deep Learning）又称为深度结构化学习（Deep Structured Learning），或者层次化学习（Hierarchical Learning）。深度学习属于机器学习的范围，其特性包括以下几个方面[㊀]：

㊀ https://www.microsoft.com/en-us/research/wp-content/uploads/2016/02/DeepLearning-NowPublishing-Vol7-SIG-039.pdf。

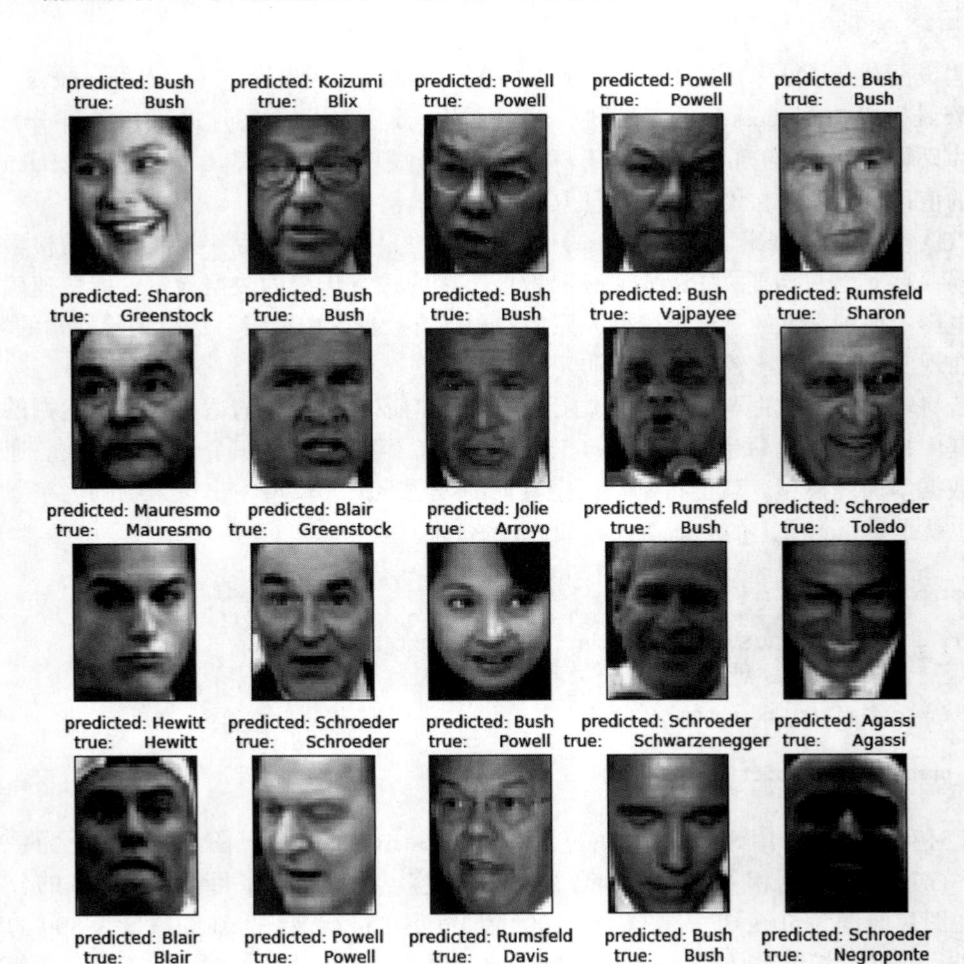

图 6-9　Face Recognition 的部分结果展示

- 采用层级的结构，将用于特征提取和数据转换的非线性处理单元组织起来；
- 每一级的输出都是高一级的输入；
- 特征提取和数据转换的处理单元可以是有监督的模型，也可以是无监督的模型；
- 每一级代表了对数据抽象的级别，级数越高，抽象的级别越高。

人们采用了指标 CAP（Credit Assignment Path）来描述一个深度学习的模型从最初的输入到最终的输出之间的路径层级数。当一个模型有多个非线性层级时，即 CAP > 2 时，可以认为其就是一个深度学习的模型；当 CAP > 10 时，可以认为其是高级深度学习（Very Deep Learning）的模型。总的来看，所谓深度学习就是采用层级化的方法，将非线性的处理单元组合起来使用，完成更为复杂的数据分析任务。所谓非线性的处理单元，既可以是人工神经网络中的隐藏层，可以是概率相关的计算公式。

如果中间的层级用于特征提取，则可以认为是一个特征工程的过程。在前述的小节中采用PCA进行降维就是一个非常高效的特征工程过程。在数据挖掘过程中，特征工程的重要性是非常高的，特征工程的最主要的工作是生成衍生指标。所谓衍生指标（Derived Field）是指利用给定数据集中的字段，通过一些计算加工产生一些新的指标。创建衍生指标是数据分析过程最具创意的部分之一，是数据分析者具备的基本技能之一。衍生指标将人们的见解融入建模的过程中，使得模型的结论充分体现了业务、市场的重要特征。精心挑选的衍生指标能增强模型的可理解性和解释能力，如客户的理财偏好程度：

$$\text{理财偏好程度} = \frac{\text{某时间窗口中理财余额均值}}{\text{同一时间窗口中资产余额均值（存款余额 + 理财余额 + ⋯）}} \times 100\%$$

该百分比的值越大，表明客户对理财的偏好程度越高。该衍生指标可以直接通过离散化对客户群体进行划分，也可以作为输入变量去构建各种模型（如预测、聚类等）。

不同于非深度学习的建模过程需要人为参与完成特征工程，深度学习CNN算法的特点就是特征工程的过程是在算法内部“自动”完成的。

图6-10所示的两个过程中，有一个共同的过程，即特征工程，只是人为加工的衍生指标大多是线性的方式，而深度学习则强调中间层次对特征抽取时的非线性的过程。

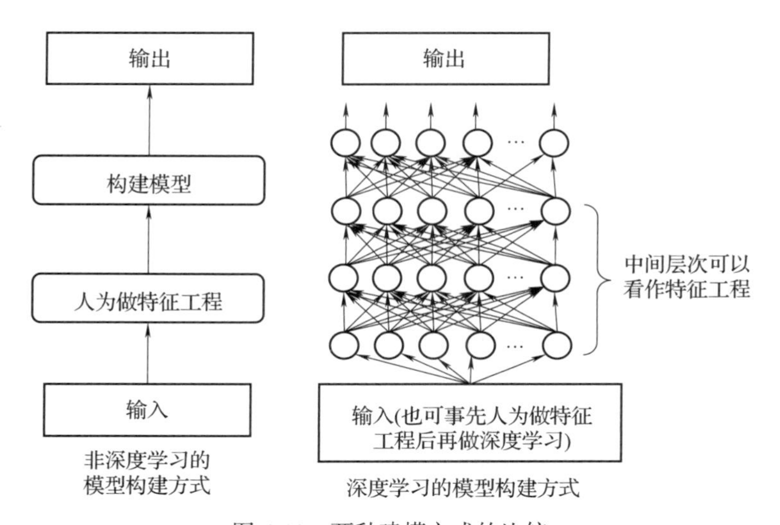

图6-10 两种建模方式的比较

深度学习算法CNN要求的数据输入是矩阵形式，矩阵整体是在描述一个实体或事务的特性，矩阵中的一行没有特别的含义。而类似理财偏好程度这样的衍生指标则是从一行数据中的其他字段加工而来，此时一个数据集中的一行就代表一个实体或事务的特性。所以，CNN只能在数据是矩阵的情境下使用，其他场景是不适宜的；更不会自动生成类似理财偏好程度这样的指标并将其用于后续的分类。

6.1.4 CNN 的结构

CNN 的常见使用场景是给定一组矩阵数据（如图片），最终产生其属于每种类型的概率。在 CNN 中，从输入到输出，数据会经过几个类型不同层次的处理，每一个层次的作用都是不同的，“判断给定的图片内容属于某种类型”的工作是这些层的共同作用的结果。图 6-11 是一个 CNN 算法结构示意图。

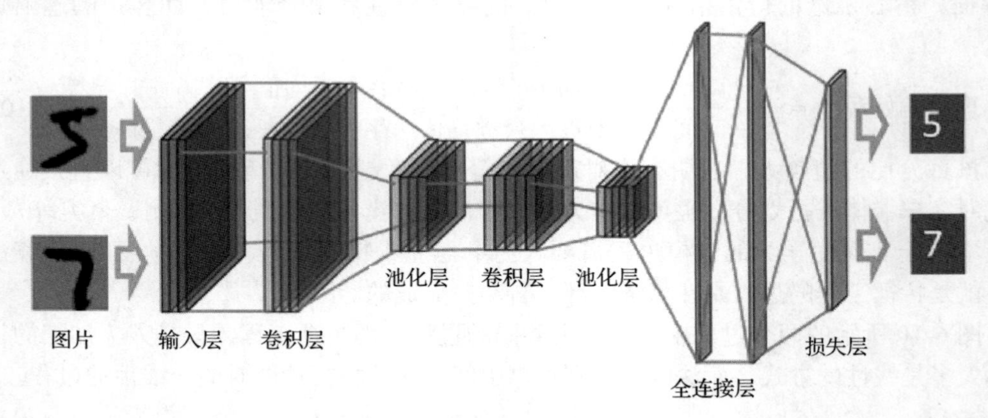

图 6-11 CNN 结构示意图

在图 6-11 所示的示意图中，有一些特别关键的层次我们需要对其有深入的理解，才可以比较灵活地应用 CNN。这些层次包括输入层、卷积层、池化层、全连接层、损失层等。

1. 输入层

输入层（Input Layer）就是给定的数据，从算法角度来讲，输入层没有做任何事。之所将数据作为一个层来看待是因为在神经网络算法中，一直存在输入层、隐藏层和输出层的划分。每个层的节点都可以被看作神经元，神经网络算法的特点就是通过计算神经元之间的关系以及关系权重来构建预测算法。输入层一般都是输入的数据，每个维度都被看作一个神经元。

输入层数据除了是一个矩阵的形式外，还有 channel 的维度。比如针对一个彩色图片，在 RGB 3 个 channel 上都是一个大小一致的矩阵。人们把这样的数据称为张量（tensor）。

2. 卷积层

卷积层（Convolutional Layer），顾名思义就是做卷积，而做卷积的目的是将图片的特征提取出来，所以又将卷积的结果称为 feature map。与在前面我们介绍的传统的卷积的过程相比，深度学习中的卷积过程是相同的，但是卷积内核的产生却是完全不同的。在深度学习中，又将卷积内核称为过滤器（filter）。

在深度学习中卷积的过程与传统单纯的卷积过程是相同的，也就是说可以将图像做某种转换和处理。在做传统单纯的卷积过程时，卷积内核是事先给定的，其过程（如

表 6-1 所示）只是为了达到某种目的而做的图像处理。但是在 CNN 中的卷积内核不是使用者事前给定的，而是通过反向传播的方式在训练阶段确定的。

图 6-12 给出了一个卷积过程的示意：输入层是 3 个 channel 分别是 RGB 的原始图片数据；卷积的 filter 是一个 3 × 3 的矩阵；filter 的个数是 64，所以第一次卷积的结果就变成了 64 个 channel；如果不考虑 filter 中锚点在矩阵边界对齐的问题，卷积后每个 channel 中矩阵大小还是原来的 224 × 224，但是若考虑 filter 中锚点在矩阵边界对齐的问题，则矩阵大小会变成 222 × 222；上一层所有 channel 的数据在一个 filter 都被计算，在新的 channel 中作为一个数据。

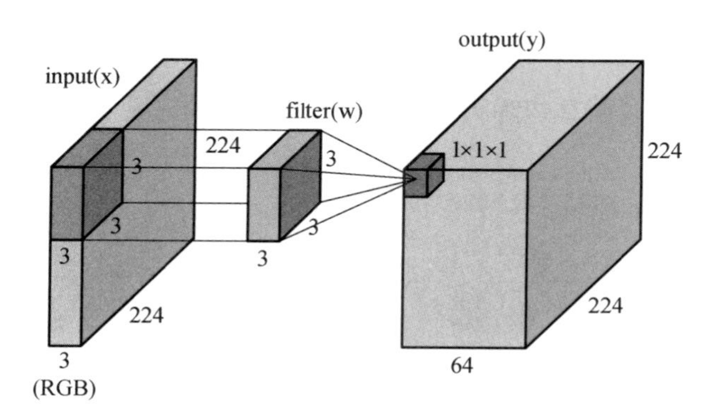

图 6-12　卷积过程示意图

在卷积时还可设置每次移动的步幅 stride。当 stride 设置为 1 时，即矩阵中的锚点与矩阵中每一个数值对齐后再进行卷积；当 stride 设置为 2 时，就是每隔 2 个数据点再进行卷积。

3. Activation layer

Activation layer 是一个可选的层，其主要作用是强化 Feature Map 中的有用特征，而将无用的特征过滤掉。这样做的原因是模仿人类神经网络中神经元受刺激的过程。比如，当人们看到一件事物时，其判断和思考都是与之相关的一系列神经元被激活，与之无关神经元则不会被激活，如图 6-13 所示。

ReLU（Rectified Linear Unit）是最为常用的 Activation 方法，其计算过程非常简单，即执行 Max（X, 0），比较 0 与 X，取最大值，负值被 0 取代。除了 ReLU 方法还有如 Sigmoid、Tanh 等，但是 ReLU 被广泛使用是因为其能保证高效的计算效率。

4. 池化层

池化层（Pooling Layer）原理其实非常简单，在给定数据范围内，将最大值或平均值作为代表该范围内数据的值，然后将其他值舍弃掉。这样做的原因是保留显著特征，并且大幅减少在后续每一层的计算数据。试想，如果不做池化操作，数据量在每一层都是增加的，就无法再训练出一个有用的模型。

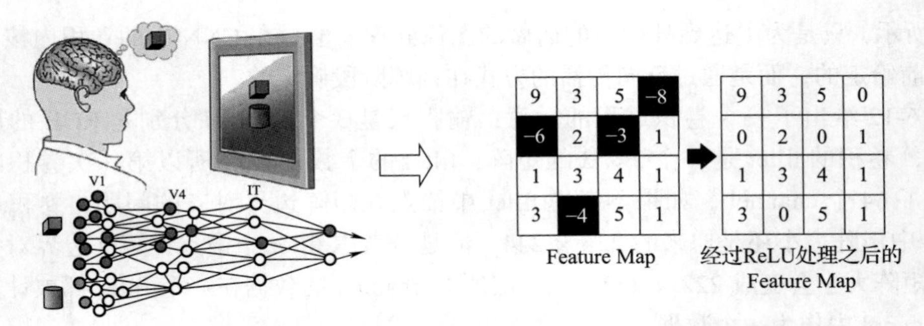

9	3	5	−8
−6	2	−3	1
1	3	4	1
3	−4	5	1

9	3	5	0
0	2	0	1
1	3	4	1
3	0	5	1

图 6-13　人们按照神经元激活的方式设计出保留重要数据的方法

在图 6-14 所示的过程中，池化层的步幅一直是 2，并且是在 2 × 2 的数据范围内选择最大值。这样做的结果就是矩阵大小直接缩小至原来的 $\frac{1}{4}$ 大小。

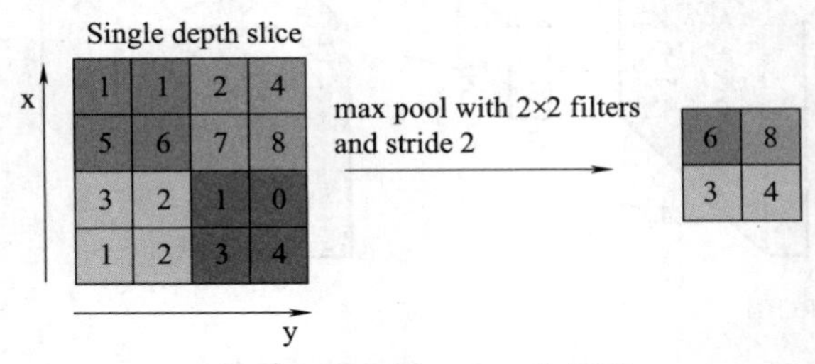

图 6-14　Max Pooling 的例子

5. 全连接层

全连接层（Fully-connected Layer）可以认为是传统意义上的神经网络算法，之所以称之为全连接，是因为神经网络算法的特点就是 3 个层（输入层、隐藏层、输出层）之间的节点是相互链接的，如图 6-15 所示。

全连接层中的输入层就是前面各层中的最后一层的输出。不管最后一层是池化层还是卷积层，其数据都是张量，所以 CNN 算法会首先将张量转为一维数据（这个过程也称为 flatten）然后再构建全连接层。

图 6-16 所示的例子只有一个隐藏层，其实根据需要还可以构建具有多个隐藏层的神经网络。不过在大多数情况下，并不是隐藏层越多模型的性能会越高。

6. 损失层

损失层（Loss Layer）是 CNN 算法的最后一层，其作用是构建一个函数能够将全连接层的预测与实际值之间的误差最小化。在损失层一般采用 softmax 算法来输出不同类别的概率数值。

通过上述介绍，相信读者对 CNN 算法的结构有了基本的了解。从深度学习的工具角度来说，目前已经有较多的知名工具可以支持分析者快速构建模型。最著名的莫过于

TensorFlow 和 Keras 等相关工具。

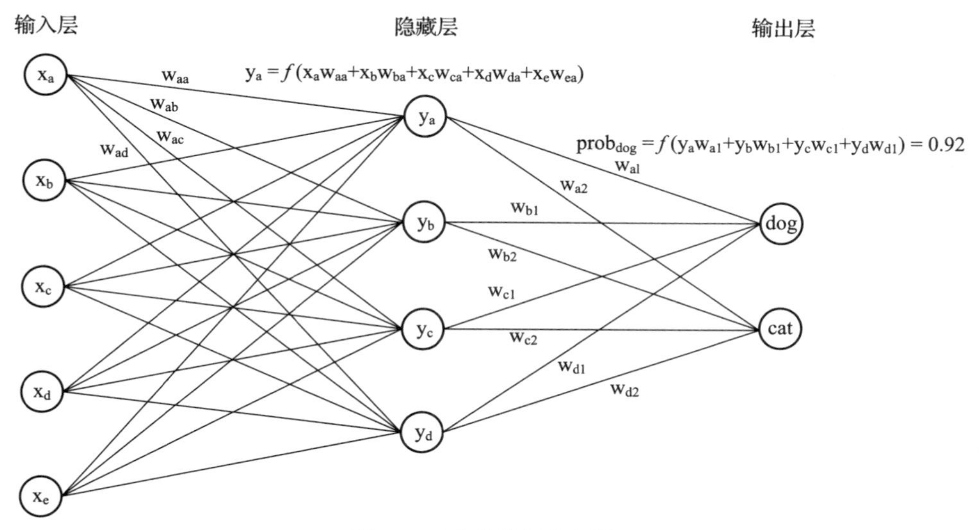

图 6-15 全连接层的例子

Keras 工具是在 TensorFlow 等平台上工作的，其将深度学习的算法做了非常好的封装，使用者可以非常方便地进行调用。下面就给出了一个例子，典型地说明了如何借助 Keras 构建 CNN 模型的各个层。有了 Keras 工具的支持，深度学习的模型训练由“高深莫测”变成了“搭积木”，调用者只需要几行代码便可构建 CNN 算法的结构。

```
model = Sequential()
# convolution layer
model.add(Conv2D(32, (3, 3), padding='same',
                 input_shape=x_train.shape[1:]))
# activation layer
model.add(Activation('relu'))
# convolution layer
model.add(Conv2D(32, (3, 3)))
# activation layer
model.add(Activation('relu'))
# pooling layer
model.add(MaxPooling2D(pool_size=(2, 2)))
model.add(Dropout(0.25))

#convolution layer
model.add(Conv2D(64, (3, 3), padding='same'))
# activation layer
model.add(Activation('relu'))
#convolution layer
model.add(Conv2D(64, (3, 3)))
# activation layer
model.add(Activation('relu'))
# pooling layer
model.add(MaxPooling2D(pool_size=(2, 2)))
model.add(Dropout(0.25))

#fully connected layer
model.add(Flatten())
model.add(Dense(512))
```

```
model.add(Activation('relu'))
model.add(Dropout(0.5))
model.add(Dense(num_classes))

#loss layer
model.add(Activation('softmax'))
```

CNN 算法在实际使用时并不难，但需要我们注意采用合适的结构避免过拟合。有了 Keras 这样的工具，人人可以深度学习。只需要寻找到合适的场景就能发挥深度学习的价值。

6.1.5 CNN 的训练及结果

前面的描述只是在说 CNN 算法的结构，但是除了结构，我们还需要了解一下 CNN 算法的训练过程，以及训练后我们得到的是什么。CNN 算法的训练过程就是一个反向传播的过程，而训练完成后我们可以通过 CNN 中 filter 的视觉效果了解机器是如何学习并分类的。除此之外，CNN 模型的训练过程也可以通过对抗的方式来完成，该方式被 CNN 算法的发明者 Yann LeGun 誉为最近 10 年机器学习最优意思的创意。

不论是深度学习还是其他的机器学习模型，都存在一个针对给定数据集而通过不断尝试得到超参数（Hyperparameter）的问题。在之前的章节中介绍过 Grid Search 和 Random Search 等能够帮助建模者快速寻找到超参数的方法，在深度学习中也同样存在需要通过不断尝试得到超参数的需要。目前也已经出现了支持深度学习的自动化参数设置的工具，读者若感兴趣可以查阅 talos[㊀]的相关材料。工具固然可以帮助人们快速达成建模目标，但是对模型参数设置的一些基本信息的了解还是必要的。本节我们重点探讨一下 CNN 模型训练参数设置及与之有关的问题。

1. 反向传播（Back Propagation）[㊁]

反向传播的原理其实就是通过迭代将预测结果误差按照 Gradient Descent 的原理（见第 3 章的介绍）求导，重新更新预测函数中相关变量，达到“通过 Forward propagation 产生预测结果；通过 Back Propagation 将误差反馈回来并修正预测函数的参数”的效果，该过程如图 6-16 所示。

CNN 模型的训练过程就是通过 Back Propagation 机制更新全连接层各个节点间链接的权重和卷积层中 filter 的取值。其实在 CNN 的使用中，使用者只是规定了 filter 的大小，如 3 × 3 或 5 × 5 等，但是 filter 中具体取值则是 CNN 算法通过 Back Propagation 的过程不断迭代和调整得来的。

㊀ https://github.com/autonomio/talos。

㊁ Propagation 的含义有很多种，笔者认为在神经网络算法的背景下，可以认为是“the movement of a wave through a medium”的含义。Movement of wave 可以认为是算法收到输入后的反应（预测）（Forward Propagation）或因为反应（预测）产生结果误差而得到的反馈并做出调整的过程（Back Propagation）。

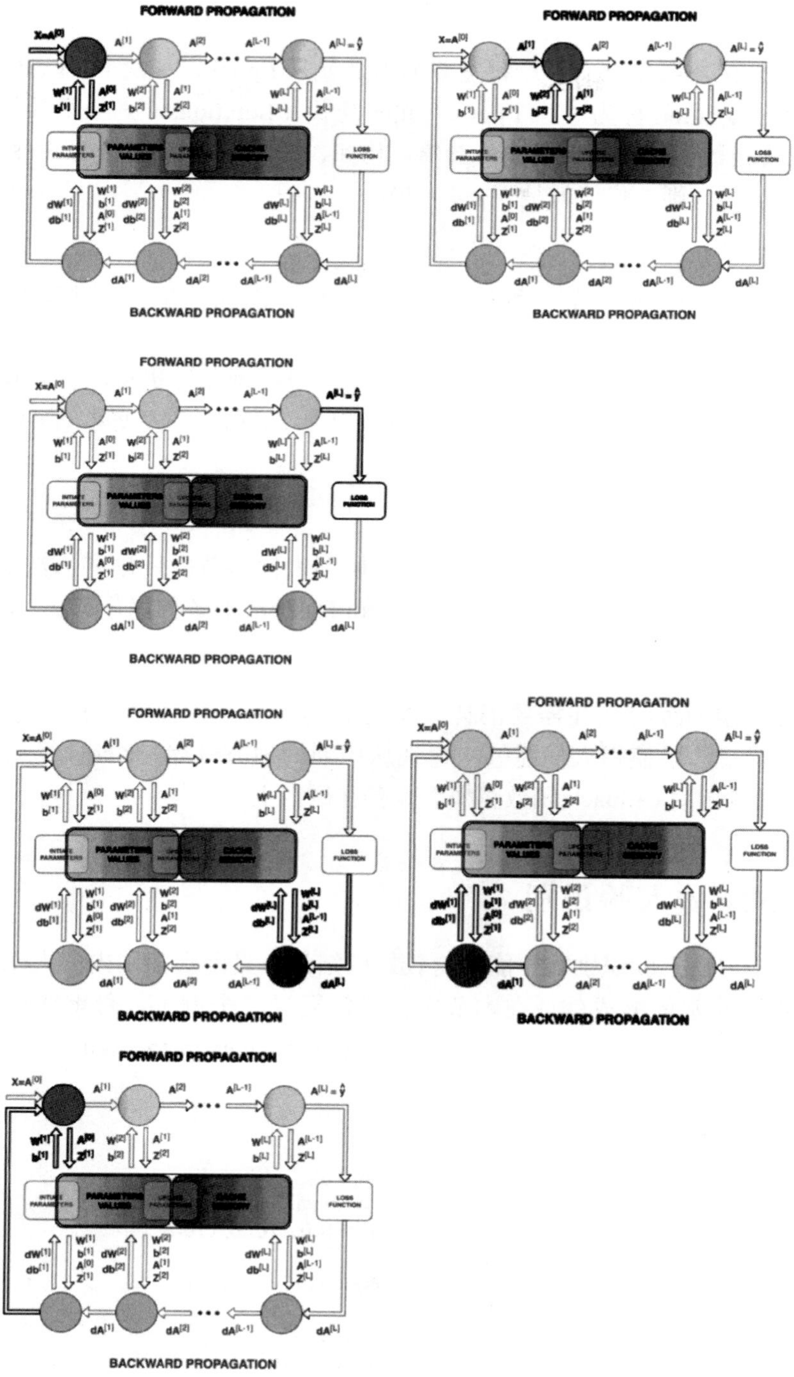

图 6-16　Forward Propagation 和 Back Propagation 的组合构成神经网络算法的迭代训练过程[⊖]

⊖ https://medium.com/datathings/neural-networks-and-backpropagation-explained-in-a-simple-way-f540a3611f5e。

2. Epoch

在 CNN 算法的参数中，有一个很重要的参数就是 Epoch，一次 Forward Propagation 和一次 Back Propagation 称为一个 Epoch。此时迭代（Iterations）就是指数据通过 CNN 的次数，一般是指数据的批次乘以 Epoch 值。比如，CNN 在训练时分为 5 批（batch）数据，epoch 设置为 4，则迭代值就是 $5 \times 4 = 20$。

3. Dropout

Dropout 是 Regularization 的一种技术，其最大的特点就是在训练过程中强迫神经网络放弃一些神经元，使得这些神经元临时性地在 Forward Propagation 和 Back Propagation 的过程中都不被使用和更新。这样做的效果就是使得模型能够更健壮，避免了过拟合。在 Keras 的工具中，若采用 Dropout 一般从 0.5 开始，逐次尝试缩小直到达到较好的性能。

4. Optimizer

在第 5 章我们介绍过应用优化技术来寻求模型最优参数的原理和方法，在 CNN 算法中也是同样的原理。Keras 提供了基于 Gradient Descent 的各种优化算法。

5. Checkpoint

深度学习模型训练时往往需要消耗大量的时间，由于各种原因有可能发生训练在中途中断的情况。为了使得人们能够快速地从中断的地方开始，Keras 等工具在每一个 Epoch 完成后通过调用 callback 函数将模型保存在磁盘上。

6.2 用 CNN 做人脸识别

采用深度学习做人脸识别往往能获得较好的结果，目前很多国内的人工智能公司在这方面也取得了非常好的成就。在本节中，我们通过一个例子，着重探讨一下深度学习在人脸识别方面的应用。本节仍然采用了 Labeled Faces in the Wild 数据库中的人脸数据。

```
import keras
from keras.layers import Conv2D, MaxPooling2D
from keras.layers import Dense, Dropout, Activation, Flatten
from keras.layers.normalization import BatchNormalization
from keras.models import Sequential
from keras.preprocessing.image import ImageDataGenerator
from keras.optimizers import SGD
from sklearn.datasets import fetch_lfw_people
from sklearn.model_selection import train_test_split
```

6.2.1　数据加载

我们首先加载数据。sklearn 的 fetch_lfw_people 方法默认将图片裁剪成 125 × 94，为了使用完整的图片，我们用 slice 参数使获得的图片为 250 × 250，使用 color 参数来获取彩色的图片。另外，为了每一个类别都有足够的图片进行模型训练，通过参数 min_faces_per_person 设置每个人至少有 50 张图片。经过这个限制设置，最终的类别一共有 12 个。

```
# get color image as 250*250
lfw_people = fetch_lfw_people(data_home = '/home/user/notebook',
                              min_faces_per_person=50,
                              slice_=(slice(0, 250), slice(0, 250)),
                              color=color)
# input image dimensions
img_rows, img_cols = lfw_people.images.shape[1:3]

X = lfw_people.images
y = lfw_people.target
num_classes = lfw_people.target_names.shape[0]
# split into a training and testing set
x_train, x_test, y_train, y_test = train_test_split(
    X, y, test_size=0.25, random_state=42)
# convert class vectors to binary class matrices
y_train = keras.utils.to_categorical(y_train, num_classes)
y_test = keras.utils.to_categorical(y_test, num_classes)
```

6.2.2　使用 ImageDataGenerator

我们使用 ImageDataGenerator 图片生成器批量生成数据，防止模型过拟合并提高泛化能力。其中用到的参数包括以下几个：

- rescale：将图片像素的取值范围映射到 0 ～ 1；
- shear_range：将图片进行剪切变换的程度；
- zoom_range：将图片进行随机放大；
- rotation_range：将图片进行随机转动的角度；
- width_shift_range/height_shift_range：将图片进行随机水平 / 垂直偏移的幅度；
- horizontal_flip：随机对图片进行水平翻转。

使用 ImageDataGenerator 图片生成器可以在仅有少量图片的情况下训练出效果比较好的模型。

```
batch_size = 64
# prepare data augmentation configuration
train_datagen = ImageDataGenerator(
    rescale=1. / 255,
    shear_range=0.2,
    zoom_range=0.2,
    rotation_range=20,
```

```
    width_shift_range=0.2,
    height_shift_range=0.2,
    horizontal_flip=True)
test_datagen = ImageDataGenerator(
    rescale=1. / 255,
)
# get train/test generator
train_generator = train_datagen.flow(
    x=x_train,
    y=y_train,
    batch_size=batch_size)

validation_generator = test_datagen.flow(
    x=x_test,
    y=y_test,
    batch_size=batch_size)
```

6.2.3 定义模型和训练模型

我们进行人脸识别时使用了一个类似 AlexNet 的网络结构。AlexNet 是 2012 年 ImageNet 竞赛的冠军，关于 AlexNet 的具体相关信息，读者可以参考互联网中的相关文章[⊖]，这里不再赘述。

```
model = Sequential()
# 1st Convolutional Layer
model.add(Conv2D(filters=96, input_shape=input_shape, kernel_size=(11, 11),
                 strides=(4, 4), padding='valid'))
model.add(Activation('relu'))
# Pooling
model.add(MaxPooling2D(pool_size=(2, 2), strides=(2, 2), padding='valid'))
# Batch Normalisation before passing it to the next layer
model.add(BatchNormalization())

# 2nd Convolutional Layer
model.add(Conv2D(filters=256, kernel_size=(11, 11), strides=(1, 1),
                 padding='valid'))
model.add(Activation('relu'))
# Pooling
model.add(MaxPooling2D(pool_size=(2, 2), strides=(2, 2), padding='valid'))
# Batch Normalisation
model.add(BatchNormalization())

# 3rd Convolutional Layer
model.add(Conv2D(filters=384, kernel_size=(3, 3), strides=(1, 1),
                 padding='valid'))
model.add(Activation('relu'))
# Batch Normalisation
model.add(BatchNormalization())

# 4th Convolutional Layer
model.add(Conv2D(filters=384, kernel_size=(3, 3), strides=(1, 1),
```

⊖ https://papers.nips.cc/paper/4824-imagenet-classification-with-deep-convolutional-neural-networks.pdf。

```
                 padding='valid'))
model.add(Activation('relu'))
# Batch Normalisation
model.add(BatchNormalization())

# 5th Convolutional Layer
model.add(Conv2D(filters=256, kernel_size=(3, 3), strides=(1, 1),
                 padding='valid'))
model.add(Activation('relu'))
# Pooling
model.add(MaxPooling2D(pool_size=(2, 2), strides=(2, 2), padding='valid'))
# Batch Normalisation
model.add(BatchNormalization())

# Passing it to a dense layer
model.add(Flatten())
# 1st Dense Layer
model.add(Dense(4096, input_shape=input_shape))
model.add(Activation('relu'))
# Add Dropout to prevent overfitting
model.add(Dropout(0.4))
# Batch Normalisation
model.add(BatchNormalization())

# 2nd Dense Layer
model.add(Dense(4096))
model.add(Activation('relu'))
# Add Dropout
model.add(Dropout(0.4))
# Batch Normalisation
model.add(BatchNormalization())

# 3rd Dense Layer
model.add(Dense(1000))
model.add(Activation('relu'))
# Add Dropout
model.add(Dropout(0.4))
# Batch Normalisation
model.add(BatchNormalization())

# Output Layer
model.add(Dense(num_classes))
model.add(Activation('softmax'))
```

这个网络包含5个卷积层和3个全连接层，都是用ReLU作为激活函数，激活层之后使用一个归一化层对局部神经元的活动创建竞争机制，使得其中响应比较大的值变得相对更大，并抑制其他反馈较小的神经元，以增强模型的泛化能力。另外，Dropout层的使用也能够比较有效地防止神经网络的过拟合。

```
epochs = 100
model.compile(optimizer=SGD(lr=0.0001, momentum=0.9),
              loss='categorical_crossentropy',
              metrics=['accuracy'])
model.fit_generator(
    train_generator,
```

```
    steps_per_epoch=len(x_train) / batch_size,
    verbose=1,
    epochs=epochs,
    validation_data=validation_generator,
    validation_steps=channel
)

score = model.evaluate(x_test/255, y_test, verbose=1)
score
```

从图 6-18 中可以看到模型在前 50 个 Epoch 的训练过程中准确度并不是太高，基本在 0.3 附近徘徊，但是在 50 个 Epoch 之后准确度有了大幅提升。经过 100 个 Epoch 的训练，最终的准确率达到 0.88，比前面使用 SVM 和 Grid Search 的例子有很大的提升。从图 6-17 中模型的损失函数的变化来看，也基本上反映相同的情况。

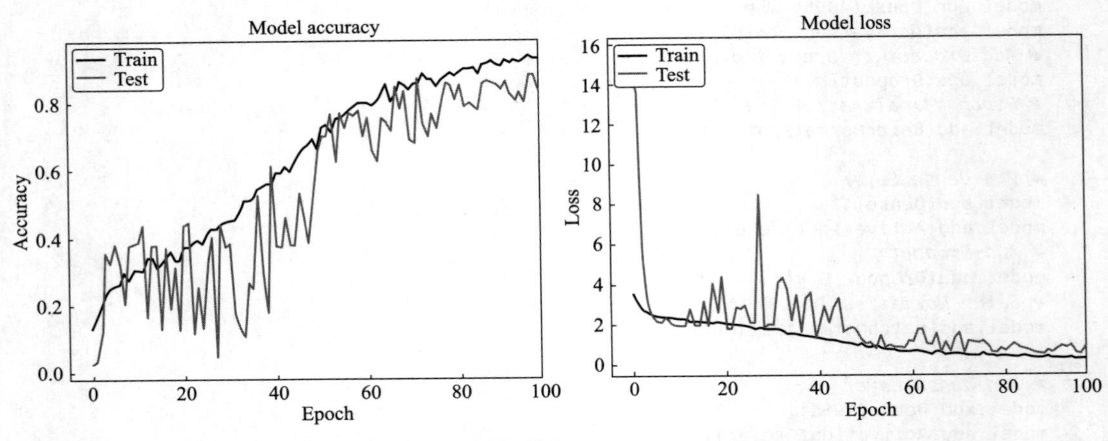

图 6-17　基于卷积神经网络 Face Recognition 的性能

通过卷积神经网络和使用 SVM 进行人脸识别的过程有很大不同。使用 SVM，过程的每一步你都很清楚自己在做什么事情，但是卷积神经网络的工作过程相对来说就神秘很多。每一层网络具体在做什么事情？识别到图像的哪些特征？卷积神经网络又是如何明白我们输入的图片的呢？我们可以通过可视化每个卷积层的 filter 来了解卷积神经网络在做什么。

6.2.4 详细探究卷积最终的效果

我们将图像识别领域经典的 Lena 的照片输入模型看看经过卷积层之后的照片效果。

```
layer_outputs = [layer.get_output_at(0) for layer in model.layers]
activation_model = Model(inputs=model.input, outputs=layer_outputs)
activations = activation_model.predict(img_x)

def display_activation(activations, col_size, row_size, act_index):
    activation = activations[act_index]
```

```
    activation_index=0
    fig, ax = plt.subplots(row_size, col_size, figsize=(30,30))
    for row in range(0,row_size):
        for col in range(0,col_size):
            ax[row][col].imshow(activation[0, :, :, activation_index])
            activation_index += 1
```

第一个卷积层有96个filter，我们通过上面的dsplay_activation方法将所有的filter都显示出来。

```
display_activation(activations, 8, 12, 0)
```

从图6-18中可以看到，第一个卷积层进行了很多基本的图像处理来识别图形的轮廓、线条、材质等。

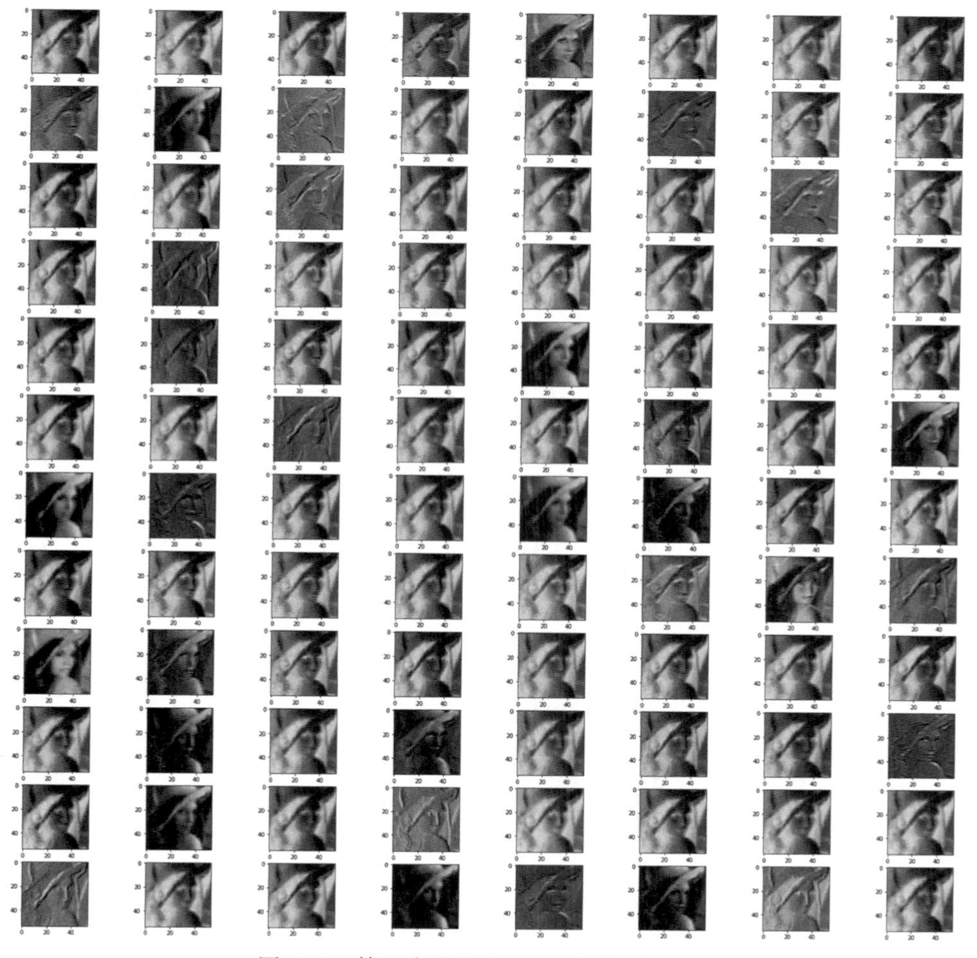

图6-18 第一个卷积层filter的可视化结果

按照激活层的定义，这些 filter 的输出经过激活层以后很多会被过滤掉，不会继续参加后面的计算。

```
display_activation(activations, 8, 12, 1)
```

图 6-19 中展示了池化层的作用，即保留图像的显著特征。从输出上来看，图像的分辨率明显下降了，但是图像的大致内容没有显著的变化。

```
display_activation(activations, 8, 12, 2)
```

图 6-19 第一个激活层的可视化结果

图 6-20 展现了经过第二个卷积层、激活层、池化层的组合，更多的图像特征被提取出来的效果。有兴趣的读者可以自己尝试输出卷积神经网络的每一层。

图 6-20　经过多层后图像的特征

6.3　Embedding

从数学的角度来说，Embedding 的意思就是指一个数学结构包含另一个数学结构。比如，Embedding 可以是将低维度的数据转换为高维度向量。Word Embedding 就是利用机器学习的技术，将稀疏的低维度的字符信息转换为高纬度信息，使得有语义关联的词语在高纬度具有比较紧密的关系。在本节我们将深入讨论一下 Embedding 的原理和应用。

6.3.1　文本向量化的一般方法

在文本分析的领域，基本上都需要首先将文本信息向量化，向量化的结果不但包含了原来的词语信息，也最大可能地保留语义信息，为进一步分析准备数据。在深度学习出现之前，文本向量化的使用已经有很多年的历史了。图像数据天然就是以向量的形式被保存的。最为常见的图像格式，如基于 RGB 的图像就可以看作在 3 个维度上的矩阵数据。但是，文本数据则不是这样的数据格式，众所周知，它们是存放的符号信息（每一个文字都是一个符号），并且符号之间都是有语义层面的含义的。单纯地进行词频统计或者单纯做 1-of-n 的向量转换，会丢失大量的语义信息，这些都不利于进一步的语义分析。不过，我们还是首先深入了解下传统文本向量化的做法，以便对 Word Embedding 有更深入的理解。

1-of-n 的向量转换一般采用 Count Vector，就是计量每个文档中的词汇出现的次数，生成的向量中每一行代表一个文档，而列则代表语料库中的一个元素（大多数是词汇）。在 sklearn 的算法库提供了 CountVectorizer 工具。除了 CountVectorizer，还可以使用 HashingVectorizer，以提高运算速度和降低内存使用量。

```
from sklearn.feature_extraction.text import CountVectorizer
corpus = [
    'This is the first document.',
    'This document is the second document.',
    'And this is the third one.',
    'Is this the first document?',
    ]
vectorizer = CountVectorizer()
X = vectorizer.fit_transform(corpus)

print(vectorizer.get_feature_names())
print(X.toarray())

['and', 'document', 'first', 'is', 'one', 'second', 'the', 'third', 'this']
[[0 1 1 1 0 0 1 0 1]
 [0 2 0 1 0 1 1 0 1]
 [1 0 0 1 1 0 1 1 1]
 [0 1 1 1 0 0 1 0 1]]
```

比较经典和常用的文本向量化的做法是 TF-IDF 算法，其基本的指导思想建立在这样一条基本假设之上：在一个文本中出现很多次的单词，在另一个同类文本中出现的次数也会很多，反之亦然。该算法的计算过程如下：

1. TF 的计算

所谓 TF 就是词频（Term Frequency）的意思，$f_{t,d}$ 代表词语 t 在文档 d 中出现的次数。由于文档的大小不同，一般不会单纯按照出现次数来计算词频，很多情况下都需要进行归一化或者转换。下面就是一个常见的转换形式：

$$tf(t,d) = 0.5 + 0.5 * \frac{f_{t,d}}{\max\{f_{t',d} : t' \in d\}}$$

2. IDF 的计算

IDF（Inverse Document Frequency）的值代表了一个词语所代表的信息多少。其计算的过程如下：

$$idf(t,d) = \log\frac{N}{|\{d \in D : t \in d\}|}$$

其中，N 是文档全集中的数量，$|\{d \in D : t \in d\}|$ 代表了词语 t 在全量文档中出现的文档数。如果有一个词语只在一个文档中出现，而在其他的文档中很少出现，IDF 的值就会偏大（IDF 计算公式中的分母偏小）。

3. TF-IDF 的计算

TF-IDF 的计算很简单，是 *tf* 和 *idf* 的简单乘积。

$$tfidf(t,d,D) = tf * idf$$

TF-IDF 的值较大，往往是由于 *tf* 值和 *idf* 值都较大引起的，也就是说，该词语只在少量的文档中高频出现，那么在这种情况下，该词语就包含了较多的语义信息。

很多工具包（如 sklearn、Keras 等）都提供 TF-IDF 的计算，读者可以灵活使用。我们在应用 Jieba[㊀]分词的基础上计算 TF-IDF 的值。

```
from sklearn.feature_extraction.text import CountVectorizer
from sklearn.feature_extraction.text import TfidfTransformer
from sklearn import decomposition

docs = []

with open('Chapter 7.txt') as f:
    for line in f:
        words = " ".join(jieba.cut(line))  # Chinese tokenization
        docs.append(words)

count_vect = CountVectorizer()
tfidf_transformer = TfidfTransformer()

counts = count_vect.fit_transform(docs)
tfidf = tfidf_transformer.fit_transform(counts)
```

计算的结果是如下的 269 × 1 188 的矩阵。

```
tfidf.shape
```

```
(269, 1188)
```

我们还可以查看每个词对应的 TF-IDF 值，代码如下，其运行结果如表 6-3 所示。

```
for idx, word in enumerate(count_vect.get_feature_names()):
  print("{}\t{}".format(word, tfidf_transformer.idf_[idx]))
```

㊀ https://github.com/fxsjy/jieba。

表 6-3　TF-IDF 结果的示例

市场	5.905 274 778 438 43
带来	5.905 274 778 438 43
帮助	5.905 274 778 438 43
常用	5.905 274 778 438 43
常见	4.652 511 809 943 062
平台	5.905 274 778 438 43
平均值	5.905 274 778 438 43
年龄	5.905 274 778 438 43
并且	4.806 662 489 770 32
广泛	5.499 809 670 330 265
广泛应用	5.499 809 670 330 265
序列	5.499 809 670 330 265
应当	5.905 274 778 438 43
应用	4.113 515 309 210 374
应该	5.499 809 670 330 265
度越	5.499 809 670 330 265
建模	5.212 127 597 878 484
建立	5.212 127 597 878 484

基于 TF-IDF 的结果，可以计算给定词语在不同文档间的相似性。计算相似性的原理是基于该矩阵来计算向量间的余弦相似度，即将词语的 TF-IDF 在矩阵中的取值看作向量，计算给定词语的向量间的夹角的余弦值，其值越小，代表相似度越高。

上述例子其实是基于“词”来计算 TF-IDF 向量，除此之外还可以基于 N-Gram 进行计算。所谓 N-Gram 就是用来表示连续出现的词汇序列，当 N 取不同的值时，就代表不同长度的词汇序列。图 6-21 所示为这个概念在词袋（Bag-of-words）中的应用。

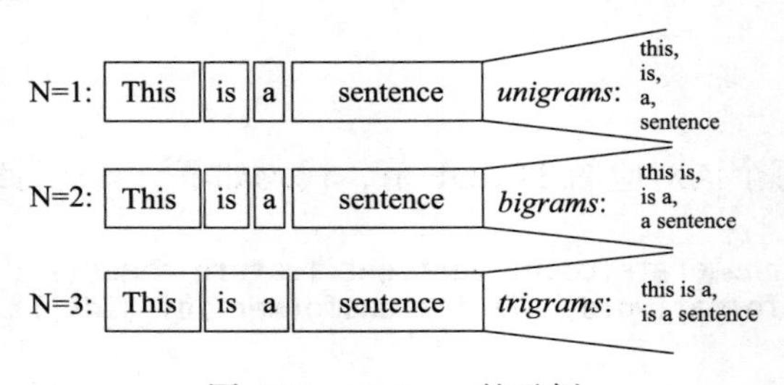

图 6-21　N-Gram 的示例

TF-IDF 提供了一种简单有效的向量化的方法，但是由于其是由词频演化而来的，并没有考虑不同词语间位置的不同而产生的语义的不同。虽然 TF-IDF 有明显的不足，但是在进行信息检索时，TF-IDF 是非常重要的文档相似性的计算基础。同时，人们还基于 TF-IDF 进行文本分类、主旨抽取等计算。

```
nmf = decomposition.NMF(n_components=10).fit(tfidf)

for topic_idx, topic in enumerate(nmf.components_):
    print("Topic #%d:" % topic_idx)
    print(" ".join([feature_names[i]
                    for i in topic.argsort()[:-25 - 1:-1]]))
    print("")
```

上述代码的输出就产生 10 个主旨。这是一个非常粗略的尝试，若加入专业词库等操作，效果会更好。

```
Topic #0:
学习 深度 第七章 可以 算法 learning 意味着 什么 人工智能 工具 特征 工程 数据 deep 需要
模型 keras 认为 非线性 人们 针对 相关 cap 完成 技术

Topic #1:
tf idf 计算 简单 tfidf 词语 文档 max 出现 log 乘积 相似性 轻松 即可 非常 较大 一个 由于
相似 语义 keras 所示 不同 过程 形式

Topic #2:
卷积 过程 内核 图像处理 计算 convolution 什么 示意图 kernel 确定 convolutional filter
为了 某种 我们 传统 通过 函数 称之为 不同 所以 小节 领域 过滤器 采用

Topic #3:
cnn 结构 训练 示意图 算法 人脸识别 可视化 propagation 结果 换个 迭代 过程 讨论 epoch 角度
back filter 通过 分类 keras 工具 模型 了解 我们 类型

Topic #4:
embedding word 文本 例子 结果 10 不同 产生 16 给定 17 词语 空间 可以 gram 中英文 同一个
单纯 skip stock 使得 语义 几种 场景 数据

Topic #5:
图像 检测 目标 例子 人脸 过程 一般 应用 工程 相关 face 提供 层次 我们 三个 识别 实现 汽车
模型 分类器 进行 技术 人脸识别 已经 分析

Topic #6:
eigenfaces 一个 数据 维度 矩阵 图片 就是 结果 代表 像素 pca 给定 每个 可以 通过 转换 进行
降维 这样 channel 模型 展示 模式 数量 大小
```

```
Topic #7:
代码 效果 右边 内核 浮雕 锐化 展示 原图 49 实现 kernel 模糊 所示 上述 如下 像素 cv 核心
open size 大会 最终 增加 opencv 目的

Topic #8:
layer activation pooling 链接 input 池化层 损失 loss convolutional 输入 fully
connected 模型 第一层 model max 句子 embeddings layers 语句 提供 结束 神经网络 一些 例子

Topic #9:
信号 不同 输入 输出 脉冲响应 经过 信号系统 得到 处理 对于 代表 同一个 一级 方式 信号处理
考虑 可以 就是 之间 产生 两种 效果 算法 opencv impulse
```

6.3.2 Word Embedding 的原理及实现

Word Embedding 的过程和 TF-IDF 类似，也是文本向量化，在有些地方又称之为 Word Representation。但是，Word Embedding 的结果更多地考虑语义层面的信息，使得语义相近的词语（如 Man、Male）能在某个高维的空间中距离相近，或者使得有关系的词语（如 France、Pairs）在高维空间中也是距离相近的。

Word Embedding 的实现方式，从大的方法论角度来看，有 Count-based methods 方法和 Predictive methods 两个分类，典型的 Count-based methods 方法是 LSI/LSA，常见的工具是 Glove[⊖]。典型的 Predictive methods 是 Neural Probabilistic Language Models，大名鼎鼎的 Word2Vec 就属于这种方法。读者不要被 Predictive methods 这个名词所误导，Neural Probabilistic Language Models 其实是一个非监督的学习过程，是通过让机器读大量的文本，使其学习到每一个词语间的关系和在某种维度下的关系。

机器如何基于 Neural Probabilistic Language Models 学习到词语间的关系呢？ Skip-Gram 方法就是构建一个神经网络，用于“给定一个词汇，预测下一个词汇及概率以及上一个词汇及概率”。比如，针对文本“深度学习算法卷积神经网络”，当输入词汇是“深度学习算法”时，词汇“卷积神经网络”出现的概率就会很高，而别的词汇出现的概率就非常小。“给定一个词汇，预测下一个词汇及概率”是一个典型的有监督的预测模型，其训练的过程就是将给定的文本中的词语序列转换为一个个训练数据，并选择下一个词语作为目标值，训练一个神经网络模型。图 6-22 所示为 Skip-Gram 算法的过程。

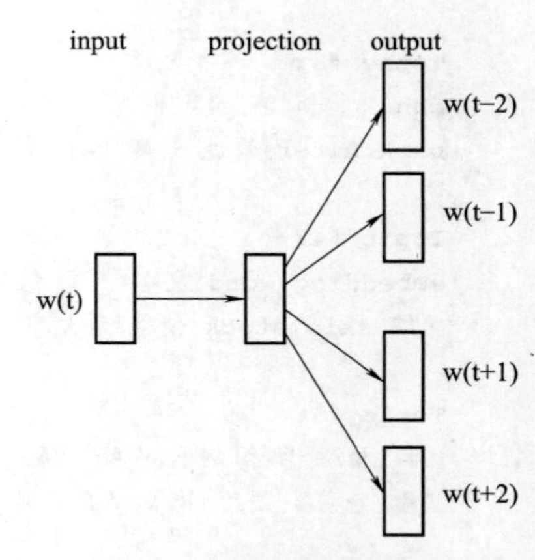

图 6-22 Skip-Gram 算法的过程

⊖ http://nlp.stanford.edu/projects/glove/。

典型的神经网络中有输入层、数个隐藏层和输出层。Skip-Gram 是将第一个隐藏层作为 Word Embedding 的结果，这样做的原因就是对于给定的预测值如“卷积神经网络”，经常出现的前置词语“深度学习”必须在第一个隐藏层具有相似的值（向量值），才可以都能产生相同的预测值“卷积神经网络”。所以，当该模型训练完成时，对于同一个目标值如“卷积神经网络”，经常与其一同出现的前一个词如“深度学习”在第一个隐藏层的值就比较接近，这样说明了相关和类似的词语在某个向量空间中比较接近的事实。

Continous Bag Of Words（CBOW）的过程和 Skip-Gram 的过程非常相似，只是 CBOW 是用周边的词来预测中间的词。图 6-23 给出了该过程的一个示意。

图 6-23　Skip-Gram 和 CBOW 的不同

Word Embedding 的结果可以看作对给定数据的高度抽象，代表了对给定数据的计算机的“理解”。产生 Word Embedding 矩阵的过程可以是单纯的文本数据，也可以是不同的文本数据甚至是不同的数据[1]。

目前存在完善的开源工具支持 Word Embedding 的实现，gensim[2]就是一个典型的代表。我们采用了一个中文的语料库（Corpus）来生成词向量。从我们尝试的效果来看，结构良好的语料库对词向量的影响较大。虽然类似 jieba 等工具可以实现较好的中文分词结果，一般好的语料库都是通过人工来分词和进行词性标注的。

图 6-24 所示的语料库的分词等工作已经完成，且与英文类似：词间以空格分隔，所以就可以非常方便地进行词向量的计算。

```
如今 习惯 了 ， 我们 辛苦 换 来 的 是 群众 的 方便 。 ”
现在 所有 职工 都 在 新 的 岗位 上 奋斗 ， 大部分 从事 个体 经营 ， 并 成 了 行家里手 。 ”
质 优 、 价 廉 、 批量 进入 成型 的 市场 ， 是 我们 的 市场 定位 。 ”
那 也 不行 ， 市场 要 你 动 大 手术 ， 你 就 忍痛 也 得 动 。 ”
原先 这些 事 让 我们 伤 透 了 脑筋 ， 现在 由 村里 为 我们 服务 ， 我们 就 省心 了 。 ”
一些 大型 农业机械 也 不是 单家 独 户 的 农民 可以 添置 的 ， 开展 社会化 服务 后 ， 这个 问题 就 解决 了 。 ”
村里 没 图书室 ， 镇 上 能 租 到 武打 、 言情小说 ， 可 没 见到 一 本 书 讲 种田 、 种菜 、 养 动物 的 。 ”
老 阎 在 家 看 电视 也 没劲 ， 还 不如 串门 唠嗑 呢 ！ ”
```

图 6-24　一个中文语料库的示例

[1] http://colah.github.io/posts/2014-07-NLP-RNNs-Representations/。

[2] https://radimrehurek.com/gensim/。

```
import gensim

corpus_path = './corpus/training/msr_training.utf8'

class Sentences(object):
    def __init__(self, filepath):
        self.filepath = filepath

    def __iter__(self):
        for line in open(self.filepath):
            yield list(line.lower().split())

sentences = Sentences(corpus_path)

# build vocabulary and train model
model = gensim.models.Word2Vec(
    sentences,
    size=150,
    window=10,
    min_count=2,
    workers=10)
model.train(sentences, total_examples=len(list(sentences)), epochs=10)
```

在上述代码中，Model 的训练过程其实就是训练一个神经网络，按照 Word Embedding 的方式来生成词向量。其中，参数 size 设定每一个词的词向量的维度大小，其实也是神经网络中的节点数量；min_count 设定最小出现频率的词才进行向量的计算；window 设定预测词汇与目标词汇之间的距离，若距离超过一定数值，则认为两个词汇间没有关系；workers 设定计算词向量时线程的数量。gensim 还支持调用者显式地声明采用 CBOW 或是 LSI 方式，具体的 API 使用方式，读者可以查阅相关的官方文档。

生成词向量后，可以通过查看相似的词来判断实际结果的有效性。通过查看，我们可以判断生成的词向量基本达到预期：相似的词可以被准确找到。图 6-25 所示为通过生成的词向量查找相似词条的代码过程。

为了进一步展现词向量的结果，可以采用可视化的方法来展示。可视化的方法的基本思路就是将词向量进行降维，结合上述例子，其实就可以将词向量从 150 维度降至 2 个或 3 个维度。降维除了前面介绍的 PCA 方法外，在 Word Embedding 的领域特别适合使用 t-SNE（t-Distributed Stochastic Neighbor Embedding）算法。

```
from sklearn.manifold import TSNE
import numpy as np

from plotly.offline import init_notebook_mode, iplot, plot
import plotly.graph_objs as go

def wv_visualization(model, plot_in_notebook = True):

    num_dimensions = 2  # final num dimensions (2D, 3D, etc)

    vectors = []        # positions in vector space
    labels = []         # keep track of words to label our data again later
    for word in model.wv.vocab:
```

```
w1 = '孩子'
model.wv.most_similar(positive=w1)
```

```
[('家长', 0.7087377309799194),
 ('学生', 0.6815361380577087),
 ('父母', 0.6712082028388977),
 ('老师', 0.6523751020431519),
 ('母亲', 0.6447705626487732),
 ('同学', 0.6441351175308228),
 ('儿子', 0.6422178149223328),
 ('大人', 0.6080856323242188),
 ('年轻人', 0.5952603816986084),
 ('儿童', 0.5898429155349731)]
```

```
w1 = '唐家璇'
model.wv.most_similar(positive=w1)
```

```
[('钱其琛', 0.8572821617126465),
 ('外长', 0.8222801089286804),
 ('李瑞环', 0.811699390411377),
 ('普里马科夫', 0.808881402015686),
 ('外交部长', 0.7835927605628967),
 ('胡锦涛', 0.7791061401367188),
 ('田纪云', 0.7744686603546143),
 ('托卡耶夫', 0.7644830346107483),
 ('圭亚那', 0.7616126537322998),
 ('素林', 0.7614033222198486)]
```

```
w1 = '现代化'
model.wv.most_similar(positive=w1)
```

```
[('信息化', 0.5733712315559387),
 ('社会主义', 0.564913272857666),
 ('商品化', 0.5642997026443481),
 ('城市化', 0.549246072769165),
 ('改革开放', 0.5317689180374146),
 ('精神文明', 0.5298808813095093),
 ('物质文明', 0.5100542306900024),
 ('工业化', 0.5069682002067566),
 ('正规化', 0.5058962106704712),
 ('前进', 0.5055427551269531)]
```

```
w1 = '降价'
model.wv.most_similar(positive=w1)
```

```
[('股票', 0.6817861199378967),
 ('销售', 0.676632821559906),
 ('成品', 0.676018476486206),
 ('价', 0.6710975170135498),
 ('大宗', 0.6649070978164673),
 ('法拉利', 0.6624547839164734),
 ('货物', 0.658759355545044),
 ('油', 0.6490968465805054),
 ('促销', 0.6464505195617676),
 ('期货', 0.6460529565811157)]
```

图 6-25　通过生成的词向量查找相似词条

```
        vectors.append(model[word])
        labels.append(word)


    # convert both lists into numpy vectors for reduction
    vectors = np.asarray(vectors)
    labels = np.asarray(labels)

    # reduce using t-SNE
    vectors = np.asarray(vectors)
    tsne = TSNE(n_components=num_dimensions, random_state=0)
    vectors = tsne.fit_transform(vectors)

    x_vals = [v[0] for v in vectors]
    y_vals = [v[1] for v in vectors]


    # Create a trace
    trace = go.Scatter(
        x=x_vals,
        y=y_vals,
        mode='text',
        text=labels
        )

    data = [trace]
```

```
    if plot_in_notebook:
        init_notebook_mode(connected=True)
        iplot(data, filename='word-embedding-plot')
    else:
        plot(data, filename='word-embedding-plot.html')
```

利用上述代码就可以在一个二维的空间中看到词向量的分布。从整体分布较难看出具体的词之间的距离。通过放大局部的内容就可以清楚地看到一些有意思的内容：相关、相近的词容易出现在一起。

由于词向量数量巨大，通过降维后在二维空间看到的词向量分布就比较密集。但是可以通过展开给定区域看到比较详细的词语之间的关系。在图6-26中，我们随机选取一个区域将其展开，就看到图6-27所示的内容。

不同内容的文本，其Word Embedding的结果是不同的。比如，新闻类的文本和企业内部的技术文本，由于领域不同而表现出词语搭配、专有名词等方面的不同，Word Embedding的结果注定是不同的。所以，在实际的项目中，大多需要开发者自己做Word Embedding。国内目前有很多人在做应用Word Embedding技术生产词向量的工作，并且有人将他们的成果分享了出来[⊖]。

6.3.3 利用Word Embedding实现翻译

从本质上来讲，Word Embedding实现了语义空间上有意义的分布，是一种信息向另一种信息转换时非常有效的方式。随着研究的深入，人们对于Word Embedding的理解和应用在不断提升。从信息转换的角度来讲，Word Embedding的用途可以有如图6-28所示的几个典型方向。

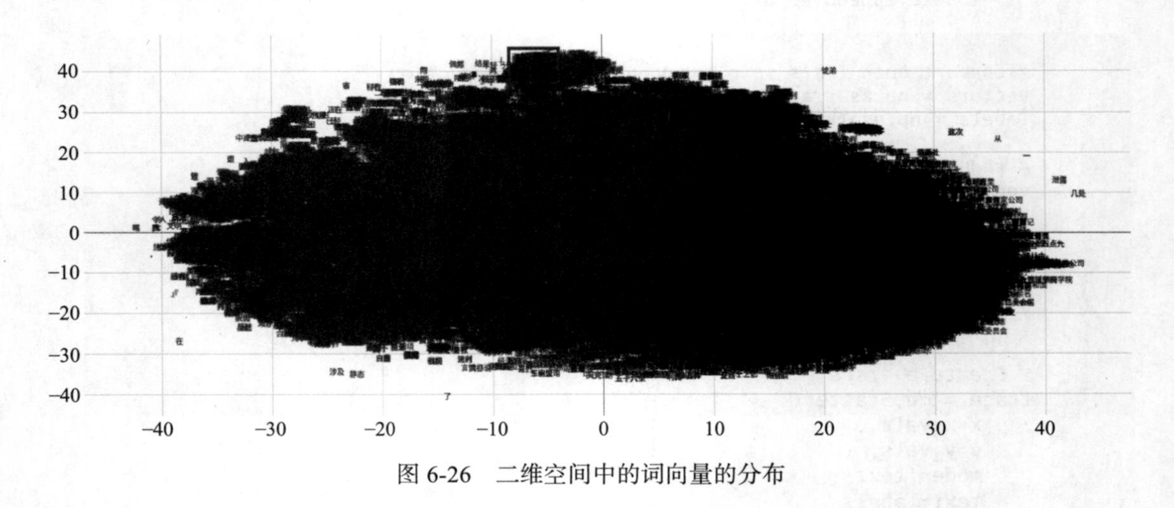

图6-26　二维空间中的词向量的分布

⊖ https://github.com/Embedding/Chinese-Word-Vectors。

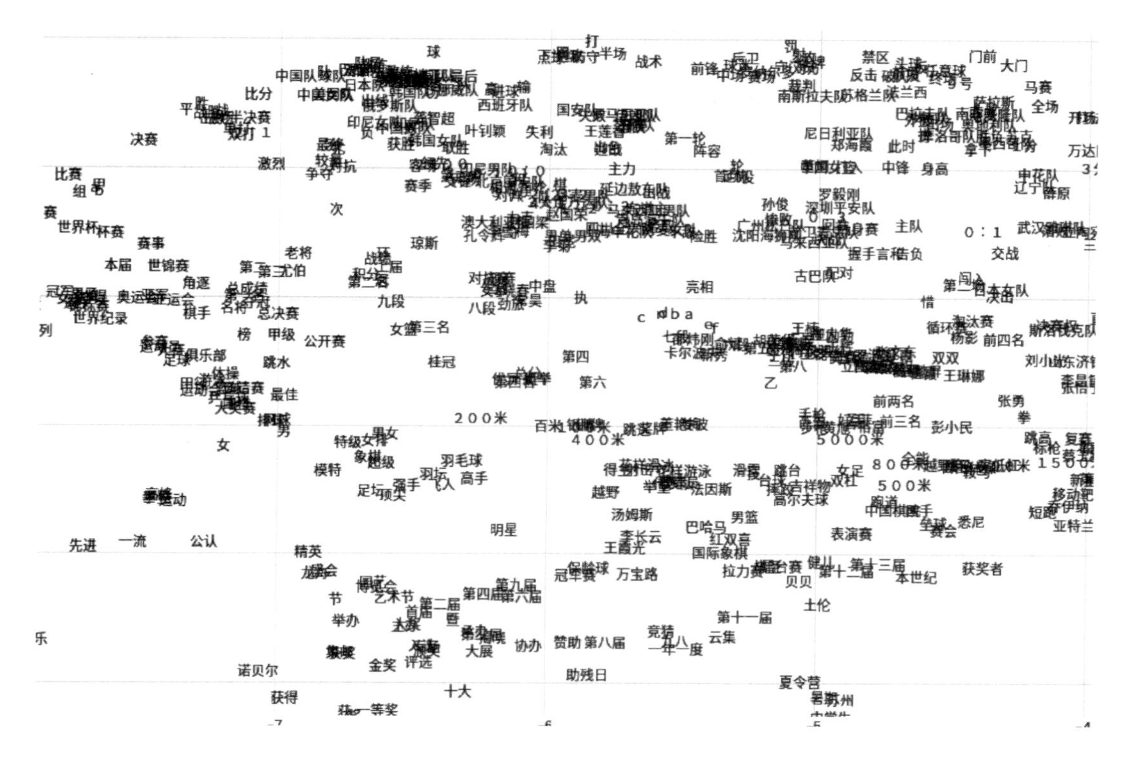

图 6-27　二维空间中的词向量的示例

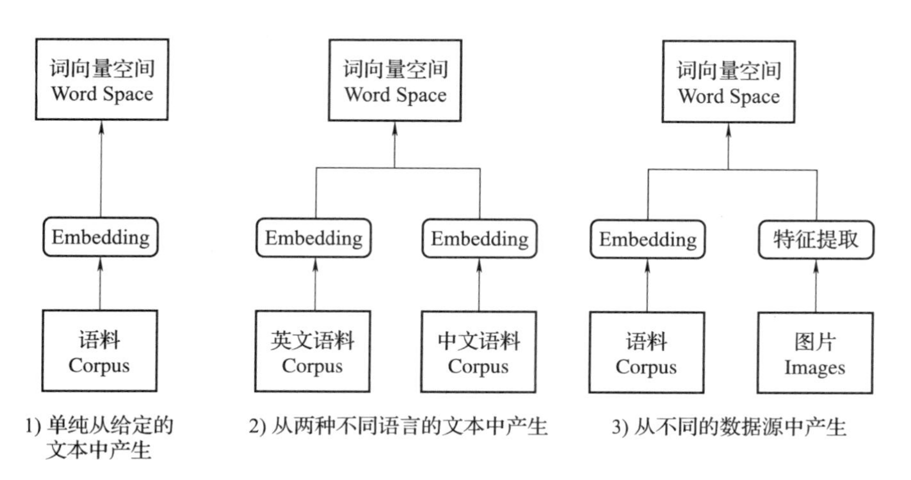

图 6-28　产生词向量空间的几种场景

在前面的小节中，我们介绍了单纯从给定文本产生词向量空间的方式。图 6-29 中的第二种 Word Embedding 场景是将不同的语言（如英语与中文）共同学习，得出一个

Word Embedding 的结果，这使得同声机器翻译可以有很大的改进。在参考文献[⊖]中，有人首先针对中文和英文分别实现两个 Word EmbEdding 的结果，然后根据“词义相同的中英文在同一个空间中应当具有相同的距离”的目标，采用一些优化等手段，将两个 Word Embedding 的结果结合起来。结合后对实时翻译的效果具有提升作用。图 6-28 中的第三种情况，我们将在第 7 章与 LSTM 模型一并介绍。

在开源工具 gensim 中提供了在两种语言间的进行翻译的工具，其主要的思路就是通过两种语言间词语间语义的关系（由下述代码中 word_pairs 变量提供），构建两种词向量之间的关系，利用这种关系生成翻译的结果。

```
from gensim.models import TranslationMatrix
import gensim

model_cn = gensim.models.KeyedVectors.load_word2vec_format('wiki.zh.vec', binary=False)
print(model_cn.most_similar("利润"))

model_en = gensim.models.KeyedVectors.load_word2vec_format('wiki-news-300d-1M.vec', binary=False)
print(model_en.most_similar("profit"))

word_pairs = [
    ("one", "一"), ("two", "二"), ("three", "三"), ("four", "四"), ("five", "五"),
    ("seven", "七"), ("eight", "八"),("profit","利润")
    ]

trans_model = TranslationMatrix(model_en, model_cn, word_pairs=word_pairs)

trans_model.translate(["one", "nine"], topn=3)
trans_model.translate(["revenue", "profit"], topn=3)
```

在上述例子中，我们采用了 Wikipedia 上的中文与英文信息生成的词向量，并采用了非常简单的中英文词语间的关系，生成了一个初级可用于演示的翻译模型。上述代码的输出如下：

```
OrderedDict([('one', ['一', '三', '二']), ('nine', ['八', '七', '九'])])

OrderedDict([('revenue', ['利润', '获利', '顺差']), ('profit', ['利润', '获利', '价格'])])
```

由结果可以看出，给定的词语间的关系中，并没有“nine”“revenue”等词语，但是翻译模型仍然能够输出与其意思接近的结果。

6.3.4 Embedding 的用途不止于 Word Embedding

将低维度的数据转换到高维度，或者将高维度的数据降维到低维度，都属于 Embedding 的范畴，Word Embedding 就是将低维度数据转换到高维度，而 t-SNE 则又是将高维度数据降维到低维度。在实际的数据挖掘实践中，经常会用到特征转换的技术，

⊖ Will Y. Zou†, Richard Socher, Daniel Cer, Christopher D. Manning，Bilingual Word Embeddings for Phrase-Based Machine Translation。

目的是实现性能更好的模型。

在 sklearn 中，RandomTreesEmbedding 就是采用一种无监督的方式，将低维度的数据转换为高维度的形式。

```
print(X_train.shape)
# Unsupervised transformation
rt = RandomTreesEmbedding(max_depth=3, n_estimators=10,
                          random_state=0)

X_train_transformed = rt.fit_transform(X_train)

X_train_transformed.shape

(20000, 20)

(20000, 73)
```

利用 Embedding 将输入数据进行转换后，一般采用常见的如逻辑回归等算法进行预测模型的构建。之前人们在构建逻辑回归模型时，经常采用如 WOE 等方式对输入数据进行转换，而 Embedding 的做法其实也是类似的。

6.4　一个例子：文本分类

文本分类是一个典型的机器学习的应用场景，人们利用文本分类技术进行情感分析（如正面情绪或负面情绪的判断）、类别划分（如微博上的发言属于哪种类型）、人机对话（判断用户问题的类别）等不同的场景。

6.4.1　采用传统分类模型实现文本分类

文本分类的模型构建与其他的分类模型构建过程类似，都需要采用特征工程的手段抽取特征。一般情况下，文本分类的特征工程都是将其转换为特征向量。在上节中我们其实已经介绍过不同的文本向量化的方法，这里不再赘述。

基于文本向量化的结果可以构建机器学习的模型用于分类。表 6-4 所示就是一个基于 TF-IDF 向量化后的结果构建文本分类的例子。在这个例子中，我们采用收集到的微博语料库构建文本分类的例子。

表 6-4　文本及分类的示例

文　本	类　别
“A great game”	Sports
“The elections was over”	Not Sports
“Very clean match”	Sports
“A clean but forgettable game”	Sports

基于 TF-IDF 构建文本分类模型，比较常用的是多项式朴素贝叶斯（Multinomial Naive Bayes，MultinomialNB），这种算法是基于“所有的词汇都是相对于其他词汇而独立的”的假设，且通过计算句子中的词汇概率来计算整个句子所属的类别。

针对上述例子，判断给定文本（如“ a very close game”）是否属于某一类别，其实就是分别计算：

$$P(\text{sports}|\text{a very close game}) = \frac{P(\text{a very close game}|\text{sports}) \times P(\text{sports})}{P(\text{a very close game})}$$

$$P(\text{not sports}|\text{a very close game}) = \frac{P(\text{a very close game}|\text{not sports}) \times P(\text{not sports})}{P(\text{a very close game})}$$

通过比较最终做出属于某一类的判断。句子是词汇的组合，若单纯计算给定句子出现的概率，则大多是 0，如 $P(\text{a very close game})$ 在训练集中很有可能就是 0，此时就无法计算其所属的类别。在这种情况下，一般都是通过计算词汇的概率来代替句子的概率：

$$P(\text{a very close game}|\text{sports}) = P(\text{a}|\text{sports}) \times P(\text{very}|\text{sports}) \times P(\text{close}|\text{sports}) \times P(\text{game}|\text{sports})$$

按照上述公式，由于词汇“ close”首次出现，所以理论上 $P(\text{close}|\text{sports})$ 的取值是 0，这就导致整个概率公式取值都是 0。当遇到这种情况时，一般采用拉普拉斯平滑（Laplace Smoothing）来估计新词汇的概率。

我们采用 sklearn 工具提供的多项式朴素贝叶斯算法 MultinomialNB 来进行文本分类，在没有进行文本预处理（如移除停用词等）时得到一个基本可用的模型。

```
import os
import jieba

from sklearn.datasets.base import Bunch
from sklearn.feature_extraction.text import TfidfVectorizer
from sklearn.model_selection import train_test_split
from sklearn.naive_bayes import MultinomialNB
from sklearn.metrics import accuracy_score


def readFile(path):
    with open(path, 'r', errors='ignore',encoding='GB2312') as file:
        content = file.read()
        return content

text_file_folder = '微博分类语料'

#use the bunch to persist the text data
bunch = Bunch(label=[],contents=[], tfidf=[])

#read the data and tokenized them
for each_class in os.listdir(text_file_folder):
    for each_file in os.listdir(text_file_folder +'/' + each_class):
        file_full_name = text_file_folder +'/' + each_class + '/' + each_file
        bunch.label.append(each_class)
        bunch.contents.append(" ".join(jieba.cut(readFile(file_full_name))))
```

```
#get the tfidf vecotor
vectorizer = TfidfVectorizer(sublinear_tf=True, max_df=0.5)
bunch.tfidf = vectorizer.fit_transform(bunch.contents)

#prapare the data
X_train, X_test,Y_train, Y_test = train_test_split(bunch.tfidf, bunch.label,
                                                   train_size=0.75, test_size=0.25)
#get the model
clf = MultinomialNB(alpha=0.001).fit(X_train, Y_train)
predicted = clf.predict(X_test)

# test it
accuracy_score(Y_test, predicted)

0.7548174172255935
```

基于模型的结果生成混淆矩阵来查看模型的实际效果。在遇到多类别分类时，一个详细的混淆矩阵往往能提供非常有用的信息，如某个类别的预测效果很不好就可以从混淆矩阵中看出来。图 6-29 所示即为基于 TF-IDF 及 MultinomialNB 的本文分类结果。

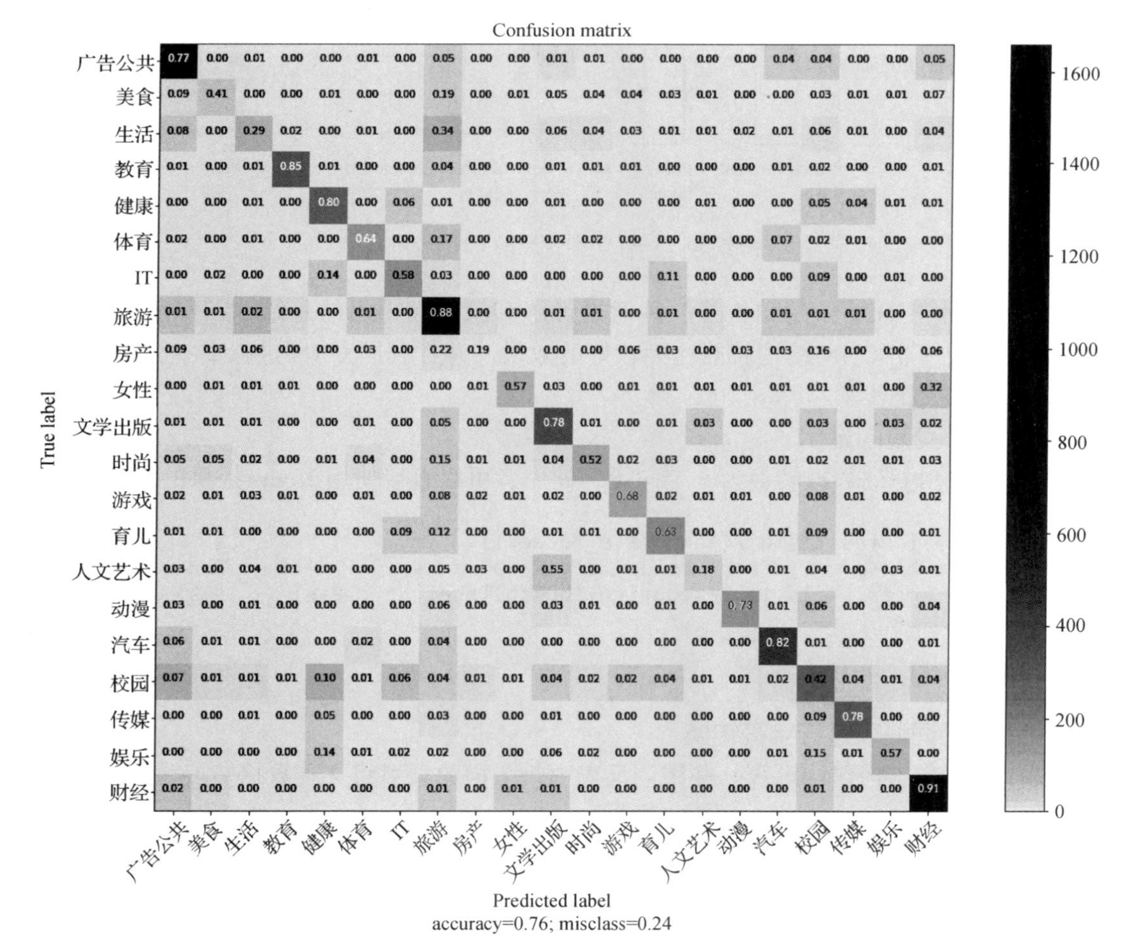

图 6-29　基于 TF-IDF 及 MultinomialNB 的文本分类结果

6.4.2 采用 CNN 进行文本分类

基于前面的介绍，我们知道 CNN 算法要求输入的数据是向量，并且数据需要对齐，即每一个记录的数据大小应该是相同的。所以要求使用者对数据进行一些预处理。除此之外，使用者还需要关心 CNN 的结构以及相关参数的设置。

我们采用微博数据训练 CNN 的文本分类模型，并且 CNN 模型的结构如图 6-30 所示：

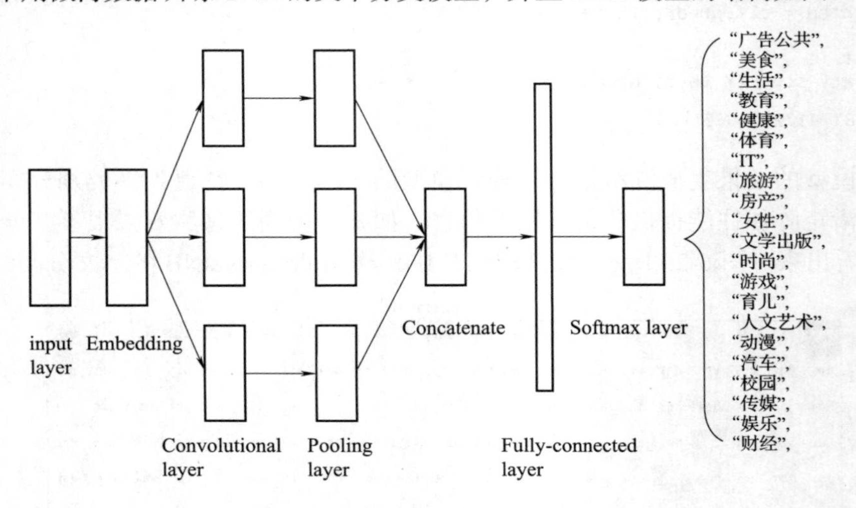

图 6-30　一种文本分类的 CNN 结构

采用何种 CNN 算法的结构是一种通过训练和验证而得出的总结，在实践过程中很难一次性确定一个 CNN 结构就能达到较好的效果。并且利用 CNN 进行文本分类，需要注意以下几个关键步骤：

（1）目标变量向量化

目标变量由一列数据转换为一个向量，使用者可以直接使用 Keras 提供的工具包。

```
n_class = len(os.listdir(text_file_folder))
# Convert class vectors to binary class matrices.
labels = keras.utils.to_categorical(bunch.label, n_class)
labels.shape

(37571, 21)
```

（2）利用词汇表进行字符转换

基于给定文本构建词汇表，并用词汇表中每个词的索引将文本数据转换为数值数据。

```
def build_vocab(sentences):
    """
    Builds a vocabulary mapping from word to index based on the sentences.
    Returns vocabulary mapping and inverse vocabulary mapping.
    """
    # Build vocabulary
```

```
    word_counts = Counter(itertools.chain(*sentences))
    # Mapping from index to word
    vocabulary_inv = [x[0] for x in word_counts.most_common()]
    vocabulary_inv = list(sorted(vocabulary_inv))
    # Mapping from word to index
    vocabulary = {x: i for i, x in enumerate(vocabulary_inv)}
    return [vocabulary, vocabulary_inv]

def build_input_data(sentences, labels, vocabulary):
    """
    Maps sentences and labels to vectors based on a vocabulary.
    """
    x = np.array([[vocabulary[word] for word in sentence] for sentence in sentences])
    y = np.array(labels)
    return [x, y]
```

（3）文本数据补齐

由于每个文本的长度是不一致的，所以需要对文本数据进行补齐才能进入下一步的模型构建。Keras 也提供了高效的工具来完成这个过程。

```
from keras.preprocessing import sequence

x, y = build_input_data(x_text, labels, vocabulary)

# Pads all sentences to the same length. The length is defined by the longest sentence.
x = sequence.pad_sequences(x, maxlen=sequence_length, padding="post", truncating="post")

x.shape

(37571, 312)
```

（4）定义 CNN 的结构

按照预先构想的结构来定义 CNN 模型的结构。

```
from keras.layers import Input, Dense, Embedding, Conv2D, MaxPool2D
from keras.layers import Reshape, Flatten, Dropout, Concatenate
from keras.callbacks import ModelCheckpoint
from keras.models import Model

vocabulary_size = len(vocabulary_inv)
embedding_dim = 256
filter_sizes = [3,4,5]
num_filters = 512
drop = 0.5

epochs = 20
batch_size = 30

inputs = Input(shape=(sequence_length,), dtype='int32')
embedding = Embedding(input_dim=vocabulary_size,
                      output_dim=embedding_dim, input_length=sequence_length)(inputs)
reshape = Reshape((sequence_length,embedding_dim,1))(embedding)

# parallel convolutions layers
conv_0 = Conv2D(num_filters, kernel_size=(filter_sizes[0], embedding_dim),
                padding='valid', kernel_initializer='normal', activation='relu')(reshape)
conv_1 = Conv2D(num_filters, kernel_size=(filter_sizes[1], embedding_dim),
                padding='valid', kernel_initializer='normal', activation='relu')(reshape)
conv_2 = Conv2D(num_filters, kernel_size=(filter_sizes[2], embedding_dim),
                padding='valid', kernel_initializer='normal', activation='relu')(reshape)
```

```
# maxpooling for each convolutions layer
maxpool_0 = MaxPool2D(pool_size=(sequence_length - filter_sizes[0] + 1, 1),
                      strides=(1,1), padding='valid')(conv_0)
maxpool_1 = MaxPool2D(pool_size=(sequence_length - filter_sizes[1] + 1, 1),
                      strides=(1,1), padding='valid')(conv_1)
maxpool_2 = MaxPool2D(pool_size=(sequence_length - filter_sizes[2] + 1, 1),
                      strides=(1,1), padding='valid')(conv_2)

# takes as input a list of tensors, and returns a single tensor
concatenated_tensor = Concatenate(axis=1)([maxpool_0, maxpool_1, maxpool_2])
flatten = Flatten()(concatenated_tensor)
dropout = Dropout(drop)(flatten)
output = Dense(units=n_class, activation='softmax')(dropout)
# define the model
model = Model(inputs=inputs, outputs=output)

checkpoint = ModelCheckpoint('weights.{epoch:03d}-{val_acc:.4f}.hdf5',
                             monitor='val_acc', verbose=1, save_best_only=True, mode='auto')

model.compile(optimizer='rmsprop', loss='categorical_crossentropy', metrics=['accuracy'])
```

（5）CNN 的模型训练

```
import time
print(time.strftime('%Y-%m-%d %H:%M:%S',time.localtime(time.time())))
print("Traning Model...")
learning_history = model.fit(X_train, y_train, batch_size=batch_size, epochs=epochs,
                             verbose=1, callbacks=[checkpoint], validation_data=(X_test, y_test))
print("Traning Done.")
print(time.strftime('%Y-%m-%d %H:%M:%S',time.localtime(time.time())))
```

（6）模型预测结果的转换

CNN 算法的预测输出每一个类别的概率，其输出的形式如下：

```
predicted = model.predict(X_test)

predicted[0]

array([6.7408606e-23, 1.0000000e+00, 6.4948833e-13, 1.3032068e-22,
       3.4834281e-14, 9.5947708e-24, 3.2129273e-16, 4.9296914e-14,
       7.5933883e-17, 1.6569186e-14, 8.0711478e-21, 1.1215318e-17,
       1.9881777e-21, 9.2281444e-18, 1.6981208e-22, 1.5541308e-18,
       3.9223815e-23, 6.1189745e-21, 4.3069500e-26, 8.9604023e-20,
       1.9816528e-19], dtype=float32)
```

预测结果不便于进行准确性、混淆矩阵等模型性能指标的计算，需要利用 numpy 工具来将预测结果转换为一列类别数据。

```
from sklearn.metrics import confusion_matrix
from sklearn.metrics import accuracy_score

# convert the (prediction) matrix to label list
test_labels = np.argmax(y_test, axis=-1)
predicted_labels = np.argmax(predicted, axis=-1)
```

```
accuracy_score(test_labels, predicted_labels)
0.7870924817032602

test_labels
array([ 1, 20, 11, ...,  4, 20,  1])

predicted_labels
array([ 1, 20, 11, ...,  4, 20,  1])
```

CNN 模型构建比较耗费时间。在本例中，整个模型的训练用了 11 个小时。最终生成的混淆矩阵如图 6-31 所示。

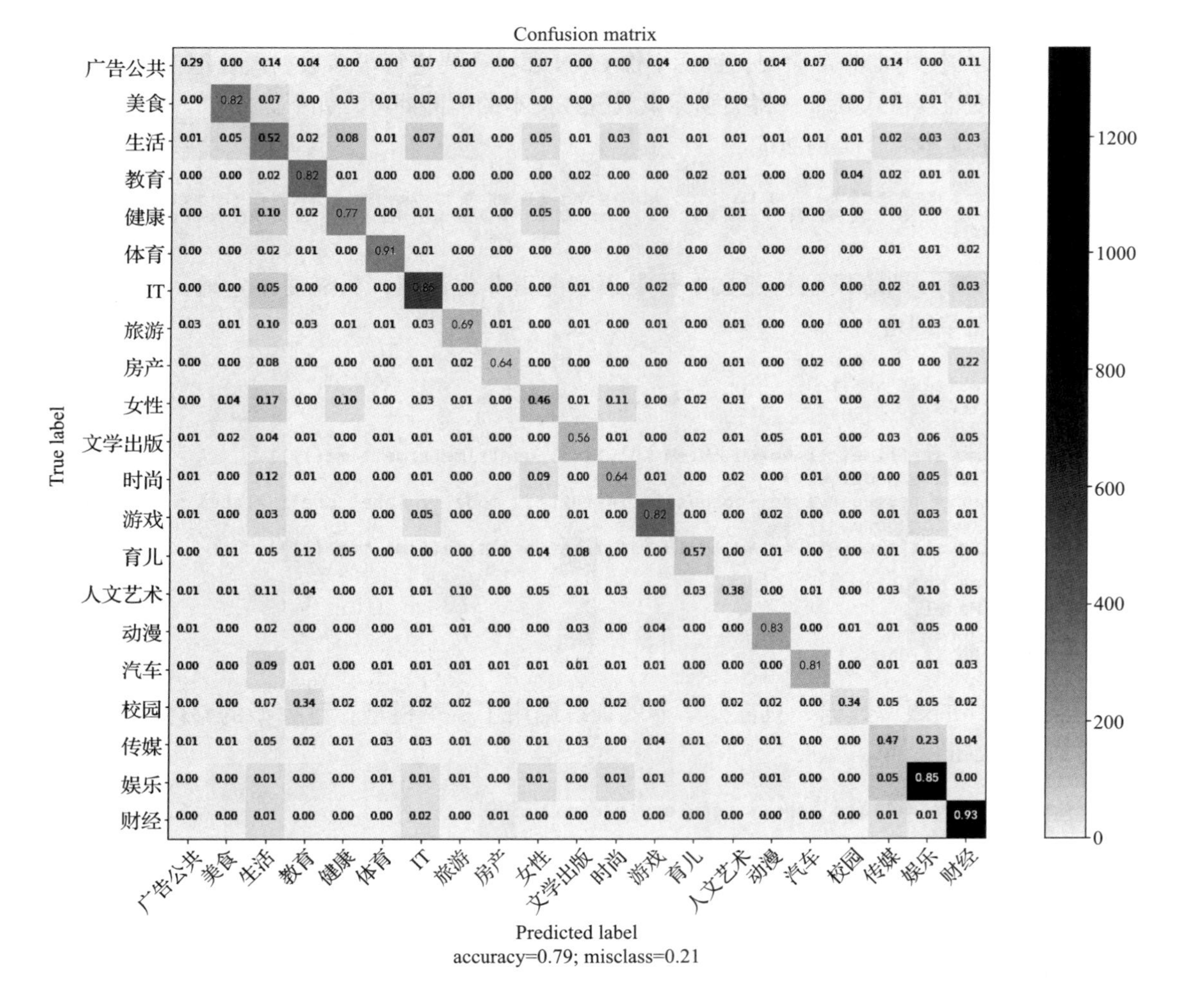

图 6-31　基于 CNN 的文本分类结果

6.4.3 采用 FastText 进行文本分类

FastText[⊖]是近两年出现的可用于 Word Embedding 和文本分类的开源项目，其最大的特点就是运行速度极快。表 6-5 所示为一个模型训练时间测试的对比，在 CNN 和 FastText 之间进行对比的话，差别非常大。

表 6-5 CNN 与 FastText 的测试及对比

	Yahoo		Amazon full		Amazon polarity	
	Accuracy	Time	Accuracy	Time	Accuracy	Time
char-CNN	71.2	1 day	59.5	5 days	94.5	5 days
VDCNN	73.4	2h	63	7h	95.7	7h
fastText	72.3	5s	60.2	9s	94.6	10s

FastText 的使用也非常简便，远远不像 CNN 那样需要进行很多数据预处理工作。在训练前只需要按照其格式要求，将类别标识放置在文本的前面即可，如下面的“__label__20”就代表后面的文本属于类别 20。

```
'__label__20 , 纽交所 交易员 Ben  Willis : 1 . 央行 联手 堪比 雷曼 破产 後 的 TARP 计划 ; 市场 关心 央行 集体行动 , 是否 隐瞒 了 欧洲 实情 ; 2 . 央行 行动 不会 只 为 短期 繁荣 ; 3 . 标普 下调 银行 评级 因 改变 评级 标准 , 若 无 央行 救 市 , 金融 板 不会 走高 ,
```

基于 fastText 训练模型构建文本分类模型变得非常简单，只需要制定输入的文本数据和模型的名字即可。

```
import fasttext as ft
import time

print(time.strftime('%Y-%m-%d %H:%M:%S',time.localtime(time.time())))
print("Traning Model...")
classifier = ft.supervised('corpus_train.text', 'model', label_prefix=label_prefix)
print("Traning Done.")
print(time.strftime('%Y-%m-%d %H:%M:%S',time.localtime(time.time())))
```

```
2019-01-06 10:06:46
Traning Model...
Traning Done.
2019-01-06 10:06:53
```

采用同样的微博数据，只需要 7 秒就训练结束了一个模型，且模型的整体效果也基本达到了一定的程度。

```
from sklearn.metrics import accuracy_score

accuracy_score(y_test, predicted)
```

```
0.6589487691284098
```

FastText 并没有使用深度学习的技术，从未来发展来看，这应该代表了一种技术趋势。

⊖ https://fasttext.cc/。

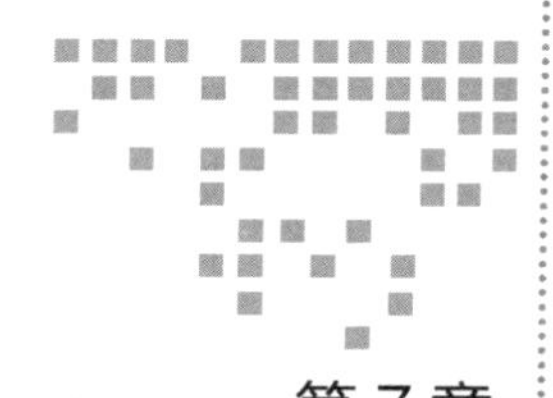

第7章 Chapter 7

深入探讨 RNN

在机器学习领域，总是有一些算法能够做出一些让人们眼前一亮，甚至让人觉得不可思议的智能应用。当这样的算法出现时，人们往往会倾注非常多的关注，十几年前的支持向量机算法是如此，现在的深度学习算法也是如此。然而当我们津津乐道 RNN 或 LSTM 能够做出很多令人不可思议的智能应用时，它们其实早已经出现了很多年。LSTM 是在 1997 年由两位研究者首先提出来的[㊀]。最近几年由于工具的支持，使得其使用的范围变得很广。

RNN 其实代表了一种建模的方法，即预测能不能基于序列的信息以及序列所代表的上下文来做出？实践证明类似 RNN 以及其各种变体能够较好地解决这个问题，这就使得人们换了一种建模思路，看到一些令人不可思议的结果。

在本章中，我们打算与读者一起讨论下 RNN 的原理以及各种应用的初步构建方法。通过讨论使得大家对 RNN 有更深入的了解，并期望能起到抛砖引玉的作用。

7.1 两种建模方法：Prediction 和 Sequence Labeling

Prediction 和 Sequence Labeling 是两种用于预测的方法，前一种基于“截止”或“状态”的信息，而后一种基于“序列”和“上下文（context）”的信息。

7.1.1 Prediction 的特点

在营销领域，产品响应模型是最基本、最常见的一种模型，其应用场景就是“根据

㊀ Hochreiter and J. Schmidhuber. Long Short-Term Memory. Neural Computation, 1997,9(8):1735-1780.

客户过往的信息预测其会不会购买某（类）产品”。构建这类模型的最常见的做法是首先需要选定观察期（Observation Period 或 Observation Window）和表现期（Performance Period 或 Performance Window）。

（1）观察期

观察期即在给定截止日期之前或发生购买之前的时间窗口，正例（购买客户）的各个自变量的取值皆来自该时期。

（2）表现期

表现期即截至某时间点、用于观察实际购买情况的时间窗口。

观察期和表现期的划定是构建产品响应模型的基础工作，且直接影响到数据提取、模型验证的正确与否。

一般情况下，在观察期加工预测变量时，需要尽量将客户在购买前的各种状态体现出来。比如构建预测客户是否购买贵金属产品的模型时，需要将客户对贵金属的偏好信息（如过往一段时间的购买量）等指标加工出来，通过后续相关性分析等手段可作为模型的最终预测变量。购买前状态的计算，其实是看重一个截止点时的特征计算。

在 6.3.1 节介绍的利用 TF-IDF 进行文本分类的模型，虽然没有观察期和表现期的说法，但其实也是通过计算 TF-IDF 来体现文本的特点（状态）以作为分类的依据。

7.1.2 Sequence Labeling 的特点

在现实中，有很多的数据形式是序列类型，如开盘后股票的价格、传感器按照给定时间单位传送回来的数据等。只要人们需要可以随时采集各种序列的数据。一般可以采用 $x(t)$ 来表示序列数据，其中 t 是时间取值。若将序列数据的范围再扩展下，也可以将文本数据看作序列数据。因为不论人们在说话还是在阅读，其实都是按照序列来进行和理解的。

我		是	中国人	，		我	热爱
$x(t-2)$	$x(t-1)$	$x(t)$	$x(t+1)$	$x(t+2)$	$x(t+3)$	$x(t+4)$	$x(t+5)$

Sequence Labeling 就是基于序列中已经观察到的信息对序列中每一个元素的类别做出判断或预测的。若在时点 $x(t)$ 来预测 $x(t+1)$ 时的文本内容，人们通常需要考虑整个序列以及在 $x(t)$ 时的上下文信息，才能做出较为准确的预测。RNN（Recurrent Neural Networks）就是模拟人们在理解类似文本这样的数据时既考虑序列也考虑上下文才能较好地进行判断的原理，开发出来的算法。

在图 7-1 中，RNN 算法在给定时间点 t 按照序列取值 x_t 来预测其输出 o_t 时，需要依赖于过往序列的隐藏状态（Hidden State）h_t 才可做出。h_t 又经常被形象地称为对于序列的记忆（Memory）。但是 h_t 值又取决于上一个序列元素的计算值 h_{t-1} 才可得出，所以 RNN 就是一个序列形态的神经网络计算框架。当文本中有 5 个单词时，RNN 就是一个有 5 层深度的神经网络。针对图 7-1 所示的 RNN 的示意图，我们还需要明确其参数以及记忆更新的机制：

- x_t 是时间点 t 的序列取值。具体的取值形态在不同的应用主题下是不同的，若是预测某单品每日库存量，则 x 的取值就是一维的数值；若是与文本有关的模型，则 x 的取值可以是 t 点对应单词的 one-hot 向量；
- h_t 是时间点 t 的隐藏状态，也是 RNN 的所谓记忆。隐藏状态的计算既要基于前一个隐藏状态的取值，也需要将当前序列取值计算在内。具体来讲，$h_t = f(Ux_t + Wh_{t-1})$，其中 f 一般是 Tanh 或 Sigmoids 函数。初始记忆 h_{-1} 一般取值为 0。
- o_t 是时点 t 的输出值。如果 RNN 模型是预测下一个单词的取值，则 $o_t = \text{softmax}(Vh_t)$，即在给定的字典中计算每一个单词出现的概率。如果 RNN 模型是判断到目前为止的序列属于哪种类别，也是采用相同的算法，只是输出值就是其属于每个类别的概率。
- U、V、W 是神经网络的权重参数，用于计算时的权重调节，但这些参数在神经网络的层之间是不变的，也就是说，RNN 按照相同的处理逻辑计算每一层的数据。这也是这个算法称为递归（recurrent）神经网络的原因。

上面的描述只是最简单的 Sequence Labeling 的介绍。在下一节，我们将重点介绍 Sequence Labeling 的经典算法 RNN 及其各种变种的详细内容。

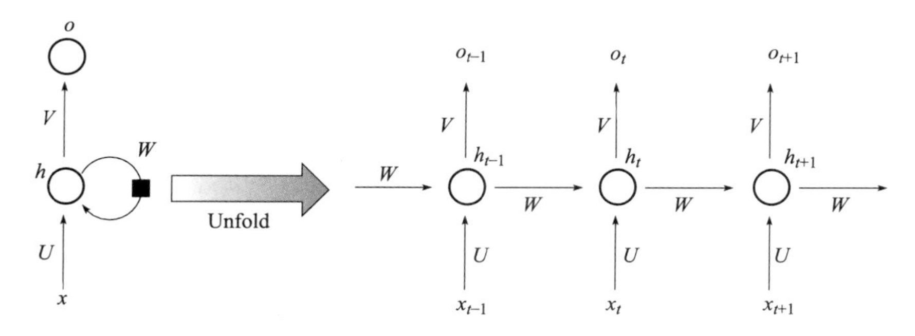

图 7-1 RNN 算法的基本示意图

7.2 RNN 及其变种的详细原理

RNN 及其变种已经形成一个庞大的体系，基于此衍生出很多非常丰富的应用。了解 RNN 详细原理是了解这些应用的基础。

7.2.1 RNN 的 Activation 函数

神经网络算法都有激活（activation）函数的应用，其主要作用是模仿人类在认识事物时神经元的反应：比较相关的神经元会活跃而不相关的神经元则不活跃。所以激活函数可以被看作在给定数据的情况下，神经元做出反应的一个输出源。

在神经网络算法中，人们广泛采用了如 Sigmoids、Tanh、ReLU 等激活函数。在前一章中我们已经介绍过了 ReLU 激活函数，在本章将重点介绍 Sigmoids 和 Tanh 函数。

1. Sigmoids 函数

Sigmoids 函数是经典预测模型逻辑回归的核心算法。计算观察量属于某一类别的概率，可以通过 Sigmoids 函数来获得，其计算的过程是：

$$P(C_1|x)=\frac{P(x|C_1)P(C_1)}{P(x|C_1)P(C_1)+P(x|C_2)P(C_2)}=\frac{1}{1+\dfrac{P(x|C_2)P(C_2)}{P(x|C_1)P(C_1)}}=\frac{1}{1+\exp(-z)}=\sigma(z)$$

其中，$z=\ln\dfrac{P(x|C_1)P(C_1)}{P(x|C_2)P(C_2)}=\sum wx+b$。Sigmoid 函数的取值范围是 [0,1]。

2. Tanh 函数

Tanh 函数主要是改变了 Sigmoids 函数的取值范围，其计算的过程是：

$$\tanh(z)=2\sigma(2z)-1=\frac{\mathrm{e}^{z}-\mathrm{e}^{-z}}{\mathrm{e}^{z}+\mathrm{e}^{-z}}$$

Tanh 函数的取值范围是 [−1,1]。两个函数的形态如图 7-2 所示。

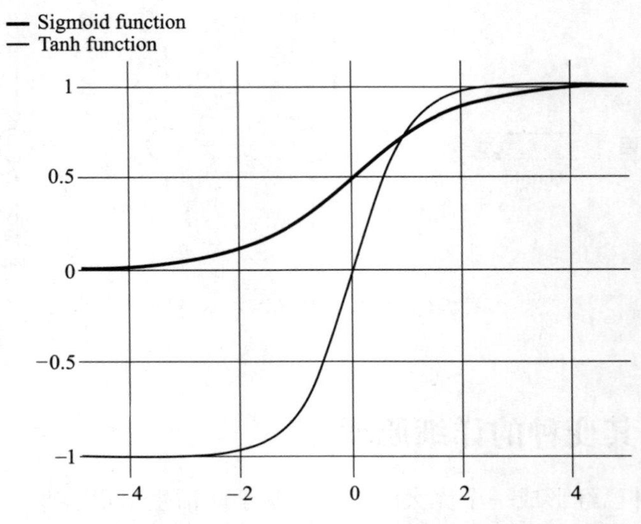

图 7-2　Sigmoids 与 Tanh 函数的示例

在构建神经网络时可以灵活使用上述两种激活函数中的任意一个，人们在实际的经验中也有一些总结归纳，如卷积网络之父 Yann LeCun 在其论文《Efficient BackProp[⊖]》中就提到若采用 Tanh 函数来计算，神经网络较容易收敛；实际应用时甚至可以使用 Tanh 函数的变体 $f(z)=1.7159\times\tanh\left(\frac{2z}{3}\right)$ 来计算。

7.2.2 RNN 的初级神经元及计算逻辑

最初的 RNN 的神经元比较简单，只是用 Sigmoid 处理序列中每一个值而已。可以把这个过程看作将 Sigmoid 函数串联起来使用。

基于如图 7-3 所示的这个结构，隐藏层的记忆和输出值的计算就比较容易：

$$h_t=\sigma(W[h_{t-1,}x_t]+b_h)$$

$$o_t=\sigma(W[h_t]+b_o)$$

若采用上述结构来计算的话，我们不难发现输出值的预测变量太少，过于依赖当前输入和当前的记忆。

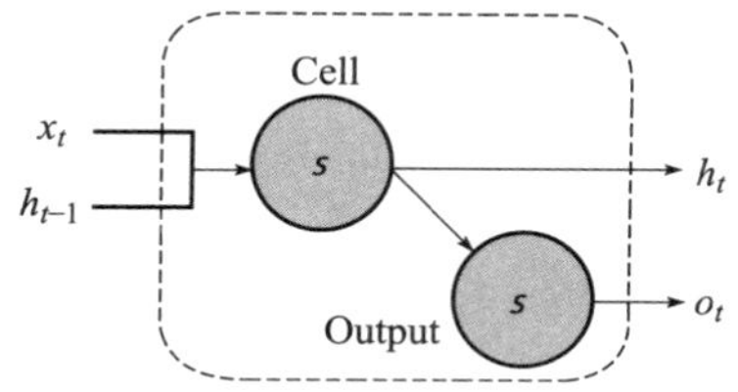

图 7-3 RNN 初级的神经元

7.2.3 LSTM 的神经元及计算逻辑

LSTM（Long Short-Term Memory）神经网络算法是 RNN 一个非常重要的变种，其最大的特点就是通过改造神经元的结构，使得状态的存储可以兼顾到较长的上下文。

LSTM 在 RNN 神经元的基础上，增加了 input gate、output gate 和 forget gate 等控制逻辑，即序列中每一个元素同时作为输入提供给 3 个 gate 接口和 1 个常规输入接口。LSTM 通过一系列计算决定是否更新状态、要更新的状态值、最终的输出值等。图 7-4 展示了一个 LSTM 神经元的结构。

LSTM 的运算逻辑相对复杂，其计算过程分为以下几个步骤：

（1）计算状态（记忆）更新策略

在 forget gate 接口，将当前输入 x_t、前一个序列值的输出 h_{t-1}、更新前的状态取值 c_{t-1} 作为 Sigmoids 函数的输入，

$$f_t=\sigma(W_{xf}x_t+W_{hf}h_{t-1}+W_{cf}c_{t-1}+b_f)$$

计算结果若是取值为 1，则状态取值不会被更新；若取值为 0，则状态取值被完全更新；若计算取值在 0 和 1 之间，代表有多少占比的数据被保留。

（2）将输入通过 Sigmoids 转换

在 input gate 接口，计算给定输入 x_t 经过一个 Sigmoids 函数转换之后的值，

$$i_t=\sigma(W_{xi}x_t+W_{hi}h_{t-1}+W_{ci}c_{t-1}+b_i)$$

⊖ http://yann.lecun.com/exdb/publis/pdf/lecun-98b.pdf。

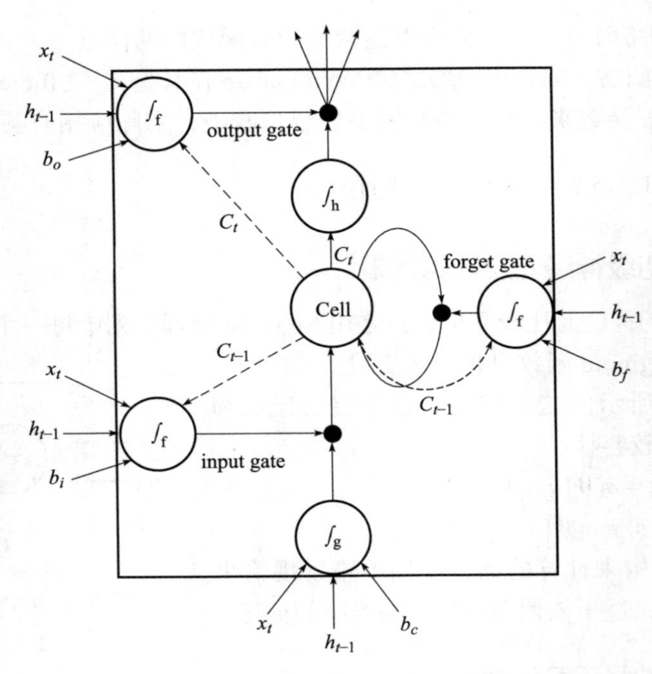

图 7-4　LSTM 的神经元

（3）计算状态更新值

在已知状态更新策略 f_t 的情况下，计算新的状态值：

$$c_t = f_t c_{t-1} + i_t \tanh(W_{xc} x_t + W_{hc} h_{t-1} + b_c)$$

（4）计算输出的策略

在 output gate 接口，计算输出的策略：

$$o_t = (W_{xo} x_t + W_{ho} h_{t-1} + W_{co} c_{t+} b_0)$$

计算结果若是取值为 1，全部输出；若取值为 0，不输出；若计算取值在 0 和 1 之间，代表有多少比例的输出数值被输出。

（5）计算最终的输出

$$h_t = o_t \tanh(c_t)$$

7.2.4　GRU 的神经元与计算逻辑

GRU（Gated Recurrent Unit）是在 LSTM 的基础上做了简化，最显著的变化是由 LSTM 的 3 个 gate 变为只有 update gate 和 reset gate 两个 gate；不再保留内部的状态存储单元，将输出也看作状态。

GRU 的运算逻辑比 LSTM 要简单一些，如图 7-5 所示，其计算过程分为以下几个步骤：

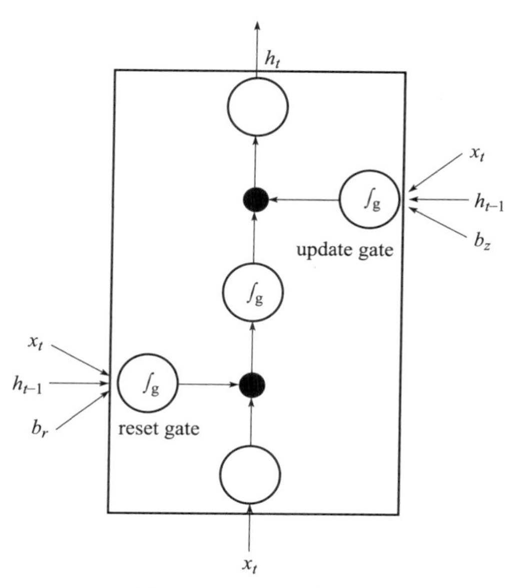

图 7-5 GRU 的神经元

（1）计算 reset 的策略

GRU 的 reset gate 与 LSTM 的 forget gate 的原理非常相似，即计算有多少过往的信息（上一步的输出）需要被忘记。

$$r_t = \sigma(W_{xr}x_t + W_{hr}h_{t-1} + b_r)$$

计算结果若是取值为 1，则不会保留任何过往信息；若取值为 0，全部保留；若计算取值在 0 和 1 之间，代表有多少占比的数据被忘记。

（2）计算 update 的策略

update gate 计算有多少过往信息需要被应用到当前结果中。

$$z_t = \sigma(W_{xt}x_t + W_{hz}h_{t-1} + b_z)$$

计算结果若是取值为 1，则应用所有过往信息；若取值为 0，不会应用过往信息；若计算取值在 0 和 1 之间，代表有多少占比的数据被应用。

（3）计算当前状态值（current memory content）

新的当前状态值主要基于当前取值 x_t、reset gate 的计算结果来计算。

$$\tilde{h}_t = \tanh(W_{xh}x_t + Wh \times r_t + b_h)$$

（4）输出最终的状态值（final memory at current time step）

通过最终的计算输出最后的结果。

$$h_t = (1-z_t) \times h_{t-1} + z_t \times \tilde{h}_t$$

7.2.5 深度 RNN 的原理

现在的算法工具可以支持将“一个序列元素经过多个 RNN 神经元的运算处理”，这样的做法其实就是将 RNN 神经元串联起来，构成深度的 RNN 算法，如图 7-6 所示。

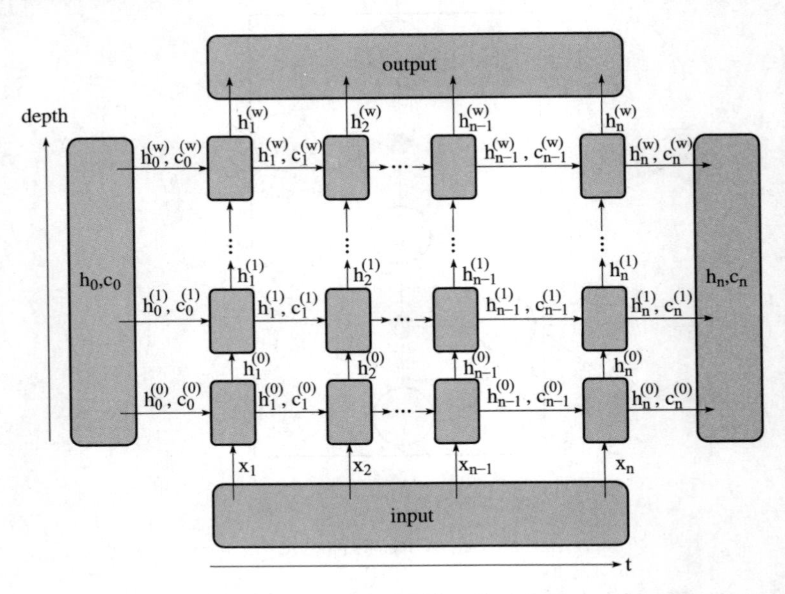

图 7-6　深度 RNN 算法的示意图

RNN 算法的训练和调试需要耗费大量的时间，在实际使用过程中，人们并不倾向于构建过于复杂的算法。比较好的实践是从简单的算法结构开始，逐步尝试。在后面的小节中，我们将通过构建两层的 LSTM 实现文本生成，读者可以通过这个例子看到具体的“深度”RNN 的用法。

7.2.6　RNN 算法的输入输出形式

在类似 Keras 的算法包中，提供了“return_sequences”的参数设置，用于控制 LSTM 等返回值的形式：当其取 False 时，只在整个序列计算结束后才输出结果；当其取 True 时，则每个序列元素计算结束后都会输出结果。图 7-7 展示了两种不同的模型输出形式。

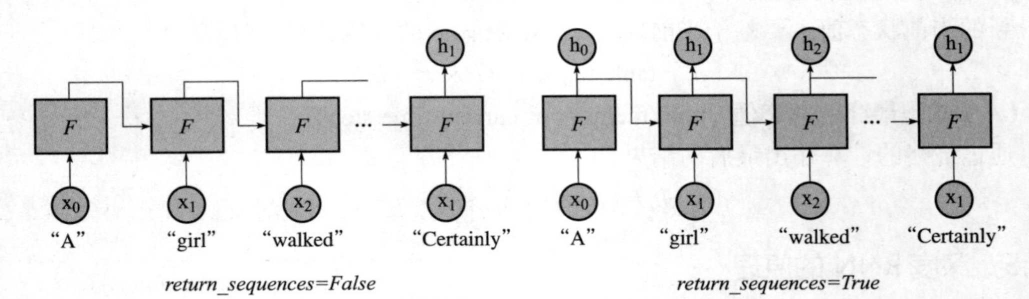

图 7-7　RNN 算法的两种输出形式

基于这两种输出的表达形式，人们发明出各种不同的序列使用方法。这些方法在不同的场景下显示出巨大的价值。

图 7-8 展示了人们总结归纳的实际应用中 RNN 的不同的输入输出形式。“one to one”的情况常见于输入图像数据向量、输出图像类别的分类；“one to many”的情况常见于用于生成图片文本描述的情况，即图像信息一次输入，而图像描述信息则通过序列的形式逐步计算而来（在 7.6 节会有一个详细的例子）；“many to one”就是简单地将 return_sequences 设置为 False，在序列的最后才输出结果，典型的场景如文本分类、情感分析等；异步“many to many”常见于不同事务之间进行转换，比如输入汉字翻译出英文；同步“many to many”是非常常见的用法，基于时间序列的预测都属于这个类别（7.3 节的股票价格预测就属于这个类别）。

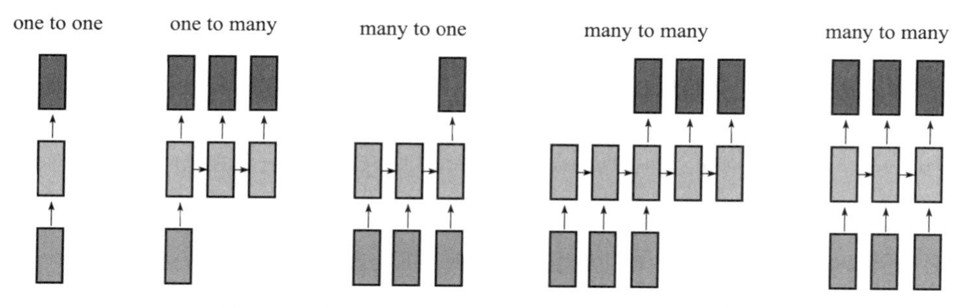

图 7-8 实际应用中 RNN 算法的输入输出形式[一]

7.3 利用 LSTM 预测股票价格

股票价格是典型的时间序列的数据，实践证明 LSTM 在时间序列的预测方面具有非常显著的优势。在本节中，我们采用 LSTM 对股票价格进行预测，得到了非常不错的模型的实际效果。

7.3.1 模型构建及验证

在 LSTM 模型的构建过程中，首先需要得到股票的数据，然后构建模型并通过测试数据进行测试。具体过程如下：

1. 获取股票数据

目前有众多的免费股票市场数据的提供商，我们选择了 Alpha Vantage[二]并使用其

[一] http://karpathy.github.io/2015/05/21/rnn-effectiveness/。

[二] https://www.alphavantage.co/。

wrapper alpha_vantage[⊖]获得数据。Alpha Vantage 提供不同的 API 接口提供不同的数据，针对股票数据，提供了相对实时的时间间隔为分钟级别的数据，以及按照天、周、月的汇总数据等。在本例中，选取星巴克的股票数据，以天为时间间隔读取，所获得的数据中第一列为股票当天的开盘价格，第二列为当天的最高价格，第三列为当天的最低价格，第四列为当天的收盘价格，第五列为当天的成交量。

```
import numpy
import math
from alpha_vantage.timeseries import TimeSeries
import matplotlib.pyplot as plt
from sklearn.preprocessing import MinMaxScaler
from sklearn.metrics import mean_squared_error

from keras.models import Sequential
from keras.layers import Dense
from keras.layers import LSTM
```

```
Using TensorFlow backend.
```

```
ts = TimeSeries(key='YOUR_API_KEY', output_format='pandas')
data, meta_data = ts.get_daily(symbol='SBUX', outputsize='full')
```

```
meta_data
```

```
{'1. Information': 'Daily Prices (open, high, low, close) and Volumes',
 '2. Symbol': 'SBUX',
 '3. Last Refreshed': '2019-01-18',
 '4. Output Size': 'Full size',
 '5. Time Zone': 'US/Eastern'}
```

按照上述代码，我们可以得到如表 7-1 所示的相应的股票数据。

表 7-1　股票数据示例

date	1. open	2. high	3. low	4. close	5. volume
2019-01-14	63.35	64.055	62.98	63.37	9 929 560.0
2019-01-15	63.58	64.625	63.45	64.08	7 930 398.0
2019-01-16	64.20	64.820	63.75	63.77	8 091 296.0
2019-01-17	63.68	64.390	63.60	64.28	6 767 335.0
2019-01-18	64.81	64.810	63.86	64.70	9 627 407.0

2. 数据预处理

在获得数据后，需要对数据进行标准化处理，防止数值溢出，加快收敛速度并且提

⊖ https://github.com/RomelTorres/alpha_vantage。

高精度。标准化处理后的数据剔除了量纲对模型的影响，确保能够获得较稳定的模型。具体的代码如下：

```
# normalize the dataset
scaler = MinMaxScaler(feature_range=(0, 1))
data = scaler.fit_transform(data)
dataset=DataFrame(data)
```

在本次股票价格的预测中，我们设定因变量为收盘价格，其余 4 个变量为自变量。序列预测的关系是“ many to one”，也就是说，在时点 t 输入之前多个历史时刻（t, $t-1$, $t-2,\cdots$）的自变量的值用于预测一个时点值 y_{t+1}。图 7-9 说明了这个过程。

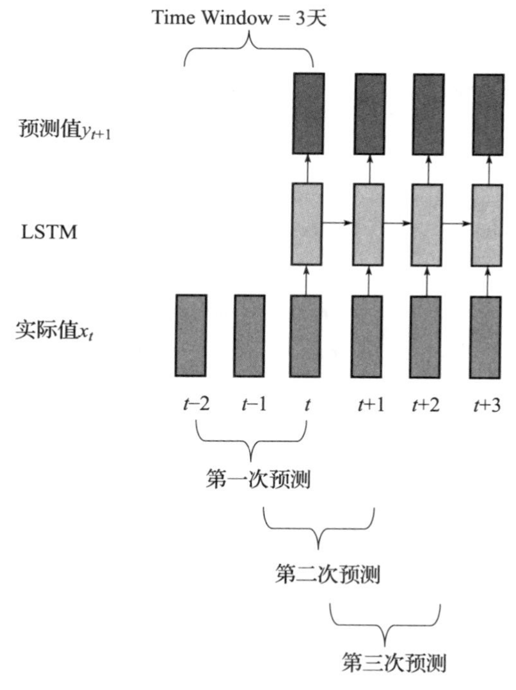

图 7-9 股票价格预测的序列的时间窗口的关系

我们使用时间窗口为 3 来预测未来下个时刻的值，也就是用今天、昨天以及前天的开盘价格、最高价格、最低价格、收盘价格以及成交量来预测明天的收盘价格。使用 3 年的数据作为训练集，剩余 3 个月的数据作为测试集。

按照时间窗口的设置准备相关数据。如图 7-10 所示的过程中，数据准备过程就是以前 3 天的数据作为预测变量，而第 4 天的数据就是目标变量。

为实现上述过程，构建相关的方法如下：

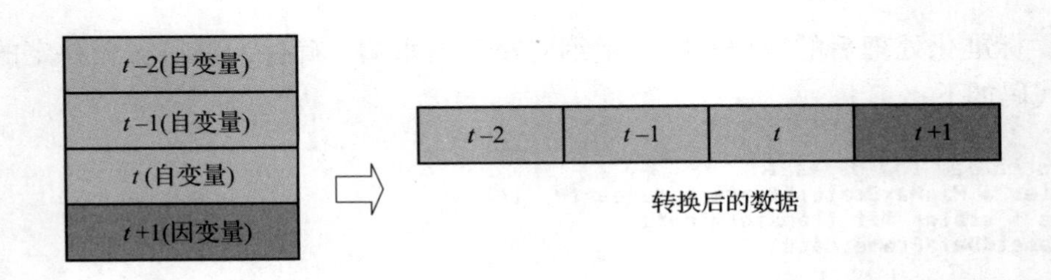

图 7-10　数据转换的示意图

```
# convert the row data to col for prediction
def series_to_supervised(data, time_window=3):
    cols, names = list(), list()
    for i in range(time_window, -1, -1):
        # get the data
        cols.append(data.shift(i))

        # get the col name
        if ((i - 1) <= 0):
            suffix = '(t+%d)' % abs(i - 1)
        else:
            suffix = '(t-%d)' % (i - 1)
        names += [(colname + suffix) for colname in data.columns.values]
    #concat the cols into one dataframe
    agg = concat(cols, axis=1)
    agg.columns = names
    # remove the nan value which is caused by pandas.shift
    agg = agg.dropna(inplace=False)
    # remove unused col(only keep the 'colse' field for the t+1 period )
    agg.drop(agg.columns[[15,16,17,19]], axis=1, inplace=True)
    return agg
dataset = series_to_supervised(data, 3)
dataset.columns.values

array(['open(t-2)', 'high(t-2)', 'low(t-2)', 'close(t-2)', 'volume(t-2)',
       'open(t-1)', 'high(t-1)', 'low(t-1)', 'close(t-1)', 'volume(t-1)',
       'open(t+0)', 'high(t+0)', 'low(t+0)', 'close(t+0)', 'volume(t+0)',
       'close(t+1)'], dtype=object)
```

通过输出样例，可以观察数据的基本情况，如表 7-2 所示。

表 7-2　处理后的数据示例

date	open (t-2)	high (t-2)	low (t-2)	close (t-2)	volume (t-2)	open (t-1)	high (t-1)	low (t-1)	close (t-1)	volume (t-1)	open (t + 0)	high (t + 0)	low (t + 0)	close (t + 0)
2019-01-14	63.65	64.040	62.950 0	63.88	13 080 263.0	63.61	64.390	63.240 0	64.19	10 397 645.0	62.29	63.840	61.670 1	63.73
2019-01-15	63.61	64.390	63.240 0	64.19	10 397 645.0	62.29	63.840	61.670 1	63.73	13 805 688.0	63.35	64.055	62.980 0	63.37
2019-01-16	62.29	63.840	61.670 1	63.73	13 805 688.0	63.35	64.055	62.980 0	63.37	9 929 560.0	63.58	64.625	63.450 0	64.08
2019-01-17	63.35	64.055	62.980 0	63.37	9 929 560.0	63.58	64.625	63.450 0	64.08	7 930 398.0	64.20	64.820	63.750 0	63.77
2019-01-18	63.58	64.625	63.450 0	64.08	7 930 398.0	64.20	64.820	63.750 0	63.77	8 091 296.0	63.68	64.390	63.600 0	64.28

除此之外，还需要对数据准备训练集以及测试集进行数据转换等一系列的操作。

```
# split into train and test sets
train_size = int(len(dataset) * 0.67)
test_size = len(dataset) - train_size
train, test = dataset[0:train_size,:], dataset[train_size:len(dataset),:]

trainX, trainY = train[:,:15], train[:,15]
testX, testY = test[:,:15], test[:,15]

# reshape input to be [samples, time steps, features]
trainX = numpy.reshape(trainX, (trainX.shape[0], 1, trainX.shape[1]))
testX = numpy.reshape(testX, (testX.shape[0], 1, testX.shape[1]))

trainX.shape, trainY.shape, testX.shape, testY.shape
```

```
((3548, 1, 15), (3548,), (1749, 1, 15), (1749,))
```

至此，数据准备的相关工作已完成，可以进行下一步的模型构建和验证了。

3. 模型构建

利用 Keras 工具构建 LSTM 的模型，其中 LSTM 的参数“ unit = 50”的意思就是在隐藏层的状态取值 c 的维度是 50。由于状态取值的维度与 LSTM 的输出值 h 的维度是一致的，所以这个设置也决定了输出值 h 的维度。

然而在 Keras 构建的 LSTM 模型中，h 并不是最终的输出。针对每一个 LSTM 输出值 h 构建的数值，通过一个全链接层 Dense 构建最终的预测值，即输入当前时刻的股票价值，模型输出下一个时点的预测值。在本例中，将全链接层 Dense 的输出维度的参数设置为 1，即预测下一期的股票价格。

```
# create and fit the LSTM network
model = Sequential()
model.add(LSTM(50, input_shape=(trainX.shape[1], trainX.shape[2])))
model.add(Dense(1))
model.compile(loss='mae', optimizer='adam')
model.summary()
```

上述代码构建的 LSTM 模型的结构通过输出模型的 summary 可以看到。

```
_________________________________________________________________
Layer (type)                 Output Shape              Param #
=================================================================
lstm_2 (LSTM)                (None, 50)                13200
_________________________________________________________________
dense_2 (Dense)              (None, 1)                 51
=================================================================
Total params: 13,251
Trainable params: 13,251
Non-trainable params: 0
_________________________________________________________________
```

为了直观，我们绘制了图 7-11 来展示上述模型对应的模型结构。
构造好网络后即可进行模型训练。

```
history = model.fit(trainX, trainY, epochs=50, batch_size=72, validation_data=(testX, testY), verbose=2,
                    shuffle=False)
```

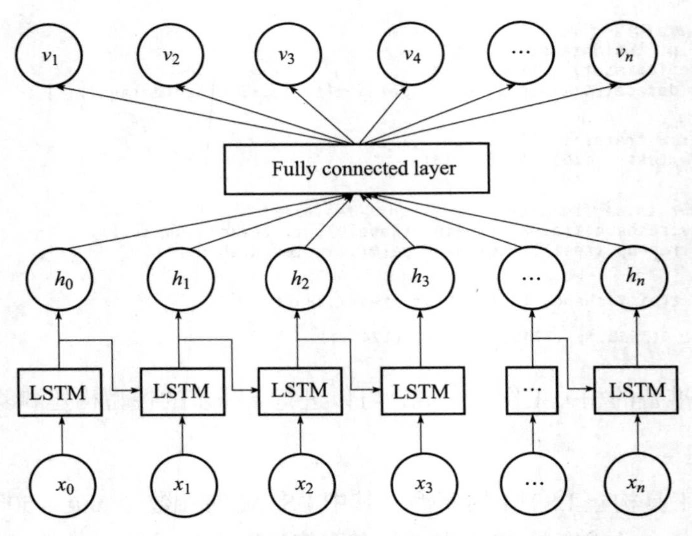

图 7-11 Keras 构建的 LSTM 模型的结构示意图

人们经常通过训练过程的损失函数的变化趋势来判断模型的实际效果。

```
# plot history
pyplot.plot(history.history['loss'], label='train')
pyplot.plot(history.history['val_loss'], label='test')
pyplot.legend()
pyplot.show()
```

从图 7-12 中可以看出，损失函数快速下降且趋于很小的值，说明模型比较稳定，未出现 LSTM 有时会出现的 Gradient Vanish 问题。

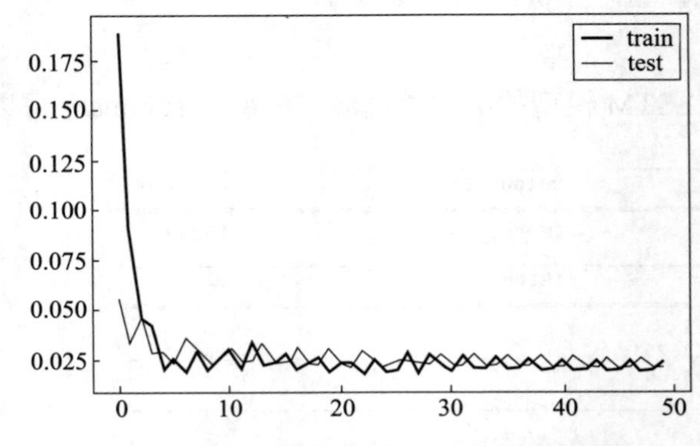

图 7-12 模型训练过程的损失函数变化情况

4. 模型验证

基于时间序列模型的验证，经常采用比较直观的均方根误差（Root Mean Square Error，RMSE）来衡量实际值与预测值之间的差距。RMSE 的计算比较简单，即残差平方均值的开方。其公式如下：

$$\mathrm{RMSE}=\sqrt{\frac{\Sigma(\text{Predicted}-\text{Actual})^2}{n}}$$

另一种衡量时间序列预测误差的评价指标为平均绝对百分比误差（MAPE），计算公式为残差绝对值与实际值比值的平均值。MAPE 的值越小，预测精度越高。其公式如下：

$$\mathrm{MAPE}=\frac{\Sigma\frac{|\text{Predicted}-\text{Actual}|}{\text{Actual}}}{n}\times 100$$

首先使用模型对测试数据做预测，然后将预测结果和原始目标字段的尺度还原。

```
# make predictions
yPredict = model.predict(testX)

# invert scaling for forecast
testPredict = scaler.inverse_transform(numpy.concatenate((yPredict,testX[:, -4:]), axis=1))[:,0]
testY = scaler.inverse_transform(numpy.concatenate((testY,testX[:, -4:]), axis=1))[:,0]
```

然后计算 RMSE 和 MAPE 的值。

```
# calculate root mean squared error
testScore = math.sqrt(mean_squared_error(testY, testPredict))
print('Test Score: %.2f RMSE' % (testScore))

Test Score: 2.62 RMSE

# calculate MAPE
mape = numpy.mean(abs(testY-testPredict)/testY)*100
print('Test Score: %.2f MAPE' % (mape))

Test Score: 2.42 MAPE
```

5. 模型图形化结果展示

可以利用 plot 的图形化工具，将实际值、预测值等信息展示出来，如图 7-13 所示。从结果来看，预测的效果非常不错。

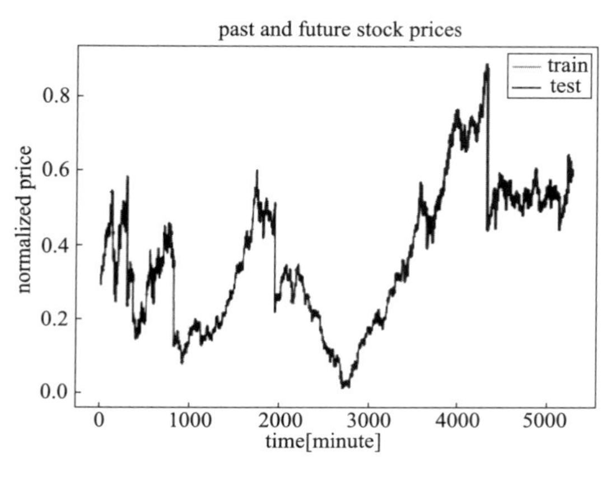

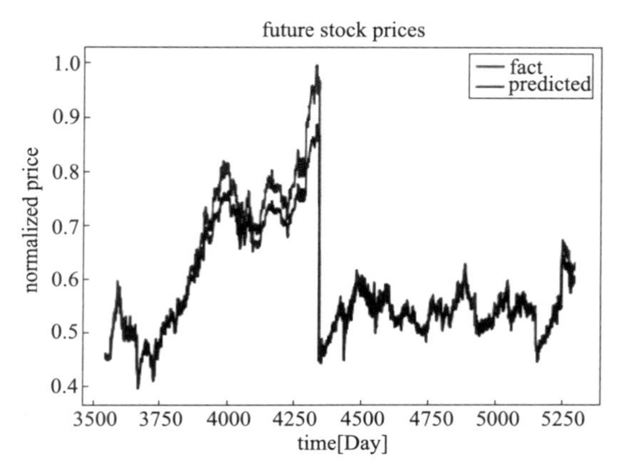

图 7-13　股票预测的实际效果

7.3.2 模型应用的探讨

上述股票预测的模型在验证数据集上的效果非常不错，但并不代表在实际应用中也会取得如此好的效果。我们在实际应用该模型时需要重点考虑以下几个方面：

- 在实际的市场中，股票价格会受到各种因素影响而出现波动，每种波动都有相应的原因。人们之前习惯应用“影响价格的因素来预测价格”，所以会尝试收集更多的数据，加工各种特征指标，试图更好地预测股票价格。利用 LSTM 预测价格的方式是“价格预测价格”，而不是以“影响价格的因素来预测价格”。虽然“价格其实是各种因素共同作用的结果”，对未来价格的预测，当前的价格是最为重要的因素，但是我们不得不承认各种突发因素引起的股票价格波动几乎不太可能被预测到。
- 比较频繁地重新训练（rebuild）模型，能够比较好地保证模型的效果。笔者的一个同事前几年试图构建一个股票大盘的预测模型，其最终比较的可行的模型部署应用方案就是每天晚上对模型进行重新训练，这样得到的结果才可能有价值。这样做的原因就是及时应用了新数据，而价格变化或大盘波动都是基于新的数据产生的。

7.4 让计算机学会写唐诗

利用 RNN 的相关算法，在给定文本数据上进行训练后，由于 RNN 算法的特点，只要给出输入序列，其便可输出。若将其输出又作为输入，则 RNN 模型便可成为一个不断输出的“创作者”。文本生成的原理就是通过输入数据，使得 RNN 算法能够学习到每个词语之间的组合关系，然后便可写出（输出）文本。文本生成是 RNN 算法的一个常见的应用场景，本节通过一个例子来介绍一下相关的原理。

让计算机能够“创作”，本质上是计算机根据给定的输入来模仿，而不是其真正理解了事务特征后像人类一样通过缜密思考原创性地输出。所以，不要被本节的题目所误导。从实现的过程来说，分为以下几个步骤。

7.4.1 构想：如何让计算机能够写出唐诗

RNN 生成文本的过程就是通过学习文本，当给定输入文本序列后其便通过计算“对应于给定的序列下一个可能的词汇应该是什么”进行输出预测。所以，首先需要对 RNN 模型进行训练。

对 RNN 模型的训练其实就是将现有的诗集作为训练集，让模型能够学习到每一个字结束后再接入哪个字是最符合其学到的写诗模式——从数学角度来讲就是“在给定输入的情况下通过预测下一个字的概率来确定最有可能的字是什么”。图 7-14 说明了自变量和因变量的准备情况，图 7-15 说明了模型应用的原理。

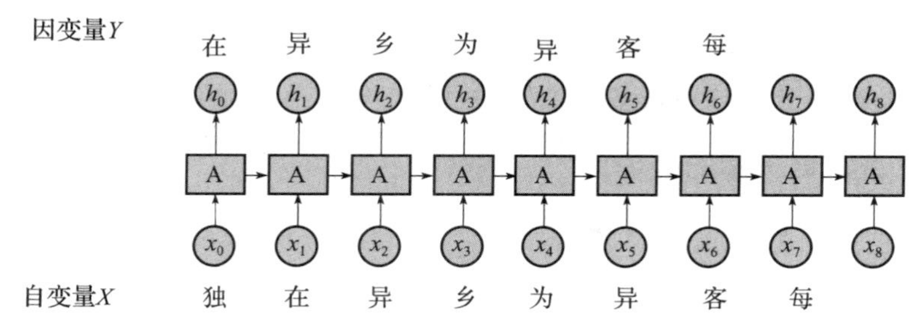

图 7-14 利用 RNN 算法学习写诗的“模式”

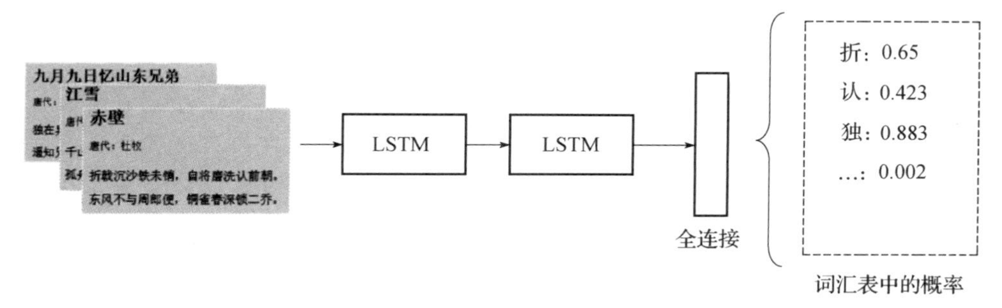

图 7-15 RNN 写诗的“模式”示例：在给定输入的情况下通过预测下一个字的概率来确定最有可能的字是什么

写诗模型的应用就是在给定序列的输入下，预测下一字会是什么，从而完成一个写作过程。

表 7-3 给出了模型调用时的输入和输出的特征。

表 7-3 写诗模型的结果输出过程

调用次数	获得的诗句（以及作为下一次的输入）	模型输出词汇	备注
1	发（使用者输入）	初	开始
2	发初	落	
3	发初落	日	
4	发初落日	色	
5	发初落日色	寒	
6	发初落日色寒	蓬	
7	发初落日色寒蓬		结束
8	现（使用者输入）	出	开始

模型在应用时，每次都输入之前得到的所有文字序列，然后预测下一个字的概率。一行七言的诗句需要调用模型 6 次（第一个字由调用者给出），最终形成 4 行诗句的话就需要调用模型 24 次才能完成。

7.4.2 构建：模型实现的过程

模型构建的过程分为数据准备与预处理、模型训练、模型应用等过程。

1. 唐诗三百首语料库的处理

唐诗三百首是一个比较常见的语料库。下面就是一个典型的唐诗语料库。

```
詩名:遣悲懷三首之一
作者:元稹
詩體:七言律詩
詩文:(押佳韻)謝公最小偏憐女，自嫁黔婁百事乖。顧我無衣搜藎篋，泥他沽酒拔金釵。野蔬充膳甘長藿，落葉添薪仰古槐。今日俸錢過十萬，與君營奠復營齋

詩名:遣悲懷三首之二
作者:元稹
詩體:七言律詩
詩文:(押灰韻)昔日戲言身後事，今朝都到眼前來。衣裳已施行看盡，針線猶存未忍開。尚想舊情憐婢僕，也曾因夢送錢財。誠知此恨人人有，貧賤夫妻百事哀
```

获取语料库后需要做一些处理，处理的结果应该是只包含诗文主体（不包括题目、作者、标点符号等其他信息），并且将所有的诗文拼接成一个文档。

```
# load data of 'three hundred tang poems'
filename = "Tang_poetry.txt"
raw_text = open(filename, 'r', errors='ignore', encoding ='utf-8').readlines()

poetry_content = []
for line in raw_text:
    if (line.startswith('詩文:(')):
        poetry_content.append(line[8:-1])
    elif (line.startswith('詩文:')):
        poetry_content.append(line[3:-1])

# convert big5 code to gb code
from opencc import OpenCC
openCC = OpenCC()
openCC.set_conversion('t2s')
poetry_content = openCC.convert(''.join(poetry_content))

#remove the punctuation
poetry_content = [t for t in poetry_content if t not in ['，','。','?']]
poetry_content

['昔',
 '岁',
 '逢',
```

2. 按照“字”而不是“词”来生成训练数据

按照“字”来加工数据的好处是生成的诗比较自由，所受限制较少。目前机器来生成文本的技术，不论是按照“字”还是按照“词”来生成，都难免会出现语义不通的情况。本文的例子就是按照“字”的数据结构来构建模型的。

图 7-16 给出了第一步诗文处理的结果，将文本数据按照差别是一个字的窗口错开对齐——正常诗文中每一字的下一个字是与该字对齐的目标值。按照这种方法得到训练数据集。

图 7-16　数据准备的形式

```
def window_transform_text(text, window_size, step_size):
    total_len = len(text)
    x_start, x_end = 0, (total_len - window_size)
    y_start, y_end = window_size, total_len

    inputs = []
    outputs = []
    for i in range(x_start, x_end, step_size):
        inputs.append(text[i : (i + window_size)])
    for i in range(y_start, y_end, step_size):
        outputs.append(text[i])
    return inputs,outputs


def encode_patterns(text, window_size, step_size, one_hot=False):
    # number of vocabulary
    num_vocab = len(vocab)

    # align the input and output by window and step size
    inputs, outputs = window_transform_text(text, window_size, step_size)

    # encode the X
    if one_hot:
        # X is a vector
        X = np.zeros((len(inputs), window_size, num_vocab), dtype=np.bool)
        for i, sentence in enumerate(inputs):
            for t, char in enumerate(sentence):
                X[i, t, vocab_to_int[char]] = 1
    else:
        # X is a normalized array
        inputs_i = []
        for data in inputs:
            inputs_i.append([self.vocab_to_int[char] for char in data])
        X = np.reshape(inputs_i, ((len(inputs), window_size, 1)))
        X = X / float(len(vocab))

    # y is a vector
    y = np.zeros((len(inputs), num_vocab), dtype=np.bool)
    for i, sentence in enumerate(inputs):
        y[i, vocab_to_int[outputs[i]]] = 1

    return X,y
```

```
X,y = encode_patterns(poetry_content, 1,1, one_hot=True)
```

```
X.shape, y.shape
```

```
((19579, 1, 2489), (19579, 2489))
```

3. 模型构建

写诗的模型其实非常简单，用最普通的 LSTM 结构即可实现。

```
# define the LSTM model
model = Sequential()

model.add(LSTM(512, input_shape=(X.shape[1], X.shape[2]), return_sequences=True))
model.add(Dropout(0.2))
model.add(LSTM(512))
model.add(Dropout(0.2))
model.add(Dense(y.shape[1], activation='softmax'))
model.compile(loss='categorical_crossentropy', optimizer='adam')
# fit the model
model.fit(X, y, epochs=20, batch_size=64)
```

4. 模型应用

LSTM 模型的应用，是在给定序列下预测下一个字的概率。为了达到每次写诗时能得到不同的输出，在确定预测所得的字时按照随机的方式取前五个字中的一个即可。

```
# get random top char
def pick_random_top_n(preds, vocab_size, top_n=5):
    p = np.squeeze(preds)
    p[np.argsort(p)[:-top_n]] = 0
    p = p / np.sum(p)
    c = np.random.choice(vocab_size, 1, p=p)[0]
    return c

def predict_poetry_line(model, input_chars, num_to_predict, window_size,
                        one_hot=False):
    inputs = input_chars[:]
    # create output
    predicted_chars = ''.join(inputs)
    # number of vocabulary
    num_vocab = len(vocab)

    #get the chars by sentence length
    for i in range(num_to_predict):
        if one_hot:
            # convert char to vector
            x_test = np.zeros((1, window_size, num_vocab))
            for t, char in enumerate(inputs):
                x_test[0, t, vocab_to_int[char]] = 1.
        else:
            x_test = np.zeros((1, window_size, 1))
            for t, char in enumerate(inputs):
                x_test[0, t, 0] = vocab_to_int[char]

        test_predict = model.predict(x_test,verbose = 0)[0]
        r = pick_random_top_n(test_predict, num_vocab)
        d = int_to_vocab[r]

        # update predicted_chars and input
        predicted_chars += d
        inputs += d
        inputs = inputs[1:]
    return predicted_chars
```

上述代码分别生成的七言和五言的诗句如下。

```
for char in ['发','现','数','据','之','美']:
    print(predict_poetry_line(model, [char], 6, 1, one_hot=True))
```

```
发初落日色寒蓬
现出塞尽壮古调
数丛适自可怜是
据虽有味樽水边
之君莫待晓钟声
美酒欲去去不相


for char in ['发','现','数','据','之','美']:
    print(predict_poetry_line(model, [char], 4, 1, one_hot=True))

发几时世事
现出塞草心
数骆驼荐诸
据虽有情人
之子打起妾
美如青山下
```

从文学专业角度来讲，写唐诗模型的实际水平实在是牵强。上述例子旨在探讨一下写诗模型的构建方法。通过这个有趣的例子，相信读者已经对生成文本的概念有了一定的了解。

7.5 预测客户的下一个行为

RNN 相关算法在时间序列相关应用场景的应用可以达到非常好的效果，所以人们在不断尝试将其推广到不同的场景中。例如，Uber 就利用 LSTM 实现叫车服务量的精准预测，即使在节假日也能保持较高的准确性[㊀]。第 4 章我们利用序列规则、序列预测等技术尝试对客户行为进行预测。在本章中我们将采用 RNN 相关技术实现对客户行为的预测。

7.5.1 构想：如何利用 LSTM 实现客户行为的预测

人们的行为是按照序列的方式进行的。以我们的日常生活来说，“起床—洗漱—早饭—上班”就是一个典型的序列，一般不会颠倒。从一个企业的视角来看客户，客户也呈现出所谓客户旅程地图的信息。

从营销和客户关系管理的角度来看，预测客户行为具有巨大的价值。由于基于客户行为的预测能够帮助企业非常准确地把握客户需求，所以客户对营销方案的响应率很高，同时客户也会由于感到“企业真的懂客户”而体验较好。

“客户下一次会购买什么”的问题就是一个典型的行为预测的问题。回答这个问题，从技术角度分析，可以采用序列规则或序列预测的方法，也可以利用 LSTM 的技术来实现。在第 4 章的介绍中，相信读者已经了解了序列规则和序列预测的特点，在此不再赘述。

利用 LSTM 技术实现客户行为的预测，重要的不是算法原理，而是如何应用算法。应用算法的最重要的步骤是数据的准备和处理。图 7-17 说明了数据准备的特征，即将事务作为序列元素。

㊀ roseyu.com/time-series-workshop/submissions/TSW2017_paper_3.pdf。

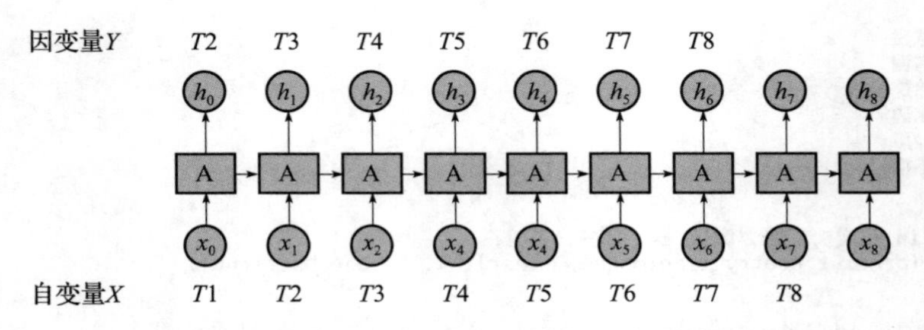

图 7-17 利用 LSTM 实现客户行为预测的数据形式

LSTM 预测客户行为的自变量和因变量都是一个个事务，而每个事务中包含的项在数量和类型上是不同的。因此，需要将每个事务转换为一个向量变量，向量的长度是所有 Item 的总数。

图 7-18 所示的数据转换过程非常重要，是应用 LSTM 模型的关键所在。虽然在第 6 章中已经介绍了文本分类时向量化的相关原理，包括在本章的写唐诗的例子中也是按照字典的大小来确定向量化关键维度的，但是这些都是常见的做法，读者也很容易理解，所以没做过多的解释。在本节，按照 Item 的数量将 Transaction 向量化，与前述例子的原理是完全相同的，只是一种灵活应用而已。

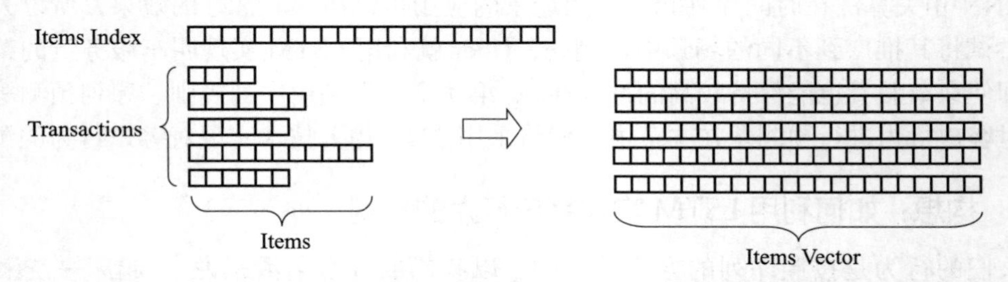

图 7-18 利用 LSTM 模型进行客户行为预测时对于事务数据的处理

7.5.2 构建：模型实现过程

我们采用 Kaggle 上 Acquire Valued Shoppers Challenge[⊖]的数据集作为数据源，将事务（Transaction）作为 LSTM 模型中分析的变量。

与在第 4 章介绍的序列模式挖掘的数据处理过程类似，对于 Kaggle 数据集的处理同样需要两个步骤的转换。事务中每个 Item 在业务逻辑上没有先后关系，这与 LSTM 模型将事务作为分析的变量时将事务看作一个向量的逻辑是完全契合的。从这一点来讲，LSTM 较第 4 章介绍的序列模式、序列规则以及序列预测等方法更加合适。

虽然图 7-19 与 4.3.4 节介绍的过程很相似，但是在具体的代码实现层还是有很大差别的：LSTM 模型需要将事务向量化，然后再按照客户进行分组。具体的代码如下，运

⊖ https://www.kaggle.com/c/acquire-valued-shoppers-challenge#description。

行结果如表 7-4 所示。

```
import pandas as pd

dtype_dict={"id":"str","chain":"str","dept":"str","category":"str","company":"str","brand":"str"}

data = pd.read_csv('E:/Data/acquire-valued-shoppers-challenge/transactions.csv', nrows=999999, dtype=dtype_dict)
data['date']=pd.to_datetime(data['date'])
data.head(5)
```

字段	含义
Id	客户标识
chain	连锁店标识
dept	购买产品的大类（比如水）
category	购买产品的品类（比如娃哈哈纯净水）
company	厂商标识
brand	商标
date	购买日期
productsize	购买总量
productmeasure	商品规格
purchasequantity	购买单位总量
purchaseamount	购买金额

数据转换

字段	含义
Id	客户标识
chain	连锁店标识
date	购买日期
Items	购买产品品类列表，源数据中category字段的汇总
transaction_id	事务标识，代表一次在给定连锁店中的交易（购买了数个产品）

数据转换

字段	含义
Id	客户标识
sequence_items	交易按照时间顺序排列后的所有项

图 7-19　利用 LSTM 实现客户行为预测的数据准备过程

表 7-4　源数据示例

	id	chain	dept	category	company	brand	date	productsize	productmeasure	purchasequantity	purchaseamount
0	86 246	205	7	707	1 078 778 070	12 564	2012-03-02	12.0	OZ	1	7.59
1	86 246	205	63	6 319	107 654 575	17 876	2012-03-02	64.0	OZ	1	1.59
2	86 246	205	97	9 753	1 022 027 929	0	2012-03-02	1.0	CT	1	5.99
3	86 246	205	25	2 509	107 996 777	31 373	2012-03-02	16.0	OZ	1	1.99
4	86 246	205	55	5 555	107 684 070	32 094	2012-03-02	16.0	OZ	2	10.38

在第一步完成数据读取后，需要将流水数据转换为事务数据，即每一行是一个事务而不是一个单独的 Item。在进行数据处理时，首先按照 Item id、date 和 chain（连锁店标识）将数据进行分组，然后按照其结果将数据转换为事务数据。表 7-5 所示就是处理后的数据示例。

```
import numpy as np
transaction_ids = np.random.randint(100000, data.shape[0], size=data.shape[0])
transaction_ids.shape

(999999,)

grouped=data.groupby(['date','id','chain'])
```

```
#convert raw data to transaction data, and the items in one transaction is sorted by alphabetical order
transaction_index = 0
max_transcation_legth = 0
id,chain,date,transaction,items=[],[],[],[],[]
for name, group in grouped:
    transaction_id = transaction_ids[transaction_index]
    transaction_index +=1
    id.append(group['id'].unique()[0])
    chain.append(group['chain'].unique()[0])
    date.append(group['date'].unique()[0])
    transaction.append(transaction_id)
    items_list = group['category'].sort_values().values
    items.append(' '.join(items_list))
    if (len(items_list) > max_transcation_legth): max_transcation_legth = len(items_list)

trans_data = pd.DataFrame({'id':id,'chain':chain, 'date':date,'transaction_id':transaction,'items':items})
trans_data.head(5)
```

表 7-5　生成事务列后的数据

	chain	date	id	Items	transaction_id
0	95	2012-03-02	12 262 064	3628 3630 3631 3634 411 411 416 421 6318 7208⋯	857 651
1	4	2012-03-02	12 524 696	5833 5833 9901	529 421
2	18	2012-03-02	12 682 470	6408	729 593
3	14	2012-03-02	13 179 265	2804 3703 808 830 907 917 9753	589 310
4	15	2012-03-02	13 251 776	2301 2506 2509 2805 2906 3002 3101 3101 3204 3⋯	662 578

为了便于后续的处理，定义关于 Item 的一些关键方法，包括 Item 列表、由 Item 转换为 Item Index、由 Item Index 转换为 Item 等，还包括将事务向量化的过程。

```
# items' usefull info and functions
all_items_cnt = len(data['category'].unique())
all_items_sorted = sorted(data['category'].unique())
item_to_int = {c: i for i, c in enumerate(all_items_sorted)}
int_to_item = dict(enumerate(all_items_sorted))

len(all_items_sorted)

776

# transcations is ordered by user,date and with aligned with all items size(all_items_cnt)
transcations = np.zeros((trans_data.shape[0], all_items_cnt), dtype=np.bool)

grouped=trans_data.groupby(['id'])

transcations_cnt = 0
for name, group in grouped:
    group=group.sort_values(by=['date'], ascending=True)
    for items in group['items'].values:
        # update item vector()
        for item in items.split(' '):
            transcations[transcations_cnt, item_to_int[item]] = 1
        transcations_cnt +=1
```

接下来就是为了训练模型和验证模型而准备数据的过程。

```
# get the data size ready
x_train_start, x_train_end = 0, int((trans_data.shape[0])*0.8)-1
y_train_start, y_train_end = 1, int(trans_data.shape[0]*0.8)
x_test_start, x_test_end = int((trans_data.shape[0])*0.8)-1, (trans_data.shape[0] - 1)
y_test_start, y_test_end = int(trans_data.shape[0]*0.8), trans_data.shape[0]

# get data ready
X_train = transcations[x_train_start: x_train_end]
Y_train = transcations[y_train_start: y_train_end]
X_test = transcations[x_test_start: x_test_end]
Y_test = transcations[y_test_start: y_test_end]

# review the shape
X_train.shape, Y_train.shape,X_test.shape, Y_test.shape

((82159, 776), (82159, 776), (20541, 776), (20541, 776))

# change the shape to fit LSTM model
X_train = X_train.reshape((X_train.shape[0],1,X_train.shape[1]))
X_test = X_test.reshape((X_test.shape[0],1,X_test.shape[1]))

# review the shape again
X_train.shape, Y_train.shape,X_test.shape, Y_test.shape

((82159, 1, 776), (82159, 776), (20541, 1, 776), (20541, 776))
```

数据准备完毕，开始构建模型并完成训练过程。

```
from keras.models import Sequential
from keras.layers import Dense
from keras.layers import Dropout
from keras.layers import LSTM, BatchNormalization
from keras.callbacks import ModelCheckpoint

# define the LSTM model
model = Sequential()

model.add(LSTM(512, input_shape=(X_train.shape[1], X_train.shape[2]), return_sequences=True))
model.add(Dropout(0.2))
model.add(LSTM(512))
model.add(Dropout(0.2))
model.add(Dense(Y_train.shape[1], activation='softmax'))
model.compile(loss='categorical_crossentropy', optimizer='adam')
# train the model
model.fit(X_train, Y_train, epochs=100, batch_size=64)
```

模型训练过程结束后即可通过验证过程来检验模型的效果。

```
# get the predictions
predicitions = []
for i in range(X_test.shape[0]):
    predicitions.append(model.predict(X_test[i].reshape((1,1,776))))
```

我们采用最为简单的逻辑检验模型，即给定事务（变量 X），预测下一个事务所包含的 Item 并与实际事务中的 Item 进行对比。对比的逻辑是只要预测事务中可能性最大的 Item 在实际事务中出现即可认为预测准确。具体的代码如下：

```
def compute_accuracy(predicitions, Y_test):
    hit_cnt = 0
    for i in range(len(predicitions)):
        # Just include the max possibile item(not the item set)
        # argmax top n can improve the accuracy remarkably
        index = np.argmax(predicitions[i])
        # compare the prediciton with real data
        if (Y_test[i,index]==True): hit_cnt +=1
    return hit_cnt/Y_test.shape[0]

compute_accuracy(predicitions, Y_test)

0.20052577771286695
```

读者可能认为上述例子中预测结果的准确性很低，但是在笔者看来这样的结果已经相当不错了。原因是我们只是采用了简单的 argmax 函数返回可能性最高的 Item，若改为返回 top n 的方式，准确性会显著提高；另外，在实际应用中还可以通过计算 Item 的相似性，将相似的 Item 看作一类，这样也会显著提高准确性；与序列预测相比，LSTM 模型预测的是“紧接着下一事务中的内容”，能够达到这个准确率已经很不错了。

上述的例子还有很多可以改进的地方，特别是可以“应用滑动时间窗口的数据形式来预测下一个事务”，这与预测股票的原理就非常相似了。笔者相信这样做也能大幅提高预测结果的准确性，读者若感兴趣可以尝试。

7.6 计算机，请告诉我你看到了什么

在之前的章节中，我们讨论了深度学习的一些流行技术及工具，如 CNN、Embedding、RNN，从技术的应用角度来讲，单独应用这些技术就能够做出一些应用，如人脸识别、文本分类等。在此基础上，最近人们一直在努力地研究综合应用这些技术，以期能做出一些有价值的应用。

7.6.1 构想：如何让计算机生成图片描述

让一个人看一张图片，然后让其说出图片内容，这个过程本质上是将图片信息转换为文字信息。然而，针对同一张图片，文字信息没有标准答案，不同的人关注的信息、说出来的文字最多比较相似，但不会完全相同。如何让计算机将图像信息与文字信息关联起来，当输入不同的图片时，让计算机输出能够匹配图片内容的文字？随着深度学习的快速发展，这个问题现在已经有了可行的解决方案。

通过对 CNN 的了解，我们知道该算法能够对大量的图像进行类别判断；Word Embedding 是考虑文字上下文的向量化方法，据此可以做比较好的类别判断；RNN 算法能够基于对文本数据的学习而创作出文字。所以，比较常见的图片描述生成方法是将三者结合起来使用。在本节中，我们采用 CNN、Embedding、LSTM 等算法工具构建了一

个“给定图片，输出中文描述”的智能应用。

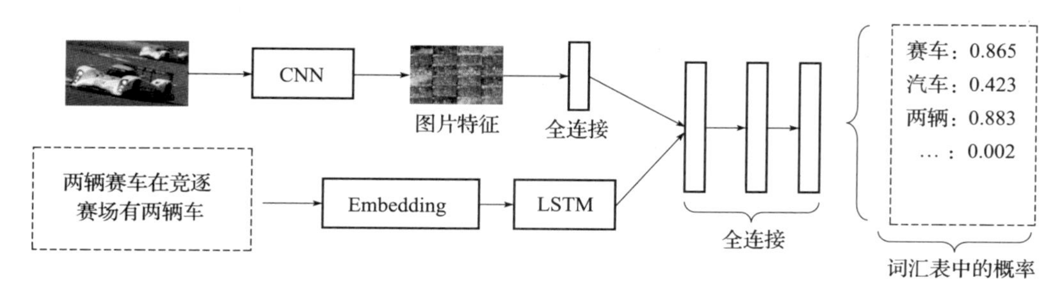

图 7-20　图片描述生成模型的结构

图 7-20 给出了综合应用几种深度学习技术构建的图片描述模型的结构。该模型通过学习大量的图片和文字信息，试图构建一种图像和文字的“关联”，即模型的输出为词汇表中每个词的概率。文字、图片的变化都会引起最终输出的词汇概率的变化。

图片描述的最终生成不是简单生硬地摘取相关词汇，而是应用 LSTM 的原理，通过序列逐步生成文字。所以，模型在生成文字时会被多次调用。

从表 7-6 所示的过程中可以看出，图片生成的过程也是模型被多次调用的过程，并且图片的特征被多次复用，而文本则是按照序列的方式来逐次生成的。每一次输出的词汇都是基于在给定图片、给定序列的情况下概率最高的词汇。

表 7-6　图片描述生成模型的结果输出过程

调用次数	图片特征	获得的描述（以及作为下一次的输入）	模型输出词汇	备注
1	图片 1 特征	Startseq	一辆	开始
2	图片 1 特征	Startseq 一辆	汽车	
3	图片 1 特征	Startseq 一辆　汽车	在	
4	图片 1 特征	Startseq 一辆　汽车　在	行驶	
5	图片 1 特征	Startseq 一辆　汽车　在　行驶	Endseq	
6	图片 1 特征	Startseq 一辆　汽车　在　行驶　Endseq		结束
7	图片 2 特征	Startseq	…	开始

7.6.2　实现：逐步构建图片描述生成模型

图片描述生成模型需要借助 CNN、LSTM、Word Embedding 等相关技术，在本节将详细描述重要步骤的过程[⊖]。

⊖ 在写作的过程中，我们参考了 https://machinelearningmastery.com/prepare-photo-captiondataset-training-deep-learning-model/ 的一些做法。

1. 数据准备

我们采用了常用的 Flicker8k[㊀]数据集作为数据源，但是我们并没有采用该数据集中的英文图片描述信息，而是采用了中文描述信息[㊁]。

Flicker8k 数据集的特点如下：

- 提供大量的图片；
- 针对每张图片都有对应的一条或多条文本描述信息，如下面的例子所示。

```
42637986_135a9786a6.jpg#zhc#0 一对情侣在湖边约会。
42637987_866635edf6.jpg#zhc#0 一群人在公园休息。
44129946_9eeb385d77.jpg#zhc#0 一对恋人在湖边长椅上看日落。
44856031_0d82c2c7d1.jpg#zhc#0 草坪上一只狗在玩水。
47870024_73a4481f7d.jpg#zhc#0 男孩在路上玩滑板车。
47871819_db55ac4699.jpg#zhc#0 球员们在足球场上玩足球。
49553964_cee950f3ba.jpg#zhc#0 中年男子在海上玩冲浪。
```

2. 利用 CNN 获取数据集中所有图片的特征

类似于在第 6 章介绍的通过 PCA 获取人脸的特征向量，CNN 也可以被直接用来获取图像的特征向量。我们采用 VGG16 作为图像特征获取的模型。

```
# extract features from each photo in the directory
def extract_features(directory):
    # load the model
    model = VGG16()
    # re-structure the model
    model.layers.pop()
    model = Model(inputs=model.inputs, outputs=model.layers[-1].output)
    # extract features from each photo
    features = dict()
    for name in listdir(directory):
        # load an image from file
        filename = directory + '/' + name
        image = load_img(filename, target_size=(224, 224))
        # convert the image pixels to a numpy array
        image = img_to_array(image)
        # reshape data for the model
        image = image.reshape((1, image.shape[0], image.shape[1], image.shape[2]))
        # prepare the image for the VGG model
        image = preprocess_input(image)
        # get features
        feature = model.predict(image, verbose=0)
        # get image id
        image_id = name.split('.')[0]
        # store feature
        features[image_id] = feature
    return features
```

Keras 提供了 VGG16 模型的实现，我们只需直接应用即可。应用的结果就是对每一

㊀ 按照版权要求声明：M. Hodosh, P. Young and J. Hockenmaier (2013) " Framing Image Description as a Ranking Task: Data, Models and Evaluation Metrics ", Journal of Artificial Intelligence Research, Volume 47, pages 853-899。

㊁ http://lixirong.net/datasets/flickr8kcn。

张图片生成了一个固定大小的特征向量，这个特征向量代表了图片最主要的信息。

```
# extract features from all images
directory = 'Flicker8k_Dataset'
features = extract_features(directory)
print('Extracted Features: %d' % len(features))
# save to file
dump(features, open('features.pkl', 'wb'))
```

获取图片特征后，将其保存在硬盘中以备后用。

3. 利用分词等工具处理每一张图片对应的描述信息

我们依然采用 jieba 分词工具对描述信息进行处理，处理后的结果也是每个中文词汇间用空格来分隔，以便后续处理，具体代码如下。

```
# extract descriptions for images
def load_descriptions(doc):
    mapping = dict()
    # process lines
    for line in doc.split('\n'):
        # split line by white space
        tokens = line.split()
        if len(line) < 2:
            continue
        # take the first token as the image id, the rest as the description
        image_id, image_desc = tokens[0], tokens[1:]
        # remove filename from image id
        image_id = image_id.split('.')[0]
        # convert description tokens back to string
        image_desc = ' '.join(jieba.cut(' '.join(image_desc)))
        # create the list if needed
        if image_id not in mapping:
            mapping[image_id] = list()
        # store description
        mapping[image_id].append(image_desc)
    return mapping

filename = 'Flickr8k_text/flickr8kzhc.caption.txt'
descriptions_file = 'descriptions_cn.txt'
# load descriptions
doc = load_doc(filename)
# parse descriptions
descriptions = load_descriptions(doc)

# summarize vocabulary
vocabulary = to_vocabulary(descriptions)

# save to file
save_descriptions(descriptions, descriptions_file)
```

将 description 输出，可以看到中文处理后的结果如下：

```
'23445819_3a458716c1': ['两只 狗 在 草地 上面 玩耍 。',
 '两只 狗 在 草地 上 打架 。',
 '动物 在 草丛里 玩耍 。',
 '两只 狗 在 草地 上 打闹 。',
```

```
  '两只 狗 在 草坪 上 玩耍 。'],
 '27782020_4dab210360': ['街上 很多 人 。',
  '一个 男人 在 三轮车 旁边 经过 。',
  '街道 上 人山人海 。',
  '大街 上 有 很多 人 。',
  '喧闹 的 街头 。'],
```

从上述结果中我们也能发现，每个图片对应的文字描述不止一个。这也是保证模型最终效果的基础。

4. 定义和训练模型

如 8.6.1 节中所述，模型的构建需要将 CNN 的结果、Word Embedding、LSTM 等要素应用起来，构建一个同时接收输入、输出两种字典中的每个词的概率的模型。

```
# define the captioning model
def define_model(vocab_size, max_length):
    # feature extractor model
    inputs1 = Input(shape=(4096,))
    fe1 = Dropout(0.5)(inputs1)
    fe2 = Dense(256, activation='relu')(fe1)
    # sequence model
    inputs2 = Input(shape=(max_length,))
    se1 = Embedding(vocab_size, 256, mask_zero=True)(inputs2)
    se2 = Dropout(0.5)(se1)
    se3 = LSTM(256)(se2)
    # decoder model
    decoder1 = add([fe2, se3])
    decoder2 = Dense(256, activation='relu')(decoder1)
    outputs = Dense(vocab_size, activation='softmax')(decoder2)
    # tie it together [image, seq] [word]
    model = Model(inputs=[inputs1, inputs2], outputs=outputs)
    # compile model
    model.compile(loss='categorical_crossentropy', optimizer='adam')
    # summarize model
    model.summary()
    return model
```

为了避免内存不足，我们应用 Python 的 Generator 机制以及模型提供的 fit_generator 方法进行模型训练。

```
# define the model
model = define_model(vocab_size, max_length)
# train the model, run epochs manually and save after each epoch
epochs = 20
steps = len(train_descriptions)
for i in range(epochs):
    # create the data generator
    generator = data_generator(train_descriptions, train_features, tokenizer, max_length)
    # fit for one epoch
    model.fit_generator(generator, epochs=1, steps_per_epoch=steps, verbose=1)
    # save model
    model.save('Models_checkpoints/model_' + str(i) + '_cn.h5')
```

5. 模型应用

模型的应用就是输入图片，输出一段符合该图片的文字描述。如表 7-2 所示，文字描述的输出是按照序列的方式来产生的，需要对模型进行多次调用。

```
# generate a description for an image
def generate_desc(model, tokenizer, photo, max_length):
    # seed the generation process
    in_text = 'startseq'
    # iterate over the whole length of the sequence
    for i in range(max_length):
        # integer encode input sequence
        sequence = tokenizer.texts_to_sequences([in_text])[0]
        # pad input
        sequence = pad_sequences([sequence], maxlen=max_length)
        # predict next word
        yhat = model.predict([photo,sequence], verbose=0)
        # convert probability to integer
        yhat = argmax(yhat)
        # map integer to word
        word = word_for_id(yhat, tokenizer)
        # stop if we cannot map the word
        if word is None:
            break
        # append as input for generating the next word
        in_text += ' ' + word
        # stop if we predict the end of the sequence
        if word == 'endseq':
            break
    return in_text
```

最终的测试代码及运行结果如下：

```
# extract features from each photo in the directory
def extract_features(filename):
    # load the model
    model = VGG16()
    # re-structure the model
    model.layers.pop()
    model = Model(inputs=model.inputs, outputs=model.layers[-1].output)
    # load the photo
    image = load_img(filename, target_size=(224, 224))
    # convert the image pixels to a numpy array
    image = img_to_array(image)
    # reshape data for the model
    image = image.reshape((1, image.shape[0], image.shape[1], image.shape[2]))
    # prepare the image for the VGG model
    image = preprocess_input(image)
    # get features
    feature = model.predict(image, verbose=0)
    return feature

# load the tokenizer
tokenizer = load(open('tokenizer.pkl', 'rb'))
# load the model
model = load_model('Models_checkpoints/model_19_cn.h5')
# load and prepare the photograph
photo = extract_features('test_pics/7.jpg')
# generate description
description = generate_desc(model, tokenizer, photo, max_length)
print(description[8:-6])

 一个 小男孩 在 游泳 里 玩耍 。
```

上述代码只是展示了模型调用的过程，我们随机输入了一些照片，让模型输出相应的描述。从实际效果来看，对于有些图片的描述是完全错误的（原因是学习范围不够广泛、中文语料库不够丰富等），而有些结果是较好的。我们随机选取了效果较好的图片进行展示，如图 7-21 所示。

模型输出（对应左上图片）：一个 男人 在 打球 。
模型输出（对应右上图片）：一个 小男孩 在 游泳 里 玩耍 。
模型输出（对应左下图片）：两只 狗 在 奔跑 。
模型输出（对应右下图片）：两个 男人 在 骑 自行车 。

图 7-21　模型结果示例

上述例子旨在演示图片描述生成模型的构建过程以及最终的测试效果。目前人们在这一方面的研究非常投入，基于 CNN + LSTM 的方法只是其中的一种方法，除此之外还有基于 Attention[⊖]等其他方法。读者可以根据兴趣查阅相关的文献。

7.6.3 VQA

给计算机一幅图片，问计算机：图片中是什么树？计算机回答说：苹果树。这个桥段在电影中相信大家已经看到过很多次了，而现在技术的发展已经可以基本实现。

图 7-22 展现了 VQA（Visual Question Answering）的实际效果，也说明了其要实现的功能：

- ❑ 输入图片时除了像素信息外没有任何其他的信息；
- ❑ 所问的问题与图片内容相关；
- ❑ 回答的结果要简短有效。

⊖ K. Xu, J. Ba, R. Kiros, K. Cho, A. Courville, R. Salakhudinov, R. Zemel, and Y. Bengio. Show, attend and tell: Neural image caption generation with visual attention. In ICML, pages 2048–2057, 2015。

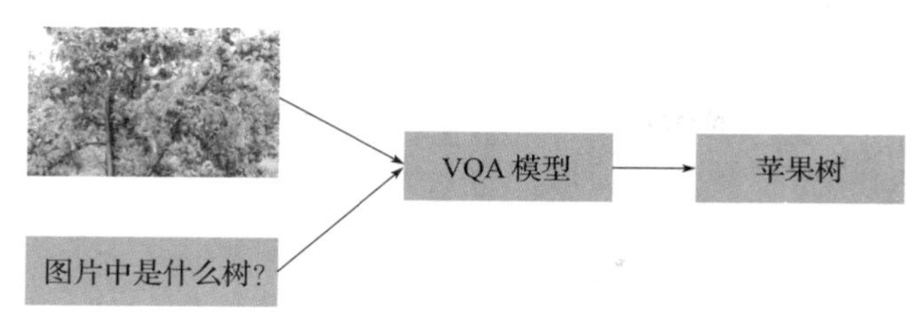

图 7-22 VQA 的场景示例

最近几年，VQA 处于一个非常热的研究状态，这是因为一旦这样的技术被突破，将彻底改变人们和计算机间的沟通方式：计算机能根据历史或眼前的图像信息做出回答。

VQA 实现的基本要素就是能够将精准的图片和文本数据产生关联，并基于此来回答问题。显而易见，这需要众多的模型协同工作才能完成。从 VQA 实现的原理来看，需要解决以下几个核心问题。

1. 将图像转换为文本数据

最典型的图像转文本数据的方法就是利用深度学习的相关技术生成图像描述（description 或 caption）。这方面的研究也比较多，比如在文献[㊀]中，研究者通过 CNN 和 LSTM 等一系列技术，基于图像所体现的关注点（Attention）生成图像描述，如图 7-23 所示。

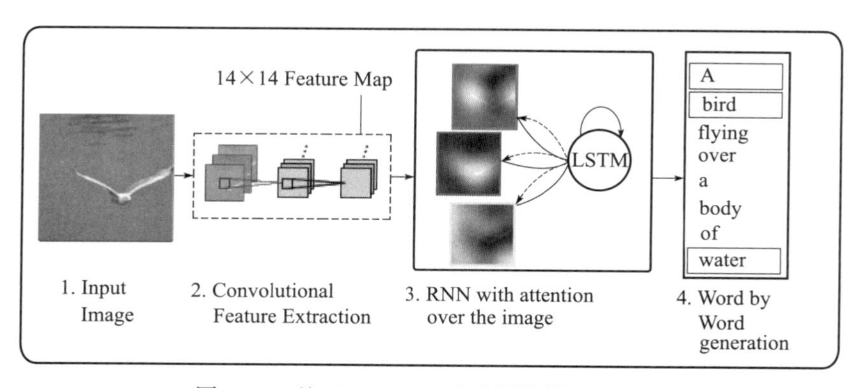

图 7-23 基于 Attention 生成图像描述的示例

2. 能够基于所问问题给出答案

这方面的研究也比较多，目前大多数研究都是基于图像和文本特征融合（fusion）后，预测所问问题的答案[㊁]。也有人通过研究图像与文本间的语义层面的对应关系来给出

㊀ K. Xu, J. Ba, R. Kiros, K. Cho, A. Courville, R. Salakhudinov, R. Zemel, and Y. Bengio. Show, attend and tell: Neural image caption generation with visual attention. In ICML, pages 2048–2057, 2015。

㊁ M. Malinowski and M. Fritz. Towards a visual turing challenge.In Learning Semantics (NIPS workshop), December 2014。

所问问题的答案[⊖]，如图 7-24 所示。

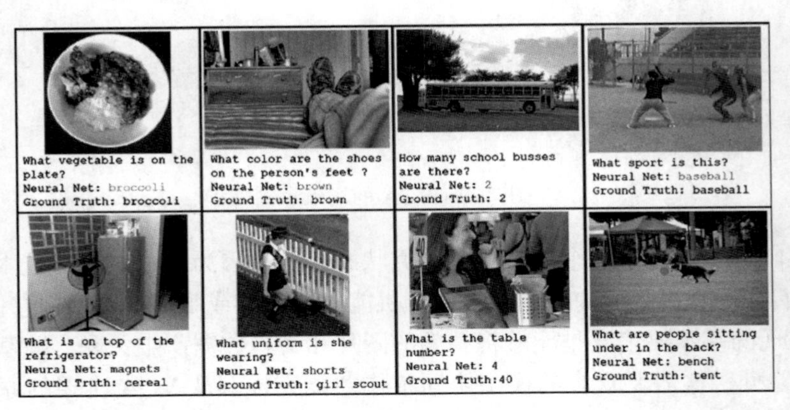

图 7-24　VQA 的示例

笔者相信 VAQ 在不远的将来能取得长足的进展，也非常期待能够在日常生活中用到 VQA 的相关技术。目前 VQA 的研究需要依赖比较好的数据库，包括图像以及文本数据，在中文领域还需要大量的基础工作。

⊖ Justin Johnson, Bharath Hariharan, Laurens van der Maaten, Li Fei-Fei, C. Lawrence Zitnick, Ross Girshick. CLEVR: A Diagnostic Dataset for Compositional Language and Elementary Visual Reasoning。

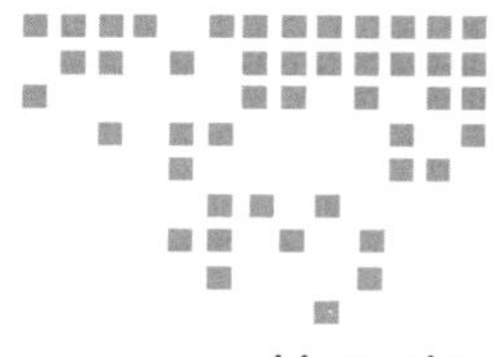

第8章 Chapter 8

深入探讨 GAN

在生活中人们已经非常习惯将机器看作执行者，并乐于接受机器执行的结果。比如，工业机器人在流水线上精准工作，导航在人们出行时为人们规划路线，外卖软件将附近美食按照个人偏好进行展示等。虽然可能有人会说这些看似简单的应用背后采用了一系列算法才能做得更好，但是从人与机器的关系的角度来看，这只是机器在执行层面的不断改进而已。

机器除了执行能否具有创造性？这个问题的答案肯定不是简单的是或者否，因为笔者相信不同领域的学者对此的看法是不同的。然而，人们在让机器具有创造性方面的努力却从未停止，而且成绩斐然。在人工智能快速发展的当下，在看到机器能“看图说话”、作诗、对话、下棋等之后，人们固然相信机器肯定还能做得更多、更好。

深度学习技术 GAN（Generative Adversarial Networks）是最近两年出现的，代表人们试图让机器具有更强大的创造性的最新成果。本章将介绍 GAN 的基本原理，同时会重点介绍目前非常火热的各种 GAN 的变体及其实例。

8.1 基本原理

GAN 技术的最基本的显著特征就是在对抗中学习，并且目前已经达到了一个非常好的效果。本节将重点介绍 GAN 的基本原理，基于本节的介绍，读者可以尝试在实践中进行应用。

8.1.1 构想

人类在学会创造之前必须有一个学习的过程，让机器学会创造同样需要一个学习过程。以让计算机作画为例，若计算机只是通过简单的查找或拼接就生成了一幅画，这就不是创造。让计算机能够创造，必须让计算机能够在给定数据集的基础上通过学习有一个总结归纳，然后基于该特征进行创作。比如，给定一系列小狗的图片，让计算机总结归纳出一个关于狗的各种特征的可能分布（Probability Distribution），这是计算机在学习阶段要完成的主要任务。图 8-1 所示为由图片转换为特征分布的学习过程。

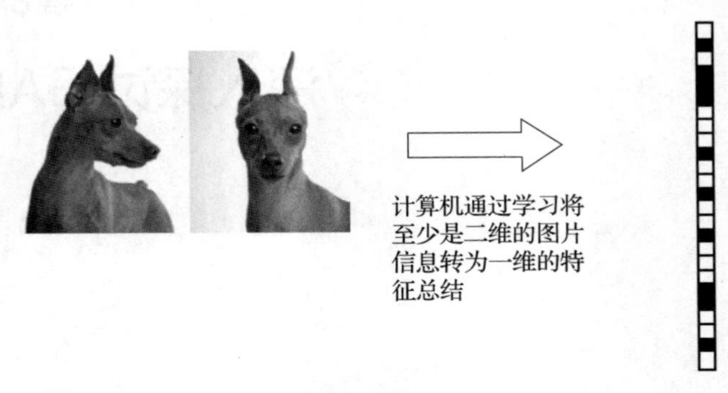

图 8-1 计算机通过学习得到特征分布

当要求计算机进行创作时，在给定特征值的情况下，计算机就可以创作出新的图片。比如，要求计算机输出一张狗的图片时，根据特征值设置（如长尾巴、大耳等），计算机就可以马上完成，如图 8-2 所示。

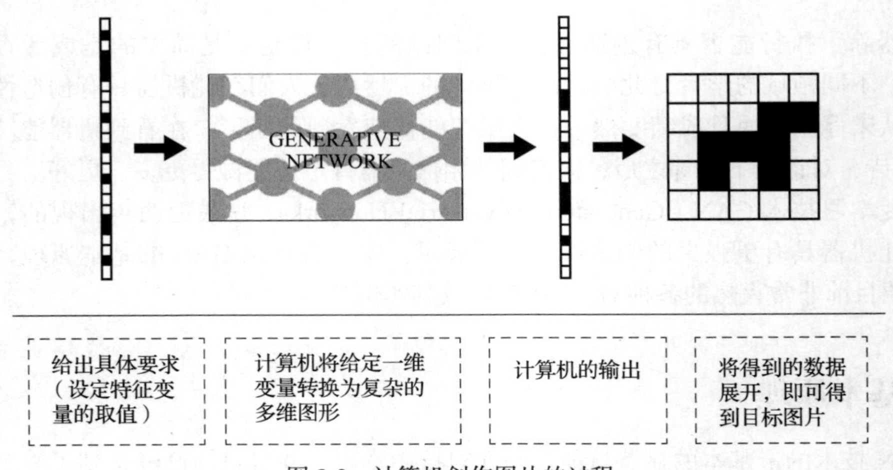

图 8-2 计算机创作图片的过程

将多维的信息进行降维得到特征总结这件事其实人们早已经开始各种尝试。在 6.1.2 节人脸识别部分讲到的利用 PCA 生成 Eigenfaces，本质上就是一个降维的过程，并且一个 Eigenfaces 就是一个维度，代表了人脸的某些特征。

人们利用类似 Eigenfaces 的技术也能生成图片，即设置不同 Eigenfaces 的取值即可得到一张人脸，但是这些图片都非常模糊，远不及 GAN 技术生成的图片质量高。图 8-3 所示就是利用 Eigenfaces 来生成脸型的实例。其计算的主要过程如下：

$$F_{\text{new}} = F_{\text{avg}} + \sum_{i=1}^{n} m_i F_i$$

其中，F_{new} 是要生成的新脸型，F_{avg} 是所有 Eigenfaces 的平均值，而 m_i 是对应的 F_i 的权重，通过调节 m_i 的取值就可以得到图 8-3 中的结果。

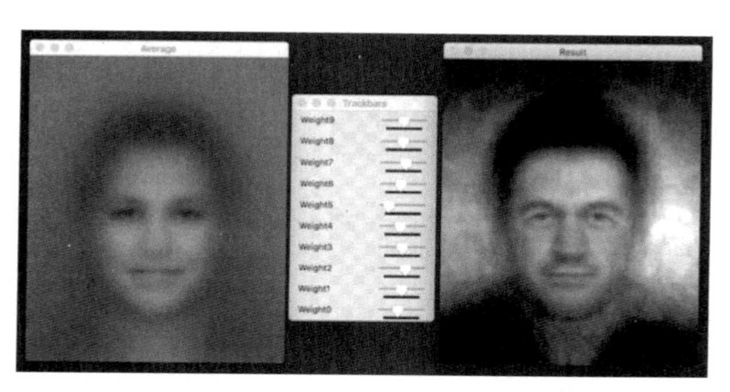

图 8-3　人们利用 Eigenfaces 生成不同的人脸[1]（通过调整不同 Eigenfaces 的权重就能得到不同的结果）

8.1.2　GAN 的基本结构

GAN[2]是 Goodfellow 等在 2014 年提出的深度学习的算法结构，其最大的特点就是引入了对抗学习的理念，让创造者（Generator）和鉴别者（Discriminator）在多伦迭代中相互挑战，使得 Generator 最终能够达到较好的结果。

在图 8-4 所示的 GAN 基本结构中，有一些关键的组件需要深刻理解，这样才能在调试和构建 GAN 的相关变体时更加游刃有余。这些组件包括以下几个：

1. Latent Space

给定一张关于小狗的图片，从人理解的角度来讲的话，可以从年龄、品种、毛色等几个方面对其进行描述，如“6 个月大小、毛色偏黑的哈士奇”。这些描述其实不是在像素空间而是在另一个高度总结归纳的空间中的具象。

Latent 的意思是 hidden，从机器学习的角度来讲就是试图从事务的表面看到隐藏在背后的另一个空间模式。机器学习的算法其实是可以比较随意地确定一个 Latent Space

[1] https://www.learnopencv.com/eigenface-using-opencv-c-python/。

[2] Goodfellow Ian, Pouget-Abadie Jean,Mirza Mehdi, Xu Bing, Warde-Farley David, Ozair Sherjil, Courville Aaron, Bengio Yoshua (2014). Generative Adversarial Networks. Proceedings of the International Conference on Neural Information Processing Systems (NIPS 2014). pp. 2672–2680。

的大小，然后让算法能够学习到Latent Space中每一个dimension的变化对事务的影响。在图8-4中，10个（由使用者在调用PCA时任意设定）Eigenfaces维度就构成了一个Latent Space。GAN算法的Latent Space也是由算法调用者设定其大小和每个维度的取值范围的。如果人们试图去理解Latent Space中每个dimension的含义，基本上是不可行的。因为计算机并不是按照人们的习惯性思维（如年龄、品种、毛色）来对事务进行总结归纳，所以"不明觉厉"是大部分情况下的结果。

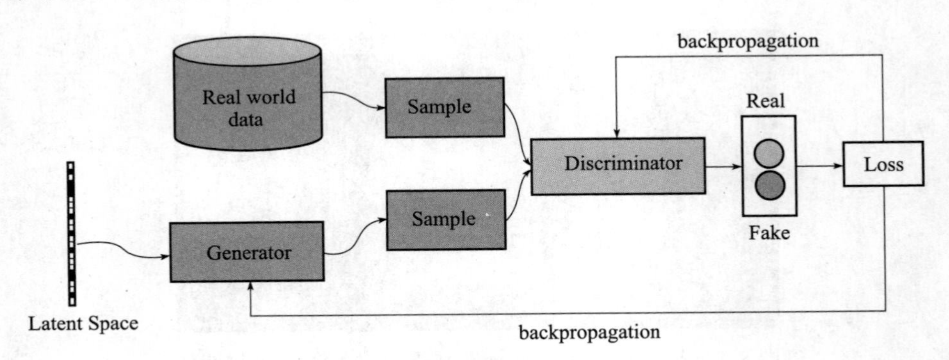

图8-4　GAN的基本结构

2. Real world data

我们打算让计算机做什么，至少要告诉计算机这个"什么"是什么样的。Real world data就是用来提供目标范例的。如果打算让计算机生成一个狗的图片，那么Real world data就是大量关于狗的真实图片。

3. Generator

顾名思义，所谓Generator就是生成器，用来输出目标结果。在GAN中，Generator是一个神经网络模型，可以按照Latent Space的变量取值来生成一个目标结果。图8-5说明了这个过程。

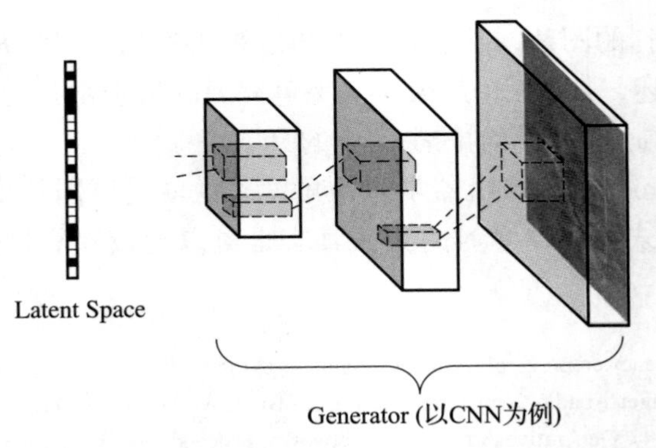

图8-5　Generator接受一个Latent Space的输入，输出一个目标结果（如一张图）

Generator 的实现算法可以是普通神经网络，也可以是卷积神经网络，从而实现一个“从少量输入得到一个丰富输出”的过程。Latent Space 中每个 dimension 的取值都是随机的，具体取值不受 Generator 的控制；Generator 要负责“随机给定 Latent Space 的输入，其都可以生成一个目标结果（如图片）”。

在图 8-1 中，我们强调的是“通过已有数据总结归纳特征”的过程，而实际 Generator 则是“给定特征，其通过不断尝试生成目标结果并修正，最终实现特征与结果的匹配”的过程。这两个学习过程并不一样，但最终的效果是一致的。图 8-1 更契合人们的理解过程，所以我们采用这种表述方式。

试想，单纯实现上述过程其实很简单！因为给定随机数据，Generator 也可以随便生成任意图片（Generator 可以很任性）！所以，Generator 需要被约束。

4. Discriminator

Discriminator，顾名思义，即负责评判 Generator 生成的目标数据的质量。评判一个事务的优劣，标准是必需的。若让人来评判一幅画的优劣，人们可以从相似（工笔画）、技法、意境等方面着手。但是对计算机来说，人们的标准是不明确的、很难量化的。所以，我们无法给计算机人为设定一个较好的标准用以判断事物的优劣。

上述问题并非无解，人们想到了一个更好的办法：虽然评判标准一时难以言表，但是我们已有大量的好画（Real world data）；可以用好画与生成的画之间进行对比，实现一个好坏的评判。

Discriminator 是一个基于 CNN 的分类模型，其输入包括两个部分：一部分来自 Real world data，且认为其为正例；另一部分来自 Generator 的输出，且认为其为反例。

Discriminator 通过学习正反两组数据，从两组数据的对比中学习到评判优劣的标准（模式）。当 Generator 产生输出时，Discriminator 就马上开始学习新输出与真实数据之间的差别，即开始一次 Discriminator 的训练过程。与现实生活中对应的话，如同学生（Generator）完成了一次作业，家长（Discriminator）便马上开始与“别人家的孩子”做对比，于是每次都会找出各种问题来。Generator 下次再提交作业时便会尽力避免这些问题。总体来说，Discriminator 是约束 Generator 的过程，有了约束，Generator 再生成内容便有了方向。图 8-6 说明了 Discriminator 的学习过程。

如果 Generator 已经很优秀，那么还认为其输出是反例吗？ Discriminator 的策略总是将 Generator 的输出作为一个反例，所以 GAN 模型训练过程中需要设置一个 Epoch 的总数来限定总训练次数。

5. Back Propagation

Generator 和 Discriminator 的训练都会有 Back Propagation 的过程，即“通过 Forward Propagation 产生预测结果；通过 Back Propagation 将误差反馈回来并修正预测函数的参数”。具体的内容读者可以参考第 6 章中的介绍。

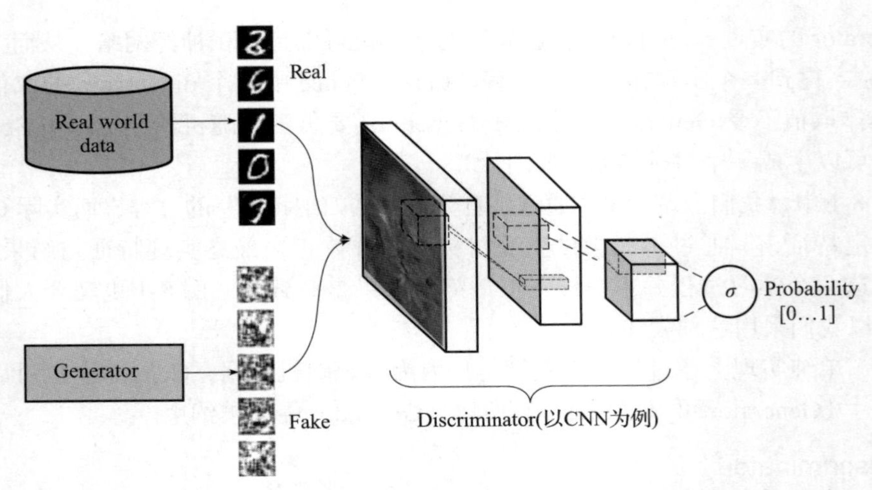

图 8-6 Discriminator 通过对比两组数据，实现对 Generator 输出结果的评判

8.1.3 GAN 模型训练及应用过程

GAN 模型的训练过程与其他模型的训练过程类似：从历史数据中学习模式。从前面小节关于 Generator 的介绍中，我们已经知道其作用是产生结果，但是需要在多次学习中不断提升，最后达到让 Discriminator 满意的目的（也有很多说法是达到骗过 Discriminator 的目的，道理是一致的）；Discriminator 也需要在多次学习中，不断提升鉴别能力。所以，GAN 模型的训练过程必须是一个多次迭代的过程。

从模型训练和模型评分两个过程来看，GAN 模型中的关键组件 Generator 和 Discriminator 也同样有这 4 个过程：Generator 训练、Generator 评分、Discriminator 训练、Discriminator 评分。这 4 个子过程的交叉组合构成了 GAN 模型的训练过程。图 8-7 给出了一个过程示意，其中关键过程包括以下几个：

（1）Epoch

Epoch 规定了要经过多少次 Generator 和 Discriminator 间的对抗。

（2）Generator 和 Discriminator 间的对抗

- Generator 基于上次训练的结果，在给定 Latent Space 变量的情况下生成新的数据；在第一个 Epoch 中，初始的 Generator 还未经过训练，所以只是给定一个随机的 Latent Space 变量取值，Generator 很随意地输出即可。这个过程也是 Generator 的评分（predict）过程。
- 当 Discriminator 拿到 Generator 的输出，便开始学习区别 Generator 的输出（一直被认为是假）和真数据（Real world data 中的数据）的新技能。不论 Generator 多么努力，Discriminator 总是试图找出所谓假数据和真数据之间的差别。这个过程是 Discriminator 的训练过程，也可以形象地认为是 Discriminator 升级“盾”的过程。

- Discriminator 的鉴别能力通过上一步的训练得到了提升，可认为其具备了鉴别 Generator 假数据的能力。此时 Generator 又开始升级，试图打造一个更好的"矛"，能够攻破 Discriminator 在上一步刚升级过的"盾"。Generator 的升级过程就是其训练的过程。该训练过程有一个特征：即将 Discriminator 的评分过程包含进 Generator 的训练过程，Generator 基于 Discriminator 的评分来找出漏洞。

GAN 模型训练结束后，其部署非常简单：只需要部署 Generator 即可！给定 Latent Space 中任意变量取值，Generator 便马上输出一个创作的结果。

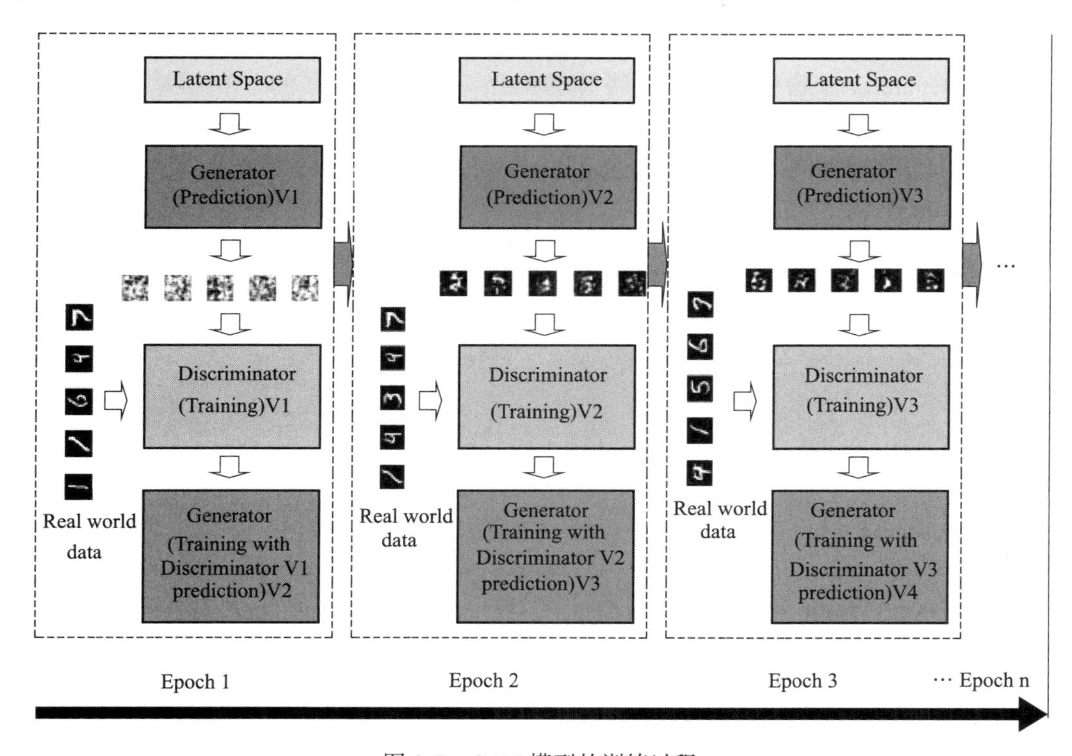

图 8-7 GAN 模型的训练过程

8.1.4 GAN 原理的再探索

GAN 模型最终输出的是 Generator，它能够接收来自 Latent Space 中随机的变量的取值，然后输出一个结果（如图画）。如果从结果的可能取值空间来看，Generator 输出的是一个特定的子空间。Generator 输出的子空间要求与来自 Real world data 中的子空间的分布尽可能地相近，才能认为达到了较好的结果。GAN 模型的原理如图 8-8 所示。

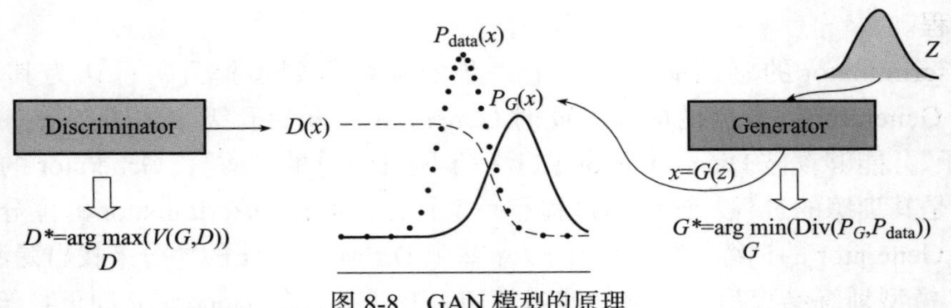

图 8-8　GAN 模型的原理

在图 8-8 中，令 $x = G(z)$ 是 Generator 的输出，其中 Z 是 Latent Space 中的随机变量；$P_G(x)$ 是 x 的分布；$P_{\text{data}}(x)$ 是来自 Real world data 的分布；$D(x)$ 是 Discriminator 的输出。

对于 Generator 来说，其目标是将其输出做到与真实数据的分布尽量接近，若用 $\text{Div}(P_G, P_{\text{data}})$ 来代表 Generator 的输出 P_G 与真实数据 P_{data} 间的差别，则

$$G^* = \underset{G}{\arg\min}\ (\text{Div}(P_G, P_{\text{data}}))$$

就代表了 Generator 的目标：找到使得函数 $\text{Div}(P_G, P_{\text{data}})$ 取得最小值的 G。Div 的含义就是散度（Divergence），代表 P_G 和 P_{data} 间的差别，典型的计算方式包括：

$$D_{\text{KL}}(P_G \| P_{\text{data}}) = \sum P_G \log\left(\frac{P_G}{P_{\text{data}}}\right)$$

$$D_{\text{JS}}(P_G \| P_{\text{data}}) = \frac{1}{2} D_{\text{KL}}\left(P_G \| \frac{P_G + P_{\text{data}}}{2}\right) + \frac{1}{2} D_{\text{KL}}\left(P_{\text{data}} \| \frac{P_G + P_{\text{data}}}{2}\right)$$

KL（Kullback-Leibler）散度又称相对信息熵（Relative Entropy），用于衡量两个分布间的差别；JS（Jensen-Shannon）散度同样是用来衡量两个分布间的差别的。

对于 Discriminator 来说，其目标是将两个分布间的差异尽量显现出来，而将两个分布间相同的部分尽量看作同一个分布。

$$D^* = \underset{D}{\arg\max}\ (V(G, D))$$

在前面 GAN 模型的建模过程的说明中，我们已经知道在 Discriminator 学习时，Generator 是不训练的。所以上述公式的含义就是在 G 固定的情况下，找出一个使得函数 V 取最大值的 D 作为结果。函数 V 是一个优化问题，即：

$$V(G, D) = E_{x\sim P_{\text{data}}}[\log(D(x))] + E_{x\sim P_G}[\log(1-D(x))]$$

其含义是在条件概率 $P(Y = y|x)$ 估计下计算使得 V 函数取得最大值的 D，也就是在采样下当 x 的取值是 P_{data} 时，使得 $E_{x\sim P_{\text{data}}}[\log(D(x))]$ 取值较大，而当 x 不是 P_{data} 而是来自 P_G 时，使得 $D(x)$ 尽量取较小的值，也就是 $E_{x\sim P_G}[\log(1-D(x))]$ 会取较大的值。通过对上述公式的求解，就可找到一个合适的 $D(x)$ 满足 Discriminator 的目标。

总体来讲，GAN 模型就是求解下面的公式而得到结果：

$$\underset{G}{\text{Min}}\ \underset{D}{\text{Max}}\ V(D, G) = E_{x\sim P_{\text{data}}}[\log(D(x))] + E_{x\sim P_Z}[\log(1-D(G(z)))]$$

若考虑 Generator 和 Discriminator 的参数，即分别给定 θ_g 和 θ_d 使其各自能生成相应的分布，则上述的公式就是：

$$\underset{G}{\text{Min}}\ \underset{D}{\text{Max}}\ V(D, G) = E_{x\sim P_{\text{data}}}[\log(D(x;\theta_d))] + E_{x\sim P_Z}[\log(1-D(G(z;\theta_g);\theta_d))]$$

给定参数确定函数分布对于高斯分布来说，只需给定均值与标准差即可，而对于复杂的神经网络算法而言则需要给定一系列的参数，如神经元个数、深度、权重等。

上述推导过程虽然从理论上来讲是成立的，但是 GAN 模型具体的实现过程却不是严格按照上述数学公式来进行的。笔者认为，GAN 模型的出现更像是人们发明的一种新的建模思路，神经网络算法的发展使得人们可以像搭建积木一样构建 GAN 模型。构建模型思路的更新，使人们可以灵活设计神经网络的结构。自从 GAN 模型出现到现在，几乎每一周都有新的 GAN 模型的论文发表出来[㊀]。

8.2　让计算机书写数字

让计算机书写数字是最常见的 GAN 的例子，通过这个例子读者可以对 GAN 算法的使用有一个快速直接的感触，这可以给我们后面例子奠定一个好的基础。

8.2.1　建模思路

构建 GAN 模型，最终的训练结果是计算机能够接收一个随机输入，然后输出一个手写体数字。我们采用 Keras 自带的数字手写体的图片库 MNIST 来训练模型，图 8-9 所示为手写体数据的示例。

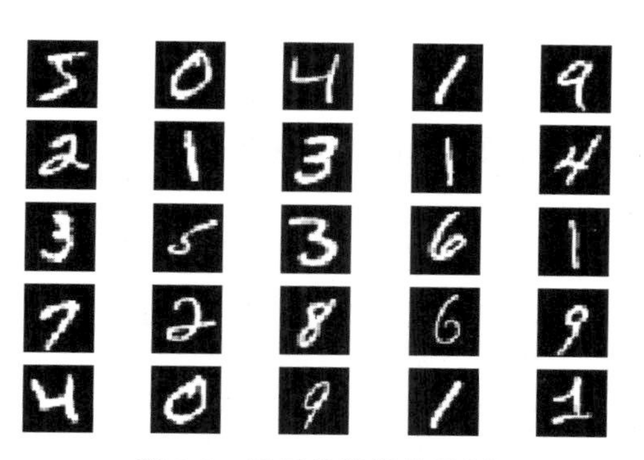

图 8-9　手写体数据的示例

㊀ https://github.com/hindupuravinash/the-gan-zoo。

GAN 模型在 2014 年被首次提出时只是神经网络算法，而不是卷积神经网络。在本例中我们会首先采用神经网络实现 GAN，同时会给出卷积神经网络实现 GAN 的代码。要想构建 GAN 模型，必不可少地要有 Latent Space 的变量输入、Generator、Discriminator 等重要结构，在图 8-10 中我们给出了此次建模时 GAN 模型的结构。

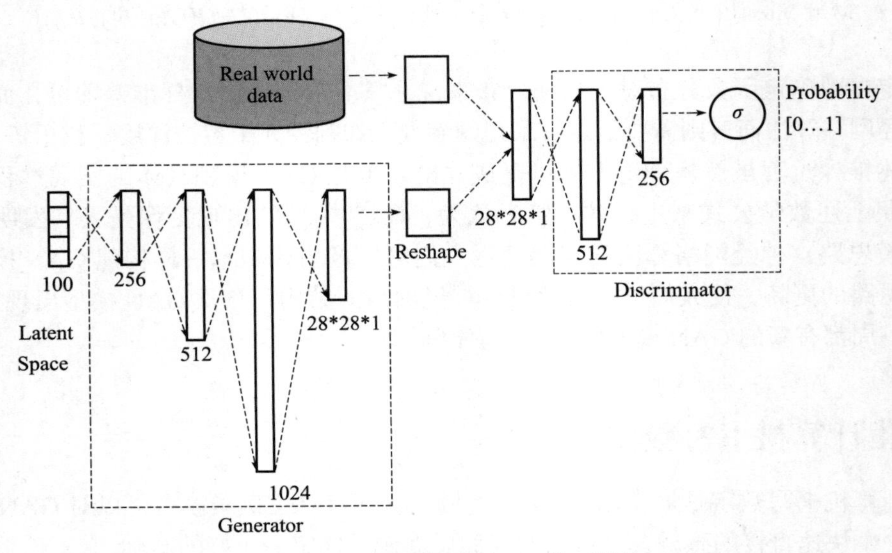

图 8-10　手写数字的 GAN 模型结构

Generator 接收一个 100 维的 Latent Space 的变量，通过构建四层神经网络，使每一层神经元数分别为 256、512、1024、28 × 28 × 1（输出图片的长宽都是 28 像素，颜色通道为 1）。Discriminator 是一个三层的神经网络，前两层的神经元数分别为 512、256，最后是一个用于评判输出结果优劣的 Sigmoid 函数。

8.2.2　基本实现过程

我们定义一个 GAN 类，且使用 Keras 实现相关功能。在 GAN 类的初始过程中，声明图片维度、Latent Space 的维度等。

```
class GAN():
    def __init__(self):
        self.img_rows = 28
        self.img_cols = 28
        self.channels = 1
        self.img_shape = (self.img_rows, self.img_cols, self.channels)
        self.latent_dim = 100

        optimizer = Adam(0.0002, 0.5)
```

如前所述，Generator 是一个多层的神经网络，具体的定义过程如下。

```python
def build_generator(self):

    model = Sequential()

    model.add(Dense(256, input_dim=self.latent_dim))
    model.add(LeakyReLU(alpha=0.2))
    model.add(BatchNormalization(momentum=0.8))
    model.add(Dense(512))
    model.add(LeakyReLU(alpha=0.2))
    model.add(BatchNormalization(momentum=0.8))
    model.add(Dense(1024))
    model.add(LeakyReLU(alpha=0.2))
    model.add(BatchNormalization(momentum=0.8))
    # np.prod(self.img_shape) = 28*28*1
    model.add(Dense(np.prod(self.img_shape), activation='tanh'))
    model.add(Reshape(self.img_shape))

    noise = Input(shape=(self.latent_dim,))
    img = model(noise)

    return Model(noise, img)
```

上述代码与图 8-10 中的结构是完全一致的，读者可以对照阅读。在上述代码中，使用 Leaky ReLU 的目的是避免神经元产生过多不可训练的情况，因为标准 ReLU 对于负值的处理方法是直接赋 0，这会导致这样的神经元进入不可训练的状态。Leaky ReLU 的逻辑是“f(x)=alpha * x for x<0; f(x)=x for x>=0”。

为了避免梯度消失或者梯度爆炸（参见第 3 章关于梯度的描述），需要在每一层的神经网络采用 Batch Normalization，即在每一层按照该层的数据计算均值及方差进行标准化。

Generator 的输出是一幅手写数字，所以其最后一层 Reshape(self.img_shape) 输出一个 28 × 28 × 1 的 j 结果数据。Generator 最后是通过 Keras 的 Model 函数，将输入 noise 和输出 img 之间的所有的层封装起来，构成一个完整的神经网络。

Discriminator 的实现相对简单，具体代码如下：

```python
def build_discriminator(self):

    model = Sequential()

    model.add(Flatten(input_shape=self.img_shape))
    model.add(Dense(512))
    model.add(LeakyReLU(alpha=0.2))
    model.add(Dense(256))
    model.add(LeakyReLU(alpha=0.2))
    model.add(Dense(1, activation='sigmoid'))

    img = Input(shape=self.img_shape)
    validity = model(img)

    return Model(img, validity)
```

最终，通过 Model 函数将输入 img 和输出 validity（与真实数据之间进行对比的结果）之间所有的层封装起来，构成一个完整的神经网络。

各自构建完成 Generator 和 Discriminator 后，即可构建一个完整的 GAN 类。从 GAN 的结构来看，需要将 Generator 和 Discriminator 组合起来构成完整的 GAN 结构[⊖]。

```
def __init__(self):
    self.img_rows = 28
    self.img_cols = 28
    self.channels = 1
    self.img_shape = (self.img_rows, self.img_cols, self.channels)
    self.latent_dim = 100

    optimizer = Adam(0.0002, 0.5)

    # Build and compile the discriminator
    self.discriminator = self.build_discriminator()
    self.discriminator.compile(loss='binary_crossentropy',
        optimizer=optimizer,
        metrics=['accuracy'])

    # Build the generator
    self.generator = self.build_generator()

    # The generator takes random input and generates imgs
    z = Input(shape=(self.latent_dim,))
    img = self.generator(z)

    # For the combined model we will only train the generator
    self.discriminator.trainable = False

    # The discriminator takes generated images as input and determines validity
    validity = self.discriminator(img)

    # The combined model  (stacked generator and discriminator)
    self.combined = Model(z, validity)
    self.combined.compile(loss='binary_crossentropy', optimizer=optimizer)
```

在上述代码中，仍然采用 Modal 函数将 GAN 模型的输入 z（Latent Space 的随机变量取值）、输出 validity（Discriminator 的输出）封装起来，构成完整的 GAN 模型。在 GAN 模型中将 Discriminator 的 trainable 参数设置为 False，即调用 GAN 类的 train 方法时，只是训练 Generator 而不是训练 Discriminator。如图 8-7 所示，GAN 模型将 Discriminator 的评分过程包含进 Generator 的训练过程，Generator 基于 Discriminator 的评分来不断学习如何找出漏洞。

GAN 模型的训练过程是比较有趣的。首先需要从 MNIST 加载真数据，然后将这些数据的取值范围转化为 [－1,1]。由于 MNIST 中的数据只是灰度图，每个像素的取值范围是 [0,255]，所以 X_train/127.5-1 的结果就是数据的范围调整为 [－1,1]。这样做的原

⊖ 以下的代码参考了 https://github.com/eriklindernoren/Keras-GAN/tree/master/gan。

因是 Generator 的 activation 是 Tanh[㊀]，其输入值的取值范围在 [-1,1] 时能够取得稳定的结果。

```
def train(self, epochs, batch_size=128, sample_interval=50):

    # Load the dataset(Just the x_train, no need others such as y_train,x_test and y_test)
    (X_train, _), (_, _) = mnist.load_data()

    # Rescale -1 to 1
    # To use tanh in Generator, the data is better entered around 0
    X_train = X_train / 127.5 - 1.
    # Update the shape from (60000, 28, 28) to (60000, 28, 28, 1)
    # axis=3 is the shape position
    X_train = np.expand_dims(X_train, axis=3)

    # Adversarial ground truths
    valid = np.ones((batch_size, 1))
    fake = np.zeros((batch_size, 1))
```

Valid 和 fake 数组用作标识真数据和假数据的类别。所谓真数据就是来自 MNIST 的数据，假数据是 Generator 产生的数据。

```
for epoch in range(epochs):

    # Real data: Select a random batch of images
    idx = np.random.randint(0, X_train.shape[0], batch_size)
    imgs = X_train[idx]

    #Fake data: Getting from Generator prediction
    noise = np.random.normal(0, 1, (batch_size, self.latent_dim))
    gen_imgs = self.generator.predict(noise)

    # Train the discriminator
    d_loss_real = self.discriminator.train_on_batch(imgs, valid)
    d_loss_fake = self.discriminator.train_on_batch(gen_imgs, fake)
    d_loss = 0.5 * np.add(d_loss_real, d_loss_fake)


    # Training the Generator
    noise = np.random.normal(0, 1, (batch_size, self.latent_dim))
    # X = latent space noise; Y = real (scored by Discriminator)
    g_loss = self.combined.train_on_batch(noise, valid)

    # Plot the progress
    print ("%d [D loss: %f, acc.: %.2f%%] [G loss: %f]" % (epoch, d_loss[0], 100*d_loss[1], g_loss))

    # If at save interval => save generated image samples
    if epoch % sample_interval == 0:
        self.sample_images(epoch)
```

上述 GAN 模型训练过程的代码与图 8-7 所示的过程是完全契合的，在一次 Epoch 中可以分为以下几个步骤：

（1）准备真数据

从数据集中随机抽样。在每个 Epoch 中都会进行一次抽样，确保模型的泛化能力。

（2）调用 Generator 产生假数据

由于 Generator 是采用 Model 函数封装的独立的神经网络模型，所以可以调用

㊀ 参见本书第 7 章中的介绍。

Generator 的 predict 方法以产生数据。如前所述，不论 Generator 多么优秀，GAN 模型总是将 Generator 的输出当作假数据。

（3）训练 Discriminator

基于真假两组数据训练 Discriminator 模型，提高其分辨真假的能力。

（4）训练 Generator

训练 Generator 其实是训练 Generator 和 Discriminator 的组合，由于 Discriminator 被设置为"不可训练"，所以这个过程其实是 Generator 的训练 + Discriminator 的评分。

一般情况下，需要经过较多的 Epoch 才能使得模型达到较好的结果。最终效果的评判主要还是依赖人的判断，所以在整个训练过程中，会不断地输出 Generator 的结果，作为人们调整模型训练参数的依据。

```
gan = GAN()
gan.train(epochs=30000, batch_size=32, sample_interval=200)
```

经过大约 30 000 次 Epoch 后，模型的最终效果如图 8-11 所示。通过观察，可以认为 GAN 模型在进行手写数字的输出应用上是成功的。

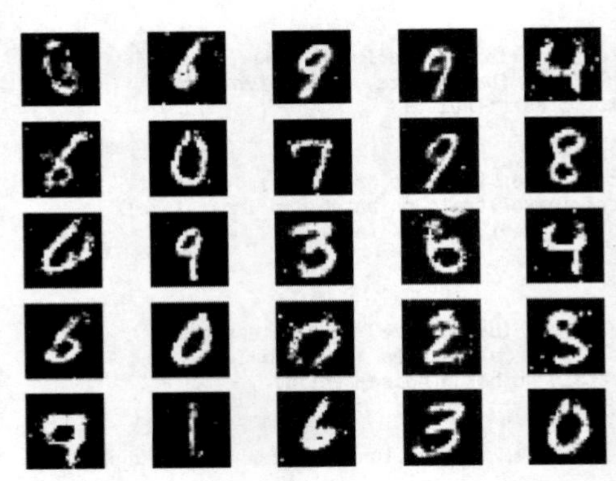

图 8-11　手写数字 GAN 模型的效果

8.2.3　采用 DCGAN 来实现

在 GAN 算法中，能否将 Generator 和 Discriminator 采用卷积神经网络来实现呢？经过人们的探索，答案是可以的[⊖]。所谓 DCGAN 就是指 Deep Convolutional GAN，即采用卷积神经网络实现 GAN 模型。卷积神经网络的一般过程是"卷积—池化—卷积—池化—…"，总体来说是一个数据量"从多变少"的过程，最后经过全连接层和 softmax 输

⊖ Unsupervised representation learning with Deep convolutional generative adversarial networks, Alec Radford, Luke Metz, Soumith Chintala, ICLR 2016。

出类别判断。但是对于GAN的Generator来说，却是一个“从少量数据（Latent Space）生成大量数据（如图片）”的过程，所以不能直接按照一般CNN的用法来构建GAN模型。为此，GAN模型的CNN实现有以下限制：

- 去掉池化层，卷积时一般要设置步幅。步幅（卷积时每相隔几个数据进行）可以达到池化相同的效果，如步幅是2时，一次卷积的结果就是将原张量的行和列各减少一半。
- 每一层都采用Batch Normalization，避免了梯度消失或者梯度爆炸的情况，同时降低了层间的相互影响。
- 取消全连接层。
- Generator采用ReLU和Tanh作为Activation。
- Discriminator采用LeakyReLU作为Activation。

为了使数据量在经过神经网络时能够增加，DCGAN在Generator中采用UpSampling2D层将上一层输入的数据按照行和列复制。下面就是用于手写数字生成的DCGAN中Generator的实现代码。

```
def build_generator(self):

    model = Sequential()

    model.add(Dense(128 * 7 * 7, activation="relu", input_dim=self.latent_dim))
    model.add(Reshape((7, 7, 128)))
    #Repeats the rows and columns of the data by size[0] and size[1] respectively
    # Default size=(2, 2)
    model.add(UpSampling2D())
    model.add(Conv2D(128, kernel_size=3, padding="same"))
    model.add(BatchNormalization(momentum=0.8))
    model.add(Activation("relu"))
    model.add(UpSampling2D())
    model.add(Conv2D(64, kernel_size=3, padding="same"))
    model.add(BatchNormalization(momentum=0.8))
    model.add(Activation("relu"))
    model.add(Conv2D(self.channels, kernel_size=3, padding="same"))
    model.add(Activation("tanh"))

    model.summary()

    noise = Input(shape=(self.latent_dim,))
    img = model(noise)

    return Model(noise, img)
```

从模型概要输出中，我们可以看到完整的数据转换过程。特别是UpSampling2D方法，是对原数据进行复制。图片由大变小时经常按照“隔行保留像素”的方法，UpSampling2D方法刚好是个反向的过程。Batch Normalization的方法是将每层的数据标准化，减少层间的相互影响。

```
_________________________________________________________________
Layer (type)                 Output Shape              Param #
=================================================================
dense_2 (Dense)              (None, 6272)              633472
_________________________________________________________________
reshape_1 (Reshape)          (None, 7, 7, 128)         0
_________________________________________________________________
up_sampling2d_1 (UpSampling2 (None, 14, 14, 128)       0
_________________________________________________________________
conv2d_5 (Conv2D)            (None, 14, 14, 128)       147584
_________________________________________________________________
batch_normalization_4 (Batch (None, 14, 14, 128)       512
_________________________________________________________________
activation_1 (Activation)    (None, 14, 14, 128)       0
_________________________________________________________________
up_sampling2d_2 (UpSampling2 (None, 28, 28, 128)       0
_________________________________________________________________
conv2d_6 (Conv2D)            (None, 28, 28, 64)        73792
_________________________________________________________________
batch_normalization_5 (Batch (None, 28, 28, 64)        256
_________________________________________________________________
activation_2 (Activation)    (None, 28, 28, 64)        0
_________________________________________________________________
conv2d_7 (Conv2D)            (None, 28, 28, 1)         577
_________________________________________________________________
activation_3 (Activation)    (None, 28, 28, 1)         0
=================================================================
Total params: 856,193
Trainable params: 855,809
Non-trainable params: 384
```

相应地，DCGAN 中的 Discriminator 也可以采用卷积神经网络来实现。Discriminator 的卷积神经网络实现的是比较有特色的采用步幅的设置实现池化的作用，也是数据由多变少的过程。

```
def build_discriminator(self):

    model = Sequential()

    model.add(Conv2D(32, kernel_size=3, strides=2, input_shape=self.img_shape, padding="same"))
    model.add(LeakyReLU(alpha=0.2))
    model.add(Dropout(0.25))
    model.add(Conv2D(64, kernel_size=3, strides=2, padding="same"))
    model.add(ZeroPadding2D(padding=((0,1),(0,1))))
    model.add(BatchNormalization(momentum=0.8))
    model.add(LeakyReLU(alpha=0.2))
    model.add(Dropout(0.25))
    model.add(Conv2D(128, kernel_size=3, strides=2, padding="same"))
    model.add(BatchNormalization(momentum=0.8))
    model.add(LeakyReLU(alpha=0.2))
    model.add(Dropout(0.25))
    model.add(Conv2D(256, kernel_size=3, strides=1, padding="same"))
    model.add(BatchNormalization(momentum=0.8))
    model.add(LeakyReLU(alpha=0.2))
    model.add(Dropout(0.25))
    model.add(Flatten())
    model.add(Dense(1, activation='sigmoid'))

    model.summary()
```

```
    img = Input(shape=self.img_shape)
    validity = model(img)

    return Model(img, validity)
```

```
_________________________________________________________________
Layer (type)                 Output Shape              Param #
=================================================================
conv2d_1 (Conv2D)            (None, 14, 14, 32)        320
_________________________________________________________________
leaky_re_lu_1 (LeakyReLU)    (None, 14, 14, 32)        0
_________________________________________________________________
dropout_1 (Dropout)          (None, 14, 14, 32)        0
_________________________________________________________________
conv2d_2 (Conv2D)            (None, 7, 7, 64)          18496
_________________________________________________________________
zero_padding2d_1 (ZeroPaddin (None, 8, 8, 64)          0
_________________________________________________________________
batch_normalization_1 (Batch (None, 8, 8, 64)          256
_________________________________________________________________
leaky_re_lu_2 (LeakyReLU)    (None, 8, 8, 64)          0
_________________________________________________________________
dropout_2 (Dropout)          (None, 8, 8, 64)          0
_________________________________________________________________
conv2d_3 (Conv2D)            (None, 4, 4, 128)         73856
_________________________________________________________________
batch_normalization_2 (Batch (None, 4, 4, 128)         512
_________________________________________________________________
leaky_re_lu_3 (LeakyReLU)    (None, 4, 4, 128)         0
_________________________________________________________________
dropout_3 (Dropout)          (None, 4, 4, 128)         0
_________________________________________________________________
conv2d_4 (Conv2D)            (None, 4, 4, 256)         295168
_________________________________________________________________
batch_normalization_3 (Batch (None, 4, 4, 256)         1024
_________________________________________________________________
leaky_re_lu_4 (LeakyReLU)    (None, 4, 4, 256)         0
_________________________________________________________________
dropout_4 (Dropout)          (None, 4, 4, 256)         0
_________________________________________________________________
flatten_1 (Flatten)          (None, 4096)              0
_________________________________________________________________
dense_1 (Dense)              (None, 1)                 4097
=================================================================
Total params: 393,729
Trainable params: 392,833
Non-trainable params: 896
```

采用卷积神经网络实现的手写数字的效果与在上节中的效果类似，这里不做展示。不过通过上述代码，我们可以看到一个完整的 DCAGN 过程。

8.3 让计算机画一张人脸

在让计算机输出手写数字的例子中，GAN 模型的最终实现的是接收来自所谓 Latent Space 中一个有 100 维的随机变量的取值便可输出结果。这 100 维随机变量中的每一维分别代表了什么含义，对于人来说是莫可名状的。这个结果与利用 Eigenfaces 生成人脸时对于每个 Eigenface 权重的含义无法总结是类似的。能不能给计算机输入人类的语义，让计算机输出对应的结果呢？这就是 CGAN⊖（Conditional Generative Adversarial Nets）能够做到的事情。

8.3.1 如何让计算机理解我们的要求

人类在描述一个事物时有已经成为共识的语义空间，如对于一张人脸来说，有头发、眼睛、肤色、年龄等维度。若将这些维度作为输入，让计算机产生正确的结果，那么模型在训练时就要能够接受和“理解”它们。

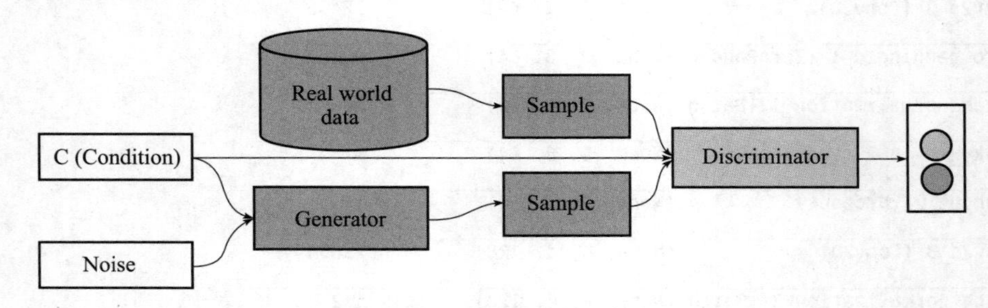

图 8-12　CGAN 模型的结构

在图 8-12 所示的 CGAN 模型结构中，人们将事物特征以及随机值共同作为 Latent Space 的输入，在模型训练结束后可以达到通过调节人们可以理解的 Condition 从而改变模型输出的目的。这种效果使得人机交互变得容易。

针对可以从哪些维度来描述一张人脸，人们已经做过大量的研究。CelebA⊜人脸数据库提供了超过 20 万张人脸，并且通过 40 个维度对人脸特征进行刻画。图 8-13 中给出了一个 CelebA 的示例。

5_o_Clock_Shadow -1 Arched_Eyebrows -1 Attractive 1 Bags_Under_Eyes -1 Bald -1 Bangs -1
Big_Lips -1 Big_Nose -1 Black_Hair 1 Blond_Hair -1 Blurry -1 Brown_Hair 1 Bushy_Eyebrows -1
Chubby -1 Double_Chin -1 Eyeglasses -1 Goatee -1 Gray_Hair -1 Heavy_Makeup -1
High_Cheekbones -1 Male 1 Mouth_Slightly_Open -1 Mustache -1 Narrow_Eyes -1 No_Beard 1
Oval_Face -1 Pale_Skin -1 Pointy_Nose -1 Receding_Hairline -1 Rosy_Cheeks -1 Sideburns -1
Smiling 1 Straight_Hair 1 Wavy_Hair -1 Wearing_Earrings -1 Wearing_Hat -1
Wearing_Lipstick -1 Wearing_Necklace -1 Wearing_Necktie -1 Young 1

图 8-13　CelebA 中对于每一幅人脸的描述示例

计算机对人脸特征的刻画与随机值一般是通过向量间的乘积来完成共同组成 Latent Space 输入的目的。由于两个向量间的维度不同［最常见的随机值的 shape 是（100，），

⊖ Conditional Generative Adversarial Nets, Mehdi Mirza, Simon Osindero. https://arxiv.org/abs/1411.1784。

⊜ http://mmlab.ie.cuhk.edu.hk/projects/CelebA.html。

而 CelebA 的特性向量的 shape 是（40，）]，所以首先需要将它们升到一个维度相同的空间。这个过程可以采用我们在第 6 章介绍的 Embedding 技术，也可以直接进行两层神经元的转换。具体的过程在 8.3.2 节介绍。

8.3.2　基本实现过程

采用 CGAN 实现人脸生成的过程与图 8-12 中的过程是完全一致的。为了详细说明该实现过程，我们将按照顺序对所有代码进行说明。

引入所有相关的类库，并定义提前下载好的 CelebA 图片集的路径，以便后续使用。

```
from keras.layers import Input, Reshape, Dropout, Dense, Flatten, BatchNormalization, Activation, ZeroPadding2D, multiply
from keras.layers.advanced_activations import LeakyReLU
from keras.layers.convolutional import UpSampling2D, Conv2D
from keras.models import Sequential, Model
from keras.optimizers import Adam

from tqdm import tqdm
from PIL import Image
import numpy as np
import pandas as pd
import os

import matplotlib.pyplot as plt


path_celeba_img = 'E:/Develop/Data/CroppedCelebA/100k/'
path_celeba_att = 'E:/Develop/Data/CelebA/anno/list_attr_celeba.txt'
```

定义一个 Face GenerationGAN 类实现整个过程。在该类的 init 方法中，定义输入输出图片的相关信息、随机变量以及 condition 的维度。

```
class FaceGenerationGAN:
    def __init__(self,image_width,image_height,channels):
        # Image info
        self.image_width = image_width
        self.image_height = image_height
        self.channels = channels
        self.image_shape = (self.image_width,self.image_height,self.channels)

        #Latent Space
        self.random_noise_dimension = 100
        self.condition_dimension = 40

        #Optimizer
        optimizer = Adam(0.0002,0.5)
```

在 init 方法中还需要实例化 Discriminator 和 Generator。两个组件实例化后，需要声明各自的输入和输出，并通过 Keras 的 Model 方法将 GAN 结构定义出来。所以，在下述代码中，声明了 Discriminator 和 Generator 的输入和输出，Model 方法就可以在给定输入（随机值和 condition）和输出（Discriminator 对所谓真假的判断 validity）的情况下，将中间所有的组件和过程包括进来，构成 CGAN 的完整结构。

```
        #discriminator
        self.discriminator = self.build_discriminator()
        self.discriminator.compile(loss="binary_crossentropy",optimizer=optimizer,metrics=["accuracy"])
```

```
#generator
self.generator = self.build_generator()

#generator input
noise = Input(shape=(self.random_noise_dimension,))
label = Input(shape=(self.condition_dimension,))

# get the image from generator
generated_image = self.generator([noise, label])

# only train the generator
self.discriminator.trainable = False

#Discriminator attempts to determine if image is real or generated
validity = self.discriminator([generated_image,label])

#Combined model = generator and discriminator combined.
#1. Takes random noise as an input.
#2. Generates an image.
#3. Attempts to determine if image is real or generated.
self.combined = Model([noise, label],validity)
self.combined.compile(loss="binary_crossentropy",optimizer=optimizer)
```

至此，Face GenerationGAN 的 init 方法完成。接下来我们将介绍 Generator 的构造方法。

```
def build_generator(self):
    #Generator attempts to fool discriminator by generating new images.
    model = Sequential()

    model.add(Dense(256*4*4,activation="relu",input_dim=1024))
    model.add(Reshape((4,4,256)))

    model.add(UpSampling2D())
    model.add(Conv2D(256,kernel_size=3,padding="same"))
    model.add(BatchNormalization(momentum=0.8))
    model.add(Activation("relu"))

    model.add(UpSampling2D())
    model.add(Conv2D(256,kernel_size=3,padding="same"))
    model.add(BatchNormalization(momentum=0.8))
    model.add(Activation("relu"))

    model.add(UpSampling2D())
    model.add(Conv2D(128,kernel_size=3,padding="same"))
    model.add(BatchNormalization(momentum=0.8))
    model.add(Activation("relu"))

    model.add(UpSampling2D())
    model.add(Conv2D(128,kernel_size=3,padding="same"))
    model.add(BatchNormalization(momentum=0.8))
    model.add(Activation("relu"))

    # Last convolutional layer outputs as many featuremaps as channels in the final image.
    model.add(Conv2D(self.channels,kernel_size=3,padding="same"))
    # tanh maps everything to a range between -1 and 1.
    model.add(Activation("tanh"))

    # show the summary of the model architecture
    model.summary()
```

上述代码只是 Generator 构造方法的一部分，也是常见的采用卷积神经网络的过程，其中 Upsampling2D、Batch Normalization 等过程已在前文中介绍过，这里不再赘述。

```
# Placeholder for the random noise input
noise = Input(shape=(self.random_noise_dimension,))
dense_noise = Dense(1024)(noise)
act_noise = Activation("tanh")(dense_noise)
bnor_noise = BatchNormalization()(act_noise)

 # Placeholder for the condition input
input_condition = Input((self.condition_dimension,))
dense_condition = Dense(1024)(input_condition)
act_condition = Activation("tanh")(dense_condition)
bnor_condition = BatchNormalization()(act_condition)

input_merge = multiply([bnor_noise, bnor_condition])

#Model output
generated_image = model(input_merge)

return Model([noise, input_condition],generated_image)
```

Generator 中比较重要但与 DCGAN 不同的地方是上述代码，即将随机变量输入与 condtion 的输入做乘积，共同作为 Generator 的输入。为了使得 shape 是（100，）的随机变量与 shape 是（40，）的 condtion 能够乘积，首先需要将它们转换在一个共同维度（如本例中的 1024）的向量空间中。在此，我们直接采用了神经网络的方法。

```
def build_discriminator(self):
    #Discriminator attempts to classify real and generated images
    model = Sequential()

    model.add(Conv2D(32, kernel_size=3, strides=2, input_shape=self.image_shape, padding="same"))
    #Leaky relu is similar to usual relu. If x < 0 then f(x) = x * alpha, otherwise f(x) = x.
    model.add(LeakyReLU(alpha=0.2))

    #Dropout blocks some connections randomly. This help the model to generalize better.
    #0.25 means that every connection has a 25% chance of being blocked.
    model.add(Dropout(0.25))
    model.add(Conv2D(64, kernel_size=3, strides=2, padding="same"))
    #Zero padding adds additional rows and columns to the image. Those rows and columns are made of zeros.
    model.add(ZeroPadding2D(padding=((0,1),(0,1))))
    model.add(BatchNormalization(momentum=0.8))
    model.add(LeakyReLU(alpha=0.2))

    model.add(Dropout(0.25))
    model.add(Conv2D(128, kernel_size=3, strides=2, padding="same"))
    model.add(BatchNormalization(momentum=0.8))
    model.add(LeakyReLU(alpha=0.2))

    model.add(Dropout(0.25))
    model.add(Conv2D(256, kernel_size=3, strides=1, padding="same"))
    model.add(BatchNormalization(momentum=0.8))
    model.add(LeakyReLU(alpha=0.2))

    model.add(Dropout(0.25))
    model.add(Conv2D(512, kernel_size=3, strides=1, padding="same"))
    model.add(BatchNormalization(momentum=0.8))
    model.add(LeakyReLU(alpha=0.2))

    model.add(Dropout(0.25))
    #Flatten layer flattens the output of the previous layer to a single dimension.
    model.add(Flatten())
```

```
    #Outputs a value between 0 and 1 that predicts whether image is real or generated. 0 = generated, 1 = real.
    model.add(Dense(1, activation='sigmoid'))

    model.summary()
```

上述 Discriminator 的实现代码与一般的 DCGAN 是一致的，在此不再赘述。

```
input_image = Input(shape=self.image_shape)

input_condition = Input((self.condition_dimension,))
dense_condition = Dense(np.prod(self.image_shape))(input_condition)

flat_img = Flatten()(input_image)
model_input = multiply([flat_img, dense_condition])

reshaped = Reshape(self.image_shape)(model_input)

validity = model(reshaped)

return Model([input_image, input_condition], validity)
```

在图 8-12 所示的 CGAN 结构中，我们已经注意到 condition 也要同时作为 Discriminator 的输入才能构成完整的 CGAN。上述代码就是 Discriminator 构建的最后部分，将 condtion 的信息与 Discriminator 的输入图片的乘积作为最终的输入。

```
def train(self, imgfolder,annofloder,epochs,batch_size,save_images_interval):
    #Get the real images
    training_data, training_data_anno = self.get_training_data(imgfolder, annofloder)

    training_data_anno = training_data_anno.reshape(-1, 40)

    #Map all values to a range between -1 and 1.
    training_data = training_data / 127.5 - 1.

    #Real and Fake indicators
    labels_for_real_images = np.ones((batch_size,1))
    labels_for_generated_images = np.zeros((batch_size,1))

    for epoch in range(epochs):
        # Select a random half of images
        indices = np.random.randint(0,training_data.shape[0],batch_size)
        real_images = training_data[indices]
        condition = training_data_anno[indices]

        #Generate random noise for a whole batch.
        random_noise = np.random.normal(0,1,(batch_size,self.random_noise_dimension))
        #Generate a batch of new images.
        generated_images = self.generator.predict([random_noise,condition])

        #Train the discriminator on real images.
        discriminator_loss_real = self.discriminator.train_on_batch([real_images,condition], labels_for_real_images)
        #Train the discriminator on generated images.
        discriminator_loss_generated = self.discriminator.train_on_batch([generated_images,condition],
                                                                         labels_for_generated_images)
        #Calculate the average discriminator loss.
        discriminator_loss = 0.5 * np.add(discriminator_loss_real,discriminator_loss_generated)

        #Train the generator using the combined model. Generator tries to trick discriminator into mistaking generated images
        generator_loss = self.combined.train_on_batch([random_noise,condition],labels_for_real_images)
        print ("%d [Discriminator loss: %f, acc.: %.2f%%] [Generator loss: %f]" % (epoch, discriminator_loss[0],
                                                                                   100*discriminator_loss[1], generator_loss)

        if epoch % save_images_interval == 0:
            self.save_images(epoch, training_data_anno)

    #Save the model for a later use
    self.generator.save("saved_models/facegenerator.h5")
```

CGAN 模型的训练过程与别的 GAN 模型是类似的，比较特别的地方就是 Discriminator 和 Generator 的输入需要加入 condition。

condition 其实就是 CelebA 数据库中每张图片的 40 个维度的特征取值。不过在加载这些数据时需要注意文件名的对应关系。

```
def get_training_data(self, imgfolder, annofolder):
    print("Loading training data...")

    training_data = []

    # get the cropped face image names
    filenames = os.listdir(imgfolder)
    filenames.sort()

    for filename in tqdm(filenames):
        #Combines folder name and file name.
        path = os.path.join(imgfolder,filename)
        #Opens an image as an Image object.
        image = Image.open(path)
        #Resizes to a desired size.
        image = image.resize((self.image_width,self.image_height),Image.ANTIALIAS)
        #Creates an array of pixel values from the image.
        pixel_array = np.asarray(image)
        training_data.append(pixel_array)

    #training_data is converted to a numpy array
    training_data = np.reshape(training_data,(-1,self.image_width, self.image_height, self.channels))

    # get the matched face image attributes(conditions)
    img_names = [img_name for img_name in filenames if img_name[-4:]=='.jpg']
    training_data_anno = np.array(pd.read_csv(annofolder, sep='\s+', header=1, index_col=0).loc[img_names])

    print("Loading training data Done.")
    return training_data, training_data_anno
```

最终，实例化 Face GenerationGAN 类，并设定 Epoch 的次数实现人脸 CGAN 模型的训练。

```
if __name__ == '__main__':
    facegenerator = FaceGenerationGAN(64,64,3)
    facegenerator.train(imgfolder=path_celeba_img, annofloder=path_celeba_att, epochs=4001, batch_size=32,
                        save_images_interval=100)
```

诚实地讲，上述代码实现的最终效果（如图 8-14 所示）还有很大的改进空间。但是本节主要是展示一个 CGAN 的过程，使得读者可以了解其原理。

CGAN 模型在部署后就可以输入如“长头发、金发、微笑、女性”等要求，最终输出对应结果的效果，图 8-15 所示即为输入需求生成特定人脸的示例。

关于人脸创建的深入研究，除了应用 GAN 模型外，还需要用到图像处理等相关技术。读者若是感兴趣可以查阅相关的文献。

目前，人们已经可以利用 GAN 的相关技术实现非常精细的人脸创建，可以说人脸创建已经在人工智能领域得到了非常好的实现。图 8-16 所示即为应用 PGGAN 实现人脸创建的示例。

图 8-14　CGAN 实现人脸的创建

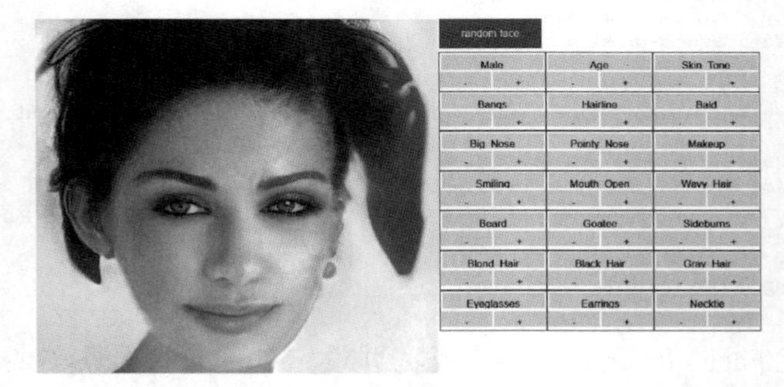

图 8-15　输入需求生成特定人脸的示例[1]

图 8-16　PGGAN[2]实现人脸的创建

---

[1] https://github.com/SummitKwan/transparent_latent_gan。

[2] Progressive Growing of GANs for Improved Quality, Stability, and Variation，Tero Karras, Timo Aila, Samuli Laine, Jaakko Lehtinen, ICLR 2018。

推荐阅读

O'REILLY
原书第2版
利用Python
进行数据分析
Python for Data Analysis: Data Wrangling with Pandas, NumPy, and IPython
Wes McKinney 著

Get Start with the Intelligent Data Analysis by Python3
Python3智能数据分析
快速入门

Python Practice of Data Analysis and Mining
Python数据分析
与挖掘实战

R Data Analysis and Data Mining
R语言数据分析
与挖掘实战

MATLAB Data Analysis and Data Mining
MATLAB数据分析
与挖掘实战

电商数据分析
与数据化运营
Data Analysis
and Data Operation
for E-commerce

Python数据分析
与数据化运营

The Art of Game Analytics
游戏数据分析的艺术

Data Science with Python
Technical Detail and Business Practice
Python数据科学
技术详解与商业实践

推荐阅读

Keras深度学习实战

AI安全之对抗样本入门

MXNet
深度学习实战
计算机视觉算法实现

Python大规模机器学习

Python深度学习实战
基于TensorFlow和Keras的聊天机器人
以及人脸、物体和语音识别

Python人脸识别
从入门到工程实践

Python深度学习
基于TensorFlow

深度学习实践
基于Caffe的解析

神经网络与
PyTorch实战